［美］杰里米·里夫金（Jeremy Rifkin）　著

汤秋鸿　陈少芸　译

蓝色水星球

重新思考
我们在宇宙中的家园

Planet Aqua

Rethinking Our Home in the Universe

中信出版集团 | 北京

图书在版编目（CIP）数据

　　蓝色水星球：重新思考我们在宇宙中的家园 /（美）
杰里米·里夫金著；汤秋鸿，陈少芸译 . -- 北京：中
信出版社 , 2024. 9. -- ISBN 978-7-5217-6737-7

　　Ⅰ . TV213.4

　　中国国家版本馆 CIP 数据核字第 2024LL6413 号

蓝色水星球——重新思考我们在宇宙中的家园

著者：　　　[美] 杰里米·里夫金

译者：　　　汤秋鸿　　陈少芸

出版发行：中信出版集团股份有限公司

　　　　　（北京市朝阳区东三环北路 27 号嘉铭中心　邮编　100020）

承印者：　　河北鹏润印刷有限公司

开本：787mm×1092mm　1/16　　　印张：20.25　　　字数：387 千字

版次：2024 年 9 月第 1 版　　　　印次：2024 年 9 月第 1 次印刷

京权图字：01-2024-3093　　　　　书号：ISBN 978-7-5217-6737-7

　　　　　　　　　　　　　　　定价：88.00 元

献给卡罗尔·L.格鲁内瓦尔德
献给你我思想碰撞的一生

专家推荐

在气候变化的影响下，地球系统的水循环与水安全均发生显著变化，作为"水之物种"，人类将迎来大规模的"气候移民"。里夫金博士从经济、政策、技术、哲学、宗教等角度，多方位阐述了人类应对气候变化与保卫水安全的未来方案。不是绝望等待，而是积极应对，期冀以新的方式在这颗充满活力的蓝色星球上可持续发展。

傅伯杰　中国科学院院士、中国地理学会监事长、国际地理联合会副主席

人类文明史也是一部水利文明史，人类在对水的争夺和利用中竭力保持着对水的敬畏、科学认识和合理利用。本书剖析了人类从驯化水圈到解放水圈，从水精灵到水战争，从资本主义到水本主义的哲学思考，这就是我们物种对水的不断定义。里夫金博士重新定义了我们的家园，勾勒出一个崭新的蓝色水星球。书中的哲学思考令人深思，读完意犹未尽。

陈发虎　中国科学院院士、中国地理学会理事长

2024 年 3 月 22 日是第三十二届"世界水日"，今年的主题是

"Water for Peace"（"以水促和平"）。2024年3月22—28日是第三十七届"中国水周"，主题是"精打细算用好水资源，从严从细管好水资源"。随着全球气候变化，地球上数十亿人面临巨大的水资源压力，洪水、干旱、热浪、野火、飓风、台风等气候灾难陡增，与水有关的冲突和暴力事件频发。《蓝色水星球》将帮助你重新审视人与水的关系，在全球气候变化背景下找到一种与水和谐共生的新方式。

夏军　中国科学院院士、武汉大学教授

气候变化下，水圈剧烈变化，人类在不断地适应新的水圈变化。垂直农场、瞬时城市、气候护照、解放水域、零水日……都是人类的多方尝试，以应对频繁出现的极端天气，探讨与水和谐共处的新模式。相信这本书的面世将给关注水圈和气候变化的人以新的启示。

陈德亮　瑞典皇家科学院院士、中国科学院外籍院士、气候学家

这是历史性的时刻——无论是就技术变革、社会经济发展、人类文明，还是就我们居住其上并不断演化的星球而言；巨变正在发生且充满不确定性，未来存在多种可能性，人类面临多种选择和归宿。

为此，特别推荐里夫金先生的《蓝色水星球》，借助作者独特的视角，了解和思考人与自然关系的演变、对应的人类社会与经济的建构和演化，以及在利用自然、改造自然乃至战胜自然观念驱使下人对自然的背离及生态系统影响、反馈乃至"报复"；特别是，如何重新认识和定义人类在宇宙中的家园，在这个蓝色水星球上，重新开启人类历史的新旅程：与再野化水圈和平共处，寻找与其他生物共同繁衍生息的新方式。

张世秋　北京大学环境科学与工程学院教授

水是生命之源，水让我们的地球独特于其他星球！里夫金先生的新著《蓝色水星球》，让我从历史、文明、宗教、政治、哲学、社会治理等多个角度，重新认识了水以及水对人类可持续生存与发展的重要性。

该书从历史角度回顾了水在人类文明发展进程中不可或缺的作用与贡献，对"水利文明"提出了质疑，并提出了新的文明形式——水本主义，以及实现水本主义的诸多措施与愿景，如让水获得自由、让人类倾听水、让社会适应水等。

在水、粮食、气候、生物多样性等诸多全球性危机面前，《蓝色水星球》让我们从多角度审视水在人类发展中的作用，以及系统解决这些危机的可能选择。相信这本书能启发读者参与思考、参与研究、参与发展我们共同的可持续的未来！

李利锋　联合国粮食及农业组织土地与水资源司司长

人类6000年的文明史实际上是水利文明的历史。从幼发拉底河、底格里斯河、尼罗河、印度河，到黄河上精巧的大坝、水库、堤防和它们连接的运河，无不凸显这一"文明"的伟大，同时也从根本上改变了人类生物圈的自然生态。

在全球干旱、洪水、泥石流、极端高温、生态灾害频发的当下，杰里米·里夫金博士重新审视"水利文明"，提出"蓝色水星球"的概念，引导人们重新思考人类和自然（特别是水生态圈）的关系。他呼吁各国立法，保障海洋、湖泊、河流和洪泛湿地的水资源自由流动的合法权利，助力水圈在再野化过程中找到新的平衡。他的倡议与各国正在启动的以水生态为核心的自然资本核算立法直接呼应，对推动人类与自然的和谐发展意义重大。

张庆丰　亚洲开发银行农业、粮食、自然和农村发展分局局长我经常想，如果外星人发现了地球，他们肯定会给地球取名为"水球"、"云球"，或者"气球"，这个美丽的星球 70% 被水覆盖，飘着云，有着厚厚的大气层。水是我们这个宜居星球的基本保障，水循环的健康关系地球的命运。《蓝色水星球》把人类正在面临的极为严峻、紧迫的气候危机讲得十分全面。正是人类将大自然视为"资源"并无节制地攫取和利用，导致我们面临水污染、土壤污染、空气污染和气候危机。作者预判了气候灾难下的人类社会新形态——气候大迁徙时代、瞬时社会、生物区治理、室内垂直农业等，为人类应对危机提出了高屋建瓴的方案，非常具有启发性。身处"气候危机纪元"时代，在未来 30 年的气候已经基本确定的情况下，人类的智慧、洞察力和行动力将接受严峻的考验。

魏科　中国科学院大气物理研究所研究员

如果说看透问题需要知识的广度、思考的深度、历史的长度，那么深刻思考者里夫金先生毫无疑问比我们更能洞察我们面临的挑战！

上善若水，水善利万物，水润泽苍生，无偏于心田。水是这个家园有别于宇宙其他星球的基础，善也是我们人类不同于其他生物的品质。

李晓东　伏羲智库创始人、主任

目　录

推荐序

一部应对气候变化这一全球性挑战的行动指南

王毅

第十四届全国人大常委会委员

环境与资源保护委员会委员

水，是生命之源、生产之要，也是文明之基。人类文明与水的关系密不可分，依水而居，自古是人类生存的执念。人类因水而兴，也因水而治。从尼罗河畔的古埃及文明、两河流域的美索不达米亚文明，到印度河流域的古印度文明，再到黄河、长江流域的中华文明，水始终扮演着至关重要的角色，既孕育了人类的古老文明，又承载着古文明消亡和人类治水经验的积累，不断塑造着人水关系的历史演变。

随着人类文明的不断发展，我们对水资源的利用和依赖达到了前所未有的程度。特别是近现代人口大规模增长，工业化、城市化快速推进，我们对水资源的开发程度和利用规模不断上升，使得涉水问题在新的时代背景下呈现出前所未有的紧迫性。在全球范围内，水资源短缺、水污染蔓延、水生态失衡、水灾害肆虐等挑战十分严峻，已成为制约可持续发展的关键因素之一。当前，气候变化导致极端天气和气候事件常态化，正在推动我们的涉水家园发生深刻变化。这些问题不仅对地球生态系统造成了许多不可逆的损害，也影响着人类的生存和发展。如何在尊重自然、保护生态的前提下发展经济，如何在保护与发展的矛盾中寻求平衡，成为我们必须面对的古老而又崭新的挑战。

面对这些难题，我们需要在更高水平上理解人与自然的内在联系。这意味着要超越传统的发展模式，从线性思维转向可持续的系统思维。作为全球著名的理论家和思考者，杰里米·里夫金先生的新著《蓝色水星球》，以宏大的历史视野、旁征博引的知识画面、深刻的洞察力与振聋发聩的未来预判，不仅提出了对人类文明与自然关系的重新思考，更是在呼吁一场全球性的思想与行动革命，并力图将理念引领与寻找实践案例完美结合，是理论与现实交互作用的又一部杰作。

在这本书中，里夫金先生提出了一系列创新理念，例如从资本主义向"水本主义"的范式转型，强调适应性与韧性的价值取向，促进蓝色地球家园的和谐共生。这些理念要转化为行动，首先必须在社会各界形成广泛的思想共鸣。这要求我们跨越学科、文化和国界的藩篱，通过教育、媒体、政策对话等途径，普及和深化对水圈再野化、生态资本、生物圈政治与生物区治理等概念的认知，让政策制定者、企业、公众以及科技工作者都能够理解和思考这些新的世界观和价值观。只有当大多数人对问题的严重性有共同的认识，对解决路径有共同的期待，变革的动能才能汇聚成强大的合力。

理论的价值还在于指导实践。该书中提及的许多新趋势，诸如气候变化对水利基础设施的冲击、"瞬时社会"的出现、水圈再野化的洞察、水本主义的兴起等，就给我们提供了变革的动力。该书从海绵城市、生态洼地与雨水公园、绿色屋顶、分布式水资源管理、太阳能海水淡化、"慢水"运动等方面给出了一些成功的实践案例，从而验证转变的可行性和有效性。这些案例不仅证明了理念的实践性，也促进了知识和技术的传播，为其他国家和地区的实践提供了参考和借鉴。更重要的是，它们可以激发全球范围内更多的创新和集体行动，形成正向反馈循环，推动全球向更可持续和系统韧性的方向转型和发展。

实际上，里夫金先生提出的许多治水理念，如"水本主义""生物圈政治"，与中国的传统治水智慧和现代生态文明思想形成了深度共鸣，共同呼唤人类回归与自然和谐共生的可持续发展之路。里夫金先生倡导的对水的重新认识，转向"水本主义"范式的思想，与中华文明中"天人合一"的道德哲学理念不谋而合。他提出的"生物区治理"、重新评估"水－能源－粮食"关系链、强调生态资本的重要性，实际上与中国生态文明建设中的"山水林田湖草沙一体化保护""流域综合管理""生态产品价值实现""共建地球生命共同体"等理念异曲同工，同样是推进系统治理，共同为应对气候变化挑战和全球水治理提供新的综合行动框架。

尽管里夫金先生提及的普遍意义上的人类治水转型十分重要，但治水并不存在统一的模式。里夫金先生在书中提出的"水利文明"的崩溃也是值得商榷的。中国人口众多、布局稠密、水患频发。在传统社会，治水与治国始终紧密相连，治水关系到民族生存和国家兴亡。管子有云：善为国者，必先除水旱之害。因此，中国的传统社会又被称为"水利社会"，更确切的表达应该是"治水社会"。中国经历了数千年的治水历史，不仅塑造了传统农耕社会的治水政治结构，使中华文明绵延数千年而历久弥新，而且，从大禹治水传说中"疏而不堵"的治水思想，到都江堰、郑国渠等水利设施"因势利导"的利用方式，历经数千年，至今仍然造福子孙。这些无不显示出中华民族的治水智慧与历史文化的传承。

在现代社会，水是人类文明可持续发展的核心要素。中国作为世界上最大的发展中国家，其实践为全球提供了宝贵的经验与启示。中国一直是生态文明的践行者、全球水治理的行动派，在生态文明建设之初就提出要转变执政理念，突出"节约优先、保护优先、自然恢复为主"，坚持"生态优先、绿色发展"。2014 年，习近平总书记提出"节水优先、空间均衡、系统治理、两手发力"①的治水思路，强调要"让河流恢复生命、流域重现生机"②，引领新时代中国河流保护治理方向，开启了中国治水新实践。与此同时，在构建人与自然生命共同体理念指引下，中国深入参与全球水治理进程，积极推进国际交流合作，持续支持发展中国家提升水治理与水保障能力，对促进"全球南方"国家社会经济发展的重大贡献有目共睹。因此，水利文明也可以顺应和适应新时代的要求，通过渐进的创造性的转型变革，在发展中不断解决问题。这也不失为一种积极的选择。正像该书中提到的，通过分散化、智能化的水资源管理方式，可以减少对大型集中式水利基础设施的依赖，提高新型"水利设施"的系统韧性和可持续性。

《蓝色水星球》不仅是一部关于水资源管理的著作，为全球水资源的可持续管理指明方向，也是一本指导我们如何在气候变化等全球性挑战面前采取行动、重塑人与自然和谐共生关系的行动指南。里夫金先生在该书中提出的许多理念，与其之前出版的著作一脉相承、融会贯通。之前我们看到的里夫金的《全球绿色新政》《零边际成本社会》《韧性时代》③等作品，要求我们构建能够快速响应、自我修复的社会经济体系，更多采取基于自然的解决方案，这些完全可以在水

---

① 2014 年 3 月 14 日习近平总书记在中央财经领导小组第五次会议上的讲话。
② 中共中央国务院印发《国家水网建设规划纲要》[N]. 人民日报，2023-05-26（01）.
③ 这三本著作的简体中文版由中信出版集团分别于 2020 年 2 月、2014 年 11 月、2022 年 11 月出版。——编者注

治理领域充分应用。这样的策略有助于减轻气候变化带来的负面影响，保障人类社会的基本生存与发展条件。当然，这种范式的转型，对世界各地的治水者和变革者来说也会形成重大冲击和挑战。

杰里米·里夫金先生邀我作序，我倍感荣幸。作为认识多年的良师益友，每次向先生请教学习，或是同先生沟通交流、对话碰撞，抑或聆听先生充满激情的演讲，对我来说都是思想的盛宴，能充分感受到他深刻的思维、睿智的话语、宽广的视野和大师的风范。记得 20 世纪 80 年代，当我首次阅读先生的《熵：一种新的世界观》中译本时，就被书中的变革思想所感染，顿生敬仰之情。想不到 20 多年后，可以结识先生、与先生无间对谈，并能为先生的新书作序，深感荣幸之至。就此，我也希望每个读到本书的人，都可以从中汲取养分、受到启发、引起反思，并能找到属于自己的答案。

2024 年 7 月 18 日

引 言

　　有一天我们醒来，突然发现所有人——整整 80 亿地球人——生活、体验并深深依恋的世界变得极为怪异，仿佛我们被传输到了另一个遥远的世界，在那里，我们之前赖以感觉到自己存在的可识别标记突然全部消失，甚至连我们的能动性也不复存在。如果这种事真的发生了，会怎么样？这可怖的景象就在眼前。我们对于地球家园一切想当然的认知，现在看上去似乎都十分拙劣可笑。我们一直依赖的所有熟悉的标记，曾给予我们归属感与方向感的一切，似乎都化作烟雾。在它们的余烟中，我们无依无靠，迷失在自己的星球上。我们每个人的内心都很恐惧，不知道该去哪里寻求安慰，也不知道要如何应对这一切。

　　到底发生了什么，让我们在自己生活的这个小小星球上感觉变成了外星人？说起来可能令人难以接受，长期以来，至少在我们所谓的人类 6000 年文明长河中，我们误判了我们存在的本质以及我们的命脉所在。坦白地说，人类，尤其是生活在西方世界的人，一直相信我们生活在大地上——那是一片绿意盎然的坚实土地，我们站立于斯，茁壮成长，并称之为我们在宇宙中的家园。然而，这种"地域感"（sense of place）在 1972 年 12 月 7 日被打碎了。

阿波罗 17 号宇宙飞船的航天员在飞往月球的途中，在距离地球约 29400 千米处拍下一张地球的照片，生动展示了一颗被太阳照亮的美丽蓝色星球，彻底改变了人类对家园的感知。人类长期以来对这片苍翠大地的美好幻想瞬间降格，往日的大地只不过是这个围绕太阳转圈的水星球的外饰。在太阳系中，也许在整个宇宙中，似乎只有地球有着多重蓝色色调。2021 年 8 月 24 日，欧洲航天局提出了"蓝色水星球"（Planet Aqua）这一术语。美国国家航空航天局（NASA）的观点一致，其官方网站称"从太空看我们的地球，很明显，我们生活在一个水的星球上"。

近来，这个水星球成了餐桌上、社区里、政府大楼里的人们乃至工业界与公民社会关注的焦点。原因是它的水圈正在以一种几年前难以想象的方式再野化，这将把我们带入地球第六次生物大灭绝的早期阶段。科学家告诉我们，地球上多达 50% 的物种在未来 80 年内面临灭绝的威胁，现在还是婴儿的这群人在有生之年可能会见证其中许多物种的灭绝。[1] 而这些物种在地球上已生存了数百万年！

气候正因全球温室气体（二氧化碳、甲烷和一氧化二氮等）的排放而变得更加炎热。地球水圈为什么会受到影响呢？全球温室气体排放导致地球温度上升，每上升 1 摄氏度，陆地和海洋的水就会以更快的速度蒸发到大气中，云中的降水集中指数会增长 7%，水文事件会变得更加极端且数量呈指数增长——冬季的严寒带来汹涌的大气河[①]和暴雪，春季的大规模洪灾，夏季持久的干旱、致命的热浪和野火，以及秋季灾难性的飓风和台风——每一种都会破坏地球的生态系统，夺走人类和其他生物的生命，同时对社会基础设施造成损坏。[2]

---

① 大气河指大气中细小而强劲的水汽输送通道，一般长数千千米，宽数百千米，像横亘于天空的巨大河流。它携水量惊人，是地球上最具破坏力的天气现象之一。——编者注

以下是迄今为止一些水文事件造成的破坏，其中的数据令人警醒。如果我们不想否认，不想变得麻木，或者更糟糕的，心灰意懒，就需要仔细审查这些数据。

- 今天，有 26 亿人面临巨大或极端的水资源压力。到 2040 年，将有 54 亿人（超过世界预计总人口的一半）生活在 59 个面临巨大或极端水资源压力的国家。[3]
- 到 2050 年，可能会有 35 亿人面临与水相关的粮食安全威胁，比今天又多了 15 亿。[4]
- 过去 10 年，全球有记录的与水有关的冲突和暴力事件增加了270%。[5]
- 有 10 亿人生活在不大可能有能力缓解和适应新的生态威胁的国家，这有可能造成 2050 年前出现人口大规模流离失所和被迫迁徙的情况。[6]
- 自 1990 年以来，洪灾是最常见的自然灾害，占有记录的自然灾害的 42%。在欧洲，洪灾的强度大幅增加，占该地区有记录的自然灾害的 35%，并有可能进一步上升。[7]
- 干旱、热浪和大规模野火正在全球各大洲频发，摧毁着世界各地的生态系统和基础设施。
- 2022 年春季末期，"严重或极端干旱"影响了美国本土 32% 的面积。[8] 截至 2023 年，有 18.4 亿人（几乎占全球人口的 1/4）生活在严重干旱的国家。在受干旱影响的人口中，85% 居住在低收入或中等收入国家。[9]
- 全球已有地区记录到 43.3~48.9 摄氏度的高温。2021 年 7 月 9 日美国加利福尼亚州的死亡谷记录到 54.4 摄氏度的高温。[10] 在 2021 年 4 月的一次特大热浪中，南极洲甚至创下了 18.3 摄氏度的纪录。[11] 2015—2021 年是有记录以来最暖的 7 年，但这一纪录在两年后的 2023 年 7 月被打破，当时地球经历了有史以来最热的三天。[12]

- 在 2023 年的前 9 个月里，美国发生了 44011 起野火，烧毁了约 947832 公顷土地。[13]2023 年，加拿大的北方针叶林在短短 6 周内被烧毁了约 1849 万公顷，破坏面积超过了美国的森林大火。[14]这些森林含有全球 12% 的陆地碳，一旦燃烧殆尽，其碳排放量相当于全球使用化石燃料 36 年产生的碳排放量总和。[15]

- 加拿大森林大火产生的烟雾对空气造成严重污染，纽约的天空被映照成了明亮的橙色，被认为是全球空气质量最差的城市，其次是芝加哥、华盛顿特区和其他一些城市，数百万人被告知待在室内。

- 19 个国家面临海平面上升的风险，其中每个国家至少有 10% 的人口可能会受到影响。未来 30 年内，中国、孟加拉国、印度、越南、印度尼西亚和泰国等国家的低洼沿海地区，以及埃及亚历山大、荷兰海牙和日本大阪等人口众多的城市将会受到严重影响。[16]

- 到 2050 年，将有 47 亿人居住在面临巨大或极端生态威胁的国家。[17]

- 科学家揭示了惊人的发现，极地冰盖和山地冰川消融，以及人类前所未有地抽取大量地下水用于灌溉和满足社会需求，这一切改变了地球的质量分布，并且改变了地轴的自转，对未来生命的发展产生了无法估量的影响。[18]

- 在气候变化的冲击下，某些地区海洋的含氧量下降了 40%。[19]

- 到 2050 年，全球 61% 的水电大坝所在的流域将面临"巨大或极端的干旱或洪水风险，或两者兼有"。[20]

- 全球剩余淡水有 20% 来自北美的五大湖。[21]

- 世界银行报告称，"在过去50年里，全球人均淡水量下降了一半"。[22]

如果说我们是生命的掠夺者，那我们最终也可能是生命的拯救者，谁知道呢。尽管不该天真地期待，但我们仍有理由谨慎地保持希望。这种戏剧性的身份转变取决于我们如何设想人类的能动性以及我们与这个星球的关系。我们需要深刻反思，了解人类在大约6000年前如何与居住在地球上的其他所有生物分道扬镳，而这些生物自诞生以来时时刻刻都在适应这个生机盎然并不断演化的星球。

我们远古的祖先认为万物有灵，周围的世界在他们眼中是充满活力的，是生机勃勃的，而且充满了不断相互交流的魂灵，人类的能动性与之密切交织，形成了一个无边界的自然。但当我们的祖先开始利用自己非凡的智力和身体上的灵活性来掌握未来的航向，以损耗自然为代价，令整个自然界臣服于人类功利性的幻想时，这一切发生了翻天覆地的变化。

6000年前，我们的祖先开始开发利用这个星球上的水资源，供人类大家庭专用，起初是在今天土耳其和伊拉克境内的幼发拉底河与底格里斯河沿岸[23]，后来在埃及尼罗河[24]，然后在印度河流域的加加尔-哈克拉河与印度河[25]，以及中国的黄河流域，[26]再后来是在罗马帝国的领土上[27]。他们建造了精巧的大坝和水库，筑起堤防，沿着大河挖掘运河，拦蓄水资源并将其私有化和商品化，以供他们的族群使用，这从根本上改变了生物区的自然生态。这些水利基础设施催生出了历史学家所谓的"城市水利文明"。自此，世界各地水资源的开发利用一直未间断，并且在21世纪达到了高潮。

尽管历史学家和人类学家，甚至经济学家和社会学家都对当时地球水圈这种非凡的再定向关注甚少，但事实上，密集的城市生活是水利基础设施不可分割的衍生物，其唯一的目的就是满足人类的专属需求。

在这 6000 年中，许多伴随着人类旅程的社会、经济和政府治理都体现在水利基础设施中。这些伟大的城市水利文明在很大程度上标记着人类历史的足迹。

如今，地球气候在变暖，受化石燃料驱动的"水–能源–粮食"关系链的影响，城市水利文明实时面临崩溃。这一真空正引发人类与地球水圈关系的伟大重启。我们要重新学习如何适应一个生机盎然、不断演化的自组织的星球，在这个星球上，水圈作为生命的策划者扮演着最重要的角色。这里说的是一种新万物有灵论，它倡导在复杂的科学基础与技术进步推动下，人类与蓝色家园和谐共生。

如何在一个正在快速再野化的星球上找回我们的路，这触发了哲学家所谓的"崇高"感受。这个术语最早由爱尔兰哲学家埃德蒙·伯克在其 1757 年发表的著作《关于我们崇高与美观念之根源的哲学探讨》中提出，随后被当时的哲学界采纳，成为启蒙运动时期与浪漫主义时期乃至 19 世纪末至 20 世纪初进步时代（Age of Progress）的核心概念。

伯克描述了人类在面临强大的自然力量时极度恐惧的感觉，比如面对令人畏惧的巍峨山脉、深邃陡峻的峡谷、大规模的野火、肆虐的洪水与飓风、致命的龙卷风、喷发的间歇泉、向大地喷射灰烬的炽热火山，或是撬开地球、吞噬一切的大地震。如果从安全距离或远离危险的地方观察，人们对这些大自然现象的恐惧感会转变为敬畏之情。而这种敬畏之情，又能引发我们对大自然强大力量的"惊奇"，从而激发我们对存在意义的"想象"，有时候甚至能引导我们经历"超验性的体验"，即在我们共同星球的更大布局中，重置我们对地方的依恋感。

这种崇高的体验引发了两个哲学学派间一场关于生命意义以及个人与存在关系的激烈辩论。人类大家庭越来越靠近环境深渊和地球生命大灭绝的边缘，在如何回应大自然的"崇高"的问题上站在了十字路口。在这个路口，每个人都以自己的方式提出一个重要的问题，即哪条路会带领我们经历超验性的体验，这种体验会以一种新的实用主义的方式出现，还是以一种有意识的、共情的、亲生命的方式重新依恋我们宇宙中的家园？

启蒙运动时期的哲学家康德认为，当人们挣扎在崇高体验的痛苦中，在恐惧、敬畏、惊奇和想象的交汇处，"理性思维"出现了。这是一种非物质的力量，独立于自然的暴风雨，甚至不受大自然的压倒性力量的影响。它用冷漠、超然、客观的理性来镇压、俘虏、禁锢和驯服大自然的乖张和任性，以满足人类大家庭的功利性需求。简而言之，人类的理性阉割了兽性。

哲学家叔本华对康德的理性超然观点不以为然。他认为，尽管崇高体验起初会引起观者的恐惧与无助感，在地球力量的笼罩下人们又会激发起敬畏、惊奇和想象，但它可以引导人们走上不同的路径，通往超验性的体验——一种对这个生机盎然的星球带有同理心的归属感，而在这个星球上，每个个体都是行动者和参与者，被构成存在的所有生命这一不可分割的整体所包围。

今天，冷漠的客观思维和超然的实用主义与对生命的投入式依恋之间的对峙正在各方面展开，因为人工智能、技术奇点和元宇宙的力量正在与进步的新万物有灵论的力量对抗。眼下的问题在于，是继续使自然臣服于人类的理性意志，还是人类听从自然的召唤，重新加入蓝色水星球上的生命共同体？所有这些趋势与反思的落脚点在哪里？当我们意识到我们生活在蓝色水星球上时，这一切就有了答案。这颗星球恰是我们身处的环境，是我们生活的媒介。水圈不是一个物体，而是这个星球上生命故事的原动力。它是地球上另外三个主要圈层——岩石圈、大气圈和生物圈的驱动者，也是未来所有生命的孵化器。

正确理解本体论，即我们存在的本质，是我们的首要任务。将本体论付诸实践是次要任务。接下来，我将以叙事的方式讲述我们过去所走过的路，这条路将我们和其他生物带到了灭绝的边缘；并讲述我们将要步入、刚刚开始萌芽的"时代新秩序"。这个新的叙事和随之而来的旅程可能会给蓝色水星球上的人类和其他生物带来重生的机会。

接下来的章节内容都不是理论性的，而是根植于在地球的历史长河中人类一直走到今日的真实生活的经验之谈。新的"崇高"将如何展开是一个未知数，这取决于我们所拥抱的未来，且受制于蝴蝶效应以及我们生活在蓝色水星球上遭遇的幸和不幸。

从研究数据中得知，我们正处在 6000 年城市水利文明史即将崩溃的边缘。地球变暖解放了一个被长期"封印"的水圈。我们的水星球正在以我们几乎无法理解的方式演化。各地的生态系统正在崩溃，基础设施遭受重创，人类与其他物种面临的生存风险越来越大。整个人造环境如今已成为搁浅资产（stranded asset），我们必须以新的方式重新思考、重新想象和重新架构这个环境。

来看一项由美国西北大学研究人员开展并在 2023 年发表的新研究。[28] 该研究发现，全球气候变暖正在使地表升温、变形，这意味着建筑物、水和煤气管道、电力设施、地铁和其他地下基础设施出现沉降的可能性越来越大。例如，芝加哥已经开始经历基础设施下沉的早期阶段，那些使芝加哥成为 20 世纪建筑地标城市的标志性建筑物正面临威胁。每个大洲的大都市都将不可避免地出现下沉，这一切并不会在未来的 1000 年内慢慢发生，而更有可能快速发生在未来 150 年以内。根据我们今天的认知，这可能是对城市生活的一种淘汰。

俗话说，有危就有机。今天，人类正陷入一个自诞生以来的最大危机——一个正在实时发生的大规模灭绝事件。重新思考我们的来处、我们的信仰、我们的生活方式等方方面面，以及我们在蓝色水星球上需要适应和重新融入的地方，是人类眼下需要着手应对的挑战，毕竟地球的水圈正在以全新的方式改变。

这一转变已在全球范围内蔓延。全世界许多地区的城市水利文明正在实时崩溃，而由不可预测的水圈引发的"瞬时社会"（ephemeral society）正在一点点出现，开始出现扩张的迹象。如果说城市水利文明以长时间的定居生活和短暂的迁徙生活为特征，那么瞬时社会的特征就是长时间的迁徙生活和短暂的定居。

在这个划时代的转变中，伴随着蓝色水星球上水圈的再野化，一整套新的词汇随着各种过程、模式和实践涌现出来。新奇的理念涌入公共领域，比如"慢水运动""水联网与微水网""海绵城市""水历""水文年"等，这些概念已在我们的日常生活中变得不可或缺，将人类在蓝色水星球上的来处与去向重新联系在一起。一些社区甚至引入了新术语"去除不透水面"（又称"去除封装"），指拆除社区中不透水面并替换为可透水绿地的过程，使水能够渗透到地下，并在地下沿其自然路径流动。太阳能和风能驱动的堪称炼金术的海水淡化技术也正在兴起。据估计，到 2050 年，地球上将有超过 10 亿人饮用太阳能反渗透法海水淡化技术生产的淡化水。目前已有便携式手提箱大小的渗透装置进入市场，这种装置消耗的电力比手机还低，在饱受干旱之苦的地区逐渐成为必备装备。[29]

现在，在气候变暖的过程中，一种新游牧主义正在崛起，基础设施的概念正在发生转变。快闪城市（popup city）、拆解回收式基础设施、大量 3D 打印的临时住所、大规模人工智能驱动的室内垂直农场（包括用水量只占传统室外农业 1/250 的昆虫养殖），正在改变社会经济格局。为数亿生命绘制迁徙路线的工作才刚起步，气候难民护照的签发很可能会随之展开，而且随着放弃备受全球变暖困扰的传统高密度城市栖息地的人越来越多，这些新事物都将形成规模。水圈的再野化正在迅速改变各大洲人口的定居模式，由水域决定人类大家庭以及其他生物在地球上的分布。

长期受制于国家主权和固定国界的国家政府体制，同样受到了跨越政治国界的"生物区治理"的挑战，因为本地社区开始分担管理共同生态系统的责任。由于气候变暖和气象灾害破坏了跨越海洋和空中走廊的物流链和贸易，全球化不断退化。世界各地更灵活的新型高科技中小企业与合作组织开始通过数字驱动的"供方–用户"直通网络，以近乎零边际成本的方式直接合作，绕过了传统的"卖方–买方"资本市场，"全球化"转变为"全球本地化"。

地缘政治已经过时并陷入毁灭世界的终局，它正面临挑战，尽管程度尚微。挑战由一种狂热的新"生物圈政治"引发，因为人类终于认识到，地球上的所有生物都生活在一个必须共享且无所不包的生物圈中。从地缘政治向生物圈政治的这一转变，体现在以前捍卫政治边界和财产的军事戒备，如今转到了涉及共享生态系统的气象灾害救援、恢复和救济任务，哪怕只是暂时转变。

瞬时社会的崛起也带来了一个用于描述经济生活的新术语：生态经济学。这个术语的灵感来自热力学第一定律和第二定律。它将我们带入一个混合经济体系，这个体系仅部分与我们所谓的市场资本主义相关联，但日益紧密地与另一个经济体交织在一起。在这个经济体中，金融资本正逐渐让位于生态资本。在瞬时社会中，水本主义（hydroism）成为新的集结点。

在蓝色水星球上，适应性超越效率，成为主要的时间价值，生产力变得远不及再生能力重要，国内生产总值（GDP）被推到一边，让位于生活质量指标（QLI），零和游戏不再流行，网络效应渐成常态。

学会在蓝色水星球上生活，需要采用新的价值衡量标准。了解"水–能源–粮食"关系链，并使用"虚拟水指数"（virtual water index）来计量水在国内和进出口贸易中的分配方式，成为蓝色水星球上商业和贸易中与碳足迹同等重要的黄金标准。

也许最令人鼓舞的是，随着城市水利文明的崩溃和瞬时社会的崛起，人们日益认可"水权"（rights of waters）为蓝色水星球上所有生命的主要驱动力和活力之源。各国开始颁布法律，保障海洋、湖泊、河流和洪泛湿地自由流动的合法权利，助力水圈在再野化过程中找到新的平衡。各地正在使用权威的法律手段来保障这些权利，对侵权行为进行惩罚。

我们对地球在宇宙中的看法发生了巨大变化，这将重新谱写人类的故事，带领我们进入一个热爱生命的新未来。我们生活在一个水星球上，我们存在的方方面面都源自这个无可争辩的事实。将我们在宇宙中的家园重新命名为"蓝色水星球"，并将此名引入宪法、法律、规范、规章和相关标准，这是我们与保障我们存在的水实现相互调适所迈出的第一大步。这一顿悟时刻标志着我们要开始一场新的超验之旅，在我们这个水之家重新激起生命的脉搏。人类现在做出的选择以及在接下来的几个世代做出的其他无数的选择将决定地球上的生命能否重新焕发活力、人类能否重获新生。而今我们面临的唯一议题是：与再野化的水圈和平共处，寻找与其他生物共同繁衍生息的新方式。其他一切都不重要。

第一部分

水利文明
即将崩溃

第一章
水，起初即存

地球历史上有一个巨大的谜团：生命是如何诞生的？最早的一条吸睛的线索在《圣经·创世记》开篇就出现了。什洛莫·伊茨哈基是法国 11 世纪著名的犹太教拉比，他对《塔木德》的点评至今仍是《圣经》经文诠释中的权威。拉什指出，《圣经》中关于创世记载的描述承认了一个惊人的事实，即起初是有水的，水在神创造天与地之前便存在了。[1]《创世记》开篇即表明"起初地是空虚混沌，渊面黑暗；神的灵运行在水面上"。[2]

神将水分为上下，创造了天地和昼夜，并将地与海分开，让各种生物在地球上生养。神最后且最珍贵的造物是照着自己的形象，用地上的尘土造出亚当，取亚当身上肋骨，造出夏娃。

关于创世之前已有水的记载并非只此一派。更早的古巴比伦文明也讲述了类似的创世故事。世界各地的创世故事中也有类似的情节。最近，科学家开始揭示宇宙形成与演化的奥秘、太阳系和行星的奥秘，以及水在宇宙的演化中所起的作用，古老的水的故事开始引起人们的兴趣。

这些地球起源的叙事将水的存在放在创世之前，它们也因为地球水圈发生的剧变而具有了存在的重要意义。工业生产中燃烧化石燃料产生的二氧化碳、甲烷和一氧化二氮导致全球变暖，影响了地球的四个主要圈层——水圈、岩石圈、大气圈和生物圈，其中对水圈的影响最大。地球生态系统在全新世，即过去 11000 年里，都在温和的气候条件下发展，但随着气候剧变和水域的再野化，地球生态系统正在崩溃，将地球带入第六次生物大灭绝（地球上一次经历生物大灭绝是在 6500 万年前）。

难怪科学界正疯狂寻求了解地球水圈的内部运作及其对岩石圈、大气圈和生物圈的影响，以便更好地适应下列情况：不断变化的洋流和墨西哥湾流，上一次冰期残余的冰川融化对陆地和海洋的影响，地球构造板块的分裂与移动情况，地幔释放的地震灾害，以及数千座休眠火山急剧增加的喷发可能性。

水主宰了地球，如果对这一点还存在任何质疑，不妨想想一些科学研究的一个新发现，即水的分布状态已经改变了地轴的倾斜度，[3] 而且 20 世纪 90 年代以来地轴的倾斜度一直在改变，原因在于气候变化引起的地球变暖正在迅速融化北极地区更新世残余的冰川和冰盖。大量的水被释放并流入海洋，改变了地球质量的分布，从而改变了地球绕轴旋转的角度。[4]

新的研究还发现，为满足 80 亿人口不断增长的农业需求，近年来人类对地下水的大量开采也对水的分布产生了影响，这"足以使地轴发生偏移"。2010 年，印度抽取了约 3483 亿立方米地下水。尽管气候变化所导致的地轴倾斜度的变化极小，可能只是在时间的推移中轻微地"使每天的时长改变 1 毫秒左右"，但这已足以让人类对水的作用及其对地球的巨大影响感到敬畏。[5]

科学家们正在探寻的问题是，起初的水从何而来？它们是如何构成的？长期以来，天文学家一直认为水在宇宙中无处不在，地球上的水是 39 亿年前主要由冰组成的彗星大规模轰击当时新形成的地球带来的。然而，新的研究倾向于认同水的另一个来源，即从地表深处的熔岩中渗出。[6] 最近的研究还表明，古老的地球可能是一个没有陆地的水世界。[7]

目前科学界尚未完全搞清楚水与地球生命演化之间的关系，但事实上，所有物种主要都是由水组成的，这些水都来自水圈。这一切都让我们想起伊甸园中的亚当，长期以来我们一直认为他是神用地上的尘土造的。实际上，精液的成分中有很大一部分是水，胎儿也是在水中孕育出来的。有一些生物超过 90% 的体重来自水，一个成年人的体重就有约 60% 是水。[8] 心脏约有 73% 是水，肺有 83% 是水，皮肤有 64% 是水，肌肉和肾脏各有 79% 是水，骨头有 31% 是水。[9] 血浆是一种淡黄色的混合物，用于输送血红细胞、酶、营养物质和激素，其中有 90% 是水。[10]

水在管理生命系统的秘密方面发挥着至关重要的作用，个中细节令人叹为观止。

> （水）是每个细胞生命中的重要营养物质，它首先是构成细胞的材料。通过出汗和呼吸，水能调节体内温度。为身体提供能量的碳水化合物和蛋白质在血液中依赖水进行代谢和运输。（水）通过排尿，帮助身体清除废物。（水）还可以充当（大脑、脊髓和胎儿的）减震器。（水）能形成唾液，还能润滑关节。[11]

每天 24 小时，水不间断地在我们体内流入流出。从这个意义上讲，我们身体这个半透水开放系统将来自地球水圈的淡水引入体内，帮助我们执行生命机能，之后又将其送回水圈。如果要寻求证据表明人类以及所有其他生物的身体是一种流体活动模式，而非固定结构，像一个获取能量并排泄熵废物的耗散系统[①]，而非获取外部能量

---

① 耗散系统（dissipative system），是指在其演化过程中，会有能量或物质从系统内部流向外部环境，导致系统状态发生不可逆变化的系统。其特点是不能保持在一个固定的状态下朝着一种倾向于达到平衡或稳定态的方向进行演变。——编者注

来供给内部的封闭系统，那么水的循环和回收便是一个合适的切入点。

毋庸置疑，水就是生命。如果没有食物，我们可以坚持三个星期，但若是没有水，我们平均只能坚持一个星期，之后就会有生命危险。而如今，水循环正以我们难以理解的方式发生着剧变，改变了地球上其他三大圈层的动态关系以及人类和其他生物的生存前景。其实，人类在有文字记载以前就曾经历过这样的困境。

史前记忆与第二次大洪水

说到人类最早的回忆，世界各地口口相传的多半是大洪水淹没地球的故事。西方文明所讲的，是耶和华降下大洪水，洪水吞没了所有生命，唯有挪亚与他的家人以及方舟上所载的每个物种（一雌一雄）幸免于难。其他文明也讲述了他们自己的大洪水与免于被造化摆弄的故事。近年来，科学界在世界各地发现了在上一次冰期冰川融化引起灾难性大洪水的证据。在亚欧大陆、北美洲等地，巨大的冰川堰塞湖融化，释放出大规模的冰川洪水，原本冰冻的河流冲出堤岸，席卷毗邻的陆地，吞没了各种生物。冰川融化引起的灾难深深根植于我们的远古祖先心中，并成为人类口口相传的第一个历史记忆。后来，随着文字的出现，大洪水的故事一直传承至今。

一万年以后的今天，随着全球气候变暖，水圈再次陷入动荡。科学家警告我们，未来 80 年内，地球上高达一半的物种将面临灭绝的威胁。[12] 其中许多物种在地球上已生存了数百万年！到底是什么导致了当前的大规模物种灭绝事件，科学家正就此展开激烈的辩论。大多数人将责任归于以化石燃料为基础的工业时代，大量二氧化碳、甲烷和一氧化二氮的排放导致全球气候变暖——地质记录有充分的证据支持这一说法。有些人则认为，今天我们面临的灭绝事件可以追溯到公元前 4000 年前后，即地中海地区、北非、印度、中国等地最早的水利文明形成时期。

　　我们的智人祖先，在 95% 的发展历程中，过着与其他生物一样的生活，觅食、狩猎，不断适应着季节更迭和自然兴衰。[13] 在约 20 万至 30 万年前进化为智人的原始人科物种，生活在一个危机四伏的星球上，经历了约 10 万年的冰川作用期，接着是 1 万年以上的变暖时期。上一次冰川融化发生在约 11000 年前的更新世冰期，那便是我们今天所知的温暖气候的开端。随着全新世的到来，我们的祖先过渡到一种以农业种植与动物驯化为特征的定居生活，进入了新石器时代。这一历史时期最终演变成约 6000 年前地中海地区崛起的城市水利文明，古印度和中国紧随其后。那是人类有史以来第一次出现突然转向，从与其他生物一样适应自然兴衰，转为要求自然来适应我们的欲望和意图。6000 多年后，城市水利文明达到顶峰，最终进入以化石燃料为基础的工业时代，资本主义兴起，全球气候变暖，地球上的水圈遭遇严重破坏。

　　过去 10 年中，美国经历了 22 次极端天气事件。这些事件都是由水文循环的急剧再定向引起的，每一次都对环境、经济和社会造成了超过 10 亿美元的损失。[14] 仅在 2021 年，美国的气象灾害造成的损失就超过 1450 亿美元，包括南方的严重寒潮，横扫亚利桑那州、加利福尼亚州、科罗拉多州、爱达荷州、蒙大拿州、俄勒冈州和华盛顿州的大规模野火，席卷西部的秋夏干旱和热浪，加利福尼亚州和路易斯安那州的重大洪灾，各地的龙卷风，4 个热带风暴和其他 7 个严重的气象事件。根据美国国家海洋和大气管理局的数据，2017—2021 年，气候变化引起的严重气象事件对社会、经济和环境造成的损失高达 7420 亿美元，这些事件均与水文循环的急剧再定向有关。[15] 为了有效降低损失，美国在 2021 年签署通过了《两党基础设施建设法案》，指出要减少导致全球变暖的排放，并在未来 10 年内建设出智能的、高韧性的第三次工业革命基础设施。但该法案为气候相关项目投入的资金总额仅为 5500 亿美元。从更直观的角度说，如今还有 40% 的美国人生活在"被 2021 年气象灾害摧毁的县里"。[16]

更糟糕的是，美国 43% 的人口所居住的社区依赖老化且破损的大坝、堤防、水库和人工礁——美国大坝的平均使用时间接近 60 年，堤防平均使用时间超过 50 年。[17] 这些老旧的水利基础设施当初设计时并未考虑到今天要抵御不可预测的水文循环带来的洪灾、干旱、热浪、野火和飓风。当然，美国并非孤例。2022 年，一项发表在《水》（*Water*）期刊上的研究报告指出，到 2050 年，全球 61% 的大坝所在的河流将面临"极端的干旱或洪水风险，或两者兼有"。[18] 每个国家都面临着类似的困境：是不断修复和重建水利基础设施，并在这场博弈中落败，还是让水自由流动，从而建立新的平衡？若选择后者，美国和世界各国政府将需要进行大规模的收购和搬迁动员，以期将人民安置在不受灾害威胁的地区，让水域再野化，从而迈出走向生命繁荣新生态的步伐。

不能说我们没有收到过警告。过去一个世纪以来，伟大的科学家们已经发出过警告，其中包括著名的苏联地球化学家弗拉基米尔·维尔纳茨基。他在 20 世纪上半叶就描述了生物圈，并主张水是决定地球生命演化的关键因素。大约在同一时期，哈佛大学生物学家和哲学家劳伦斯·亨德森提出，水可能是地球和宇宙中生命活力的必要一环。[19] 后来，生物学家林恩·马古利斯和化学家詹姆斯·洛夫洛克爵士共同提出了被广泛接受的"盖亚假说"，认为地球是一个自组织系统，强调人类文明对地球水圈的影响。[20] 维尔纳茨基、亨德森和马古利斯所见略同，他们意识到水是地球上乃至宇宙中生命的活力源泉。再后来，来自化学、物理学和生物学领域的其他科学家开始揭示水在以前未被探索的性质。

水生物种：人类如何从深海中崛起

蓝色水星球讲述的是一个关于地球生命如何诞生的新故事，水作为"主要原动力"，改变了人类对自己、对自己与蓝色大星球上其他生物关系的看法。人类已经在一定程度上接受了我们由近亲——灵长类动物演化而来这一观念，但最近科学界的发现令人惊心——在漫长的演化故事中，人类最早可追溯到深海里。长期以来，古生物学家们相信，人类的演化最早可追溯到栖息在大洋中的微生物，但在追溯人类谱系方面，这一理论一直缺乏证据支持。

然而，在过去的几十年里，生物学家开始填补一些人类物种演化缺失的环节，将我们的演化故事追溯到了更远古的水生记录中。2006 年，芝加哥大学教授尼尔·舒宾在《自然》杂志上发表了两篇文章，称他的团队在加拿大埃尔斯米尔岛鸟湾地区挖掘古老岩石时发现了一种生物的化石残骸，这种生物身长至少 2.74 米，生活在约3.75 亿年前，正是地质史认为鱼类演化成最早的四足动物的时期。这种奇怪的生物长有鱼鳞、尖牙和鳃，但也具有一些只在陆地上生活的动物才有的解剖学特征。舒宾和他的同事将这种生物命名为"鱼足动物"（fishapod）。[21] 鱼足动物头骨宽阔、颈部灵活，与后来的鳄鱼类似，眼睛高高地长在头上，它的视线能够越过水面，看向远方的地平线。这种生物还有一个紧密交锁的大胸鳍，表明它可能有肺脏，能呼吸。研究人员推测，这种生物的躯干足够强壮，能够在浅滩或陆地上支撑住身体。令人意外的发现是，在解剖这个生物的胸鳍时，他们发现了类似四足动物手部的肢端以及腕部和五根指骨，舒宾惊呼道："这是我们的一个支系！这就是我们的曾曾曾曾表亲！"[22]

随后，2021 年，科学家在《细胞》（Cell）杂志上发表的研究打断了长达 160 年来学界关于地球生命演化的思考。[23] 他们利用在哥本哈根大学和其他研究实验室绘制的原始鱼类基因组图谱驳斥了传统的认知，即在大约 3.7 亿年前，一些类似蜥蜴的原始四足动物开始迁居陆地，它们的鳍演化成了四肢和能够呼吸空气的器官。新的基因组研究发现，在四足动物登陆之前距今 5000 万年左右，鱼类就已携带能产生肢体形状的遗传密码和用于呼吸空气的原始功能肺。甚至在今天，仍有一种在江河湖沼之中游弋的古老鱼类——多鳍鱼，它们的心肺系统有一个与人类一样的重要器官——动脉圆锥。这是心脏右心室中的一个结构，心脏从这里向整个身体输送血液。这些关于人类基因组和原始鱼类遗传密码的发现是非凡的，表明人类与那些在海洋中游弋了数亿年的鱼类有着共同的遗传历史，将我们与演化了亿万年生命的古老水域连接起来。[24]

人是"水之物种"，在我们成为受精卵的那一瞬间就已注定。成年人体内有 60% 是水，胎儿体内的水占 70%~90%，在出生前水的占比会逐渐减少。[25] 一万年前的岩画记录了人类古老的祖先以我们今天熟悉的各种姿势游泳——蛙式和狗刨式等。一枚可追溯到公元前 9000 年至公元前 4000 年之间的埃及泥制印章展示了苏美尔人自由泳的画面。关于游泳的记载可在《吉尔伽美什史诗》中找到，这是公元前 2100 年至公元前 1200 年美索不达米亚文明时期的第一部文学作品。[26]

人类的历史是一段长期沉浸水中的历史，无论是为了生存还是娱乐。我们饮水、游泳、潜水、漂浮、沉醉、沐浴，参与洗礼仪式和心意更新，与深层精神世界交流，并利用水来管理经济和社会生活。换句话说，我们生活在一个水的世界，从孕育到死亡，从身体内部到外部世界。在我们的细胞、组织和器官中，那些组成我们的液态存在的水分子，在我们生前及身后，都会进入其他水体和环境，寻找新的落脚处。如此一来，再听《圣经》将生命解释为"尘归尘，土归土"的循环时，就会感觉非常奇怪，因为更准确的描述是，在这颗蓝色大星球上，生命的日常是从一个液体环境到另一个液体环境不断变化和再定向的过程。

　　或许我们与深海祖先之间的遗传联系比我们所知的更深，但我们在清醒的时候往往会忽视这一点。我们的许多梦境都与水有关，或者以水为中心主题或象征，水引导着我们在梦里的想象力。带有水意象的梦境常常涉及人类的亲密情感——那些隐藏在潜意识中并激发想象力的恐惧、希望、苦难和期待。例如，精神科医生通常会将患者关于溺水的梦境解释为过度紧张的情绪，而将被浸入水中的梦境联想成一种精神上的洗礼、重生或生命的更新。梦中之水的象征允许潜意识深入探索一个人的心灵深处，这种探索比任何其他媒介都要深入，这表明人类与水的这种交织的关系可能是一种嵌入了人类集体潜意识的记忆。

　　人类学家米尔恰·伊利亚德记录了人类直觉上对水作为生命原动力重要性的感觉。他写道：

　　　水象征了一切潜在的可能性；它是本源，即一切可能存在之源泉……水永远是有生命力的……在神话、仪式和图腾中，在任何能找到水的文化模式中，水都具有相同的功能：它存在于所有形式的存在之前，并支撑着所有的创造……与水的每一次接触，都意味着再生。[27]

　　我们如何使用语言，往往反映了我们认识自己和与他人沟通最主要的方式。尽管我们通常不会察觉自己有多么依赖象征、隐喻来描述和传达我们的思想，但象征、隐喻确实就是我们表达自己的方式。著名神学家和哲学家伊凡·伊里奇提醒我们，"水几乎可承载无限的隐喻"。[28] 由此，我们开始理解我们为何对水高度重视。这也解释了为什么在向他人传达我们的思想时，作为所有生命之源的水在其中起着关键作用。

水的隐喻在每种文化和语言中都存在。这样的例子不胜枚举：泪如泉涌、破冰、冰山一角、涟漪效应、覆水难收、水深火热、浑水摸鱼、蛟龙戏水、网上冲浪、乘风破浪等等。

人类是陆地生物，因此我们很自然地将绿色空间视为人类的原始居所。在千百年的历史中，人类至少在有意识的情况下一直执着于对自然风景的认同。我们对水习以为常。我们将水视为一种资源，而不是生命力量，将水视为一种公共服务，而不是我们居住其中的环境。

然而，近年来，各门科学开始关注"水景"，探讨它们在定义人性方面的作用。科学家开始发现，在潜意识层面，我们仍然是"水之物种"。现在，在气候变暖和地球水圈再野化过程中，这一事实正在浮出水面。大气河，春季洪灾，夏季干旱、热浪和野火，以及秋季的飓风和台风让我们意识到：我们与其他物种一样，居住在一个水星球上。

我们的觉醒喜忧参半。如果说有什么可喜之处，那就是生物学家、生态学家、工程师、建筑师、城市规划师等，正在重新发现我们与水景的潜意识联系。尽管水景仍然被视为景观的附属物，但我们慢慢认识到，人更深层次的归属仍然是水。研究人员开始调查，相对于绿色空间，人类如何看待蓝色空间。他们发现，我们对蓝色空间的亲近感一直存在，只是千百年来被掩盖了。首先，想想大部分人居住的地方。10% 的人口生活在海岸线上，另外 40% 居住在离海岸线不到 97 千米的地方。[29] 此外，全世界有 50% 的人口生活在距离淡水水体 3000 米以内的地方，而只有不到 10% 的人口居住的地方距离淡水水体超过 10 千米。[30]

如今地球水圈正在成为气候变暖的一个不确定因素，蓝色空间对人类的疗愈效果和健康状况的影响重新引起生物学家、生态学家、城市规划师、建筑师以及公众的关注，尽管新的研究更多地把蓝色空间视为绿色空间的延伸，但实际上是水圈孕育了岩石圈，而不是岩石圈孕育了水圈。

波恩大学卫生与公共健康学院的研究人员就多项关于蓝色空间对人类健康和幸福影响的研究进行了评述，揭示了置身水中或水上在美学和健康方面的效应。蓝色空间的现象学效应，即置身其间的体验，有着丰富的内容。在这些研究中，当被试者靠近蓝色空间时，他们会敏锐地感受到湿度的增加，以及沿着蓝色空间公共区域的外围、上方和里面聚集的野生动植物的丰富多样。感官的觉醒使被试者沉浸在蓝色的环境中。水的颜色、声音、清晰度、流动以及背景将被试者吸引到另一个现实中。与机械的城市扩张所带来的刺耳敲击声、金属气味和气体排放相比，这一现实更加密集和生动。

在各种实验中，研究人员发现被试者在蓝色空间中的沉浸感更强，能在丰富的水生生物包围中体会到强烈的活力。尤其是水的声音、颜色和流动，会引起一系列令人振奋的生理反应，激发被试者产生与蓝色水景合二为一的感觉。

这项大型研究的作者们描述了多个关于蓝色空间依恋感的实验，列举了被试者的一些共同体验："人们欣赏水的声音，并且非常重视这些声音的多样性和特殊性，从宁静的层流声到充满活力的咆哮声，（人们）认为宁静的水声具有疗愈效果。"水的颜色也会引发不同的情感反应。例如，蓝色的水被认为是纯净的，而黄色的水通常不是。蓝色的水通常还与凉爽联系在一起，而带有咆哮声和力量感的白色的水则不会。[31]

每个曾经沿着海岸线漫步，看着波浪冲上岸又迅速退回深海的人，可能都曾情不自禁地被深海和远处的海景所迷住。有谁不曾为浩瀚辽阔的海洋而感动呢？它无边无垠，让我们每个人都能思考存在之无限，思考这个看似无限的空间是如何形成的，思考我们每个人应如何融入地球这幅更宏伟的画卷中。

关于人类与水的关系，一项非常有意思的发现是，在所有历史时期的文化中，人们都从水环境中寻求疗愈感。一项针对患者和学生对墙饰图片的偏好的研究发现，"水蓝景观一直排名最靠前"。[32] 尽管对于地球上所有生命的存在来说，水既是媒介又是环境，但我们往往对水在激发地球其他圈层以及支撑人类物种前景方面发挥的重要作用视而不见。已故美国小说家戴维·华莱士分享了一个寓言，一针见血地道出我们与水亲密但少有人注意的关系。故事如下：

> 两条小鱼游来游去，碰巧遇到一条老鱼朝它们游过来。老鱼点头示意，对它们说："早上好，孩子们。感觉水怎么样？"两条小鱼游了一会儿，最后，其中一条看着另一条说："水是什么鬼东西？"[33]

水无处不在，每时每刻都在引导着我们的生理存在，以及我们在这个世界上所有的具体关系，但由于它是我们生活的媒介，往往不为人察觉。在《景观与城市规划》（*Landscape and Urban Planning*）期刊上的一项研究报告中，作者什穆埃尔·伯米尔、特里·丹尼尔、约翰·赫瑟林顿分享了一些一直存在的关于水的思考。这项研究从水的反射性入手。他们写道：

> （水）能够几乎完全反射其表面的光波……表面平静时，水体能极为清晰地反射出山脉、岩石、树木、野生动物，有时还有观察者本人的影像……水体的颜色也受其中悬浮的腐蚀物的影响。科罗拉多河（Colorado River，西班牙语中"colorado"意为"红色"）就是因其河水携带的泥浆颜色而得名……水流经过或绕过障碍物形成的瀑布以及鱼类和其他动物在水面上移动会发出声音……有细微的水滴落下并击打水面的声音，有激流的奔涌声或

瀑布的咆哮声……在大自然中，水填满山谷，汇聚成湖泊，蜿蜒流过干枯的河道……水可以宁静并具有反射力，静止不动……也可以充满活力，撞出各种垂直或倾斜的水面……水在很大程度上影响和塑造着自然景观，它可以创造出"宏伟如雕塑的环境（比如亚利桑那州大峡谷）"。[34]

作为媒介，水无处不在。如果我们对其习以为常，那是因为就像伯米尔等人所指出的，"水本身没有形状，它的形状取决于容器"。[35]一言以蔽之，水赋予生命一切。

长期以来，地球物理学家一直在思考地核和地幔是否存在水。地幔占地球体积的84%，地核占15%，剩下的1%是地壳。[36]就我们居住的这个星球而言，直到近几十年，我们对地下发生的事情仍知之甚少。20世纪90年代，有人猜测，在长达数亿甚至数十亿年的时间里，地表以下约402~660千米的上下地幔过渡带的主要成分——尖晶橄榄石中可能储存了大量的水。[37]尽管在地下这样的深度和极端温度下，地球物理学家认为这些水可能已经分解为氢和氧，并以化学方式存在于岩石的晶体结构中，但无论是何种形式，它仍是水。

2014年，艾伯塔大学的地质学家格雷厄姆·皮尔逊在巴西的上下地幔过渡带中发现了一颗微小的钻石，并在钻石中发现了一小片尖晶橄榄石，其中含有约1%的水，这引发了学界对地幔和地核中隐藏水量的讨论。[38]当时，西北大学地质学家史蒂芬·雅各布森和新墨西哥大学地质学家布兰登·施曼特组队合作，在全美范围内使用由2000个地震仪组成的密集观测网对地幔进行了调查，在上下地幔过渡带中发现了大量熔融物质。显然，按雅各布森的说法，上下地幔过渡带中充满了水。[39]

从那以后，地质学家在上下地幔过渡带发现了更多的水。2016

年，雅各布森的团队获得了一颗微小的钻石，这颗钻石来自地表下约 966 千米的下地幔，在 9000 万年前的一次火山喷发中被带到地表。这颗钻石含有铁方镁石，它是下地幔的关键成分，含水量不足 1%。[40]

由于下地幔占据了地幔的一半，雅各布森和其他一些地质学家认为，在地下岩层的层叠之间可能分布着一个海洋的水量。根据推算，雅各布森提出，在全球的俯冲带[①]，"我们有一个海洋的水量，（而）在上地幔中还有一个……我们可以假设在过渡带中还有两个"。雅各布森推测，在地壳和下地幔之间可能还有一个海洋的水量，"那么总共就有 5 个"。[41]

这些关于海下之海的发现，绝非出自内行人的好奇心。俄亥俄州立大学地球物理学家温迪·帕内罗提醒我们，水会风化岩石，使它们更加松散，"这是板块运动的动因"。而板块运动通过在地球各圈层之间循环热量、水分和化学物质，千万年来保持地球气候相对稳定，使地球成为适合生命居住的星球。哥伦比亚大学地球物理学家唐娜·希林顿如此总结这些新发现："水对地球内部的运作和地球表面的运转一样至关重要。"[42] 这些新的发现正在改变着学界对地球的认知。

---

① 俯冲带（subduction zone），又称"消减带"，即海洋板块和大陆板块相撞时，海洋板块俯冲于大陆板块之下，两个岩石层板块的汇聚带。——编者注

第二章

十"堵"九输的地球：
水利文明的曙光

人类从视地球为"大地之神"，到意识到我们居住在蓝色水星球这一世界观的深远转变，需要我们重新定义人类存在的基本要素。我们的存在是扎根于大地呢，还是说是水的延伸？这意味着我们要回顾历史和集体记忆，审视我们千百年来传承下来的神话、传说和故事，这些故事定义了我们如何看待自己，如何想象生命，以及如何体验我们居住的星球。

关于生命起源和人类随时间发展的文化与社会的许多叙事中，有一个一以贯之的背景故事：人类到底是以地球为中心，还是以水为中心？这两种取向形成了鲜明对比。对我们不断变化的观点进行深入探索，必然会走向一场持续的伟大争论，该如何定义我们的自然栖息地？我们究竟是由大地泥土构成，还是由海洋之水组成？此刻，在历史的分水岭，我们要重新思考人类的起源故事，这一点至关紧要。气候变暖导致地球水圈剧变，人类如何在一个变暖的星球上生存，这个问题越来越受到重视，也使我们在保卫大地和解放水圈之间出现了分歧。

事实上，两者并不是非此即彼的关系，都需要妥善解决，但要格外注意一点：要保卫我们脚下的大地，取决于我们承认并适应水圈的解放，这种解放会将生命带向不确定的未来。这就要求我们重新构想，生活在太阳系中与其他 7 颗行星毗邻的水星球上到底意味着什么。我们的首要任务是探索历史上水的本体论，关注人类与水圈之间亲密关系的方方面面，但很少有人会想起这一点。

理解这种关系，要从人类"驯化"水星球生活的点滴说起。这一切始于 11000 年前最后一个冰期末期，当时的气候已开始变暖，我们的祖先在很大程度上放弃了游牧生活，开始定居，驯化植物和野生动物，农业和畜牧业由此诞生，我们可以慷慨地称之为经济生活的雏形。经济生活的核心是建设复杂的人类基础设施，而水圈在其中起到了最重要的作用。

社会有机体的形成

自人类文明诞生以来，人类与自然世界互动方式的每一次重大转变，都可以追溯到划时代的基础设施革命。尽管大多数历史学家认为，基础设施只是将人们联系在一起共同生活的脚手架，但实际上它们发挥着更为重要的作用。每一次基础设施的革命都融合了维持集体社会存在不可或缺的四个要素：新的通信形式，新能源和动力，新的运输和物流方式，以及最重要的——管理水圈的新生活方式。当这四项技术出现进步并无缝、动态地结合在一起时，就会从根本上改变人们日常经济生活中的交流沟通、能源助动以及交通方式，并建立社会和政治规范。

我在之前出版的一本书《韧性时代》[①]中描述过，基础设施革命类似于每个有机体维持生存所必需的东西：一种交流手段，一种能量来源，一种机动性或在环境中移动的能动性，以及足以维持生命的水。它是一种技术假体，允许大量人口在日益复杂的经济、社会和政治环

---

① 该书简体中文版已于 2022 年 11 月由中信出版集团出版。——编者注

境中聚集在一起，扮演更具差异化的角色，这就是所谓的大规模"社会有机体"。

同样，每个有机体都需要一个半透膜，例如皮肤或外壳，来管理其体内与体外世界之间的关系，以达到生存或繁荣的目的。我们的建筑物和其他设施结构就像人类社会的"半透膜"，使人类得以在恶劣气候中生存，储存维持身体健康所需的粮食和能量，为我们提供安全的庇护场所来生产和消费生存所需的商品和服务，也为我们提供一个聚集的场所来养家糊口和参与社会生活。

基础设施革命还会改变一个社会的时空取向，以及经济活动、社会生活和治理形式的性质。基础设施既提供了机遇，又带来了制约，随之而来的还有更具差异化的新型集体生活模式。

19 世纪，蒸汽印刷、电报、丰富的煤炭资源、国家铁路系统上的火车以及现代管道和下水道系统，与火车站周围密集的城市建筑一起，融合成一个互动的基础设施，为社会提供通信、电力和运输能力，催生了第一次工业革命、城市化进程、资本主义经济体系，以及由国家政府监督的全国市场。

20 世纪，电话、集中式电力、广播和电视、廉价石油，公路系统、内陆水道、海上航道和空中走廊中的内燃机运输，为不断增长的城市、郊区和农村人口以及集约化农业灌溉提供额外的电力和水资源的人工水库和巨型水坝，所有这些都融合在一起，形成一个互动的基础设施，催生了第二次工业革命，带来了全球化和全球治理机构。

今天，我们正处于第三次工业革命的早期阶段。通信互联网与由太阳能和风能供电的数字化电网相互融合。地方和国家企业、房屋业主、社区协会、农民和牧场主、民间社会组织和政府机构等正在利用太阳能和风能发电，为其运行提供清洁电力。同时，剩余的绿色电力都被售回给日益一体化、数字化并即将实现跨大陆互联的电力网络。电网利用数据、分析法和算法来分享可再生电力，就像我们目前在通信互联网上分享新闻、知识和娱乐内容一样。

现在，这两个数字化网络正在与移动物流网络融合。移动物流网由太阳能和风力发电驱动的电动和燃料电池交通工具组成。在接下来的几十年中，这些交通工具将在公路、铁路、水上和空中走廊实现半自动化甚至自动化，并通过大数据分析和算法进行管理，就像我们对电力网络和通信互联网所做的那样。

这三个网络正在与第四个数字化的水联网融合。水联网由数万个（未来会增加到数亿个）分布式以及分散式智能蓄水池和其他集水系统组成，在人类生活和工作的区域收集雨水，并将其储存在含水层和微水网中。然后利用大数据、分析法和算法，通过智能管道系统输送水资源，为人们饮用、沐浴、清洁以及工业用途、农业灌溉提供淡水，同时将废水回收到含水层进行二次净化与利用。

这四个网络将越来越多地共享连续的数据流和分析结果，创建算法，使得通信，绿色电力的发电、储能和输配，跨地区、跨大陆乃至跨全球时区的零排放自动运输，以及供人类消费、工业使用和农田灌溉的雨水收集和净化实现同步。

这个联合体还将不断地从物联网的传感器获取数据，这些传感器实时监控各种活动，包括生态系统、农田、仓库、道路系统、工厂生产线，特别是住宅和商业建筑，使人类能够更加有效地进行日常经济活动和社会生活。

大型基础设施范式的重大转变标记了历史上城市水利文明的崛起和衰落。然而，奇怪的是，传统上，人类将更多的注意力放在了城市化进程各个阶段的经济、治理和宗教仪式上，而忽略了拦蓄水资源对复杂城市生活的影响。历史学家和人类学家也不怎么关注6000多年来城市水利文明的兴衰对地球大片陆地生态系统的破坏——将地球上的水域从"生命之源"转变为"生命资源"，导致周期性的热动力崩溃、大规模人类定居点的废弃、人口的流散和大规模迁徙。

在美索不达米亚、古埃及的尼罗河流域、古印度的印度河流域、中国的黄河流域以及后来的古罗马等地崛起的水利帝国，代表了一种新兴的人类能动性。我们的祖先开始发明高度复杂的技术，旨在驾驭和调配水资源，按人类独特的时间、空间和社会需求的轻重缓急来驯化水资源。而在此之前，人类和其他所有物种一样，需要去适应与地球自转和公转密切关联的水圈时空演变规律。

另外，在希腊克里特岛、东南亚的高棉王国、墨西哥和中美洲的玛雅文明以及包括南美洲西部大部分地区的印加帝国也出现了水利文明，每一个文明都伴随着密集城市环境的出现。[1]

所有文明都拦蓄了它们的水资源，建立了复杂的水利系统，将泛滥的江河水改造为稳定且可调控的供水，用于灌溉和种植。[2]

苏美尔人在美索不达米亚（现今土耳其、伊拉克、叙利亚和伊朗的部分地区）的底格里斯河与幼发拉底河河畔建立了最早的城市水利社会。当时，成千上万被契约束缚的劳动力建造并维护拦河坝、运河和堤坝。他们必须培养专业工艺技能，来建造这些水利工程，组织粮食的生产、储存和分配。建筑师、工程师、矿工、冶金师、簿记员等，就是历史上最早的一批专业化劳动力。苏美尔人在拉格什、尼普尔、乌尔、乌鲁克和埃利都建立了宏伟的城邦，并建造了巨大的庙宇来供奉他们的神灵。[3]

最重要的是，他们发明了楔形文字来管理整个系统。这是世界上最早的文字。在大规模复杂水利文明被创造出来用以种植谷物的每个地区，包括地中海地区、古印度和中国，当地人都独立发明了某种形式的文字，用于管理组织生产、储存和物流。

苏美尔人最早的文字记录可以追溯到公元前 3500 年。[4] 当时，文字不仅用于组织商业和贸易往来，还是管理政府机构和宗教活动的行政工具，同时也是文学作品的艺术媒介。黏土泥板、羊皮纸、纸莎草纸和蜡版都曾被用作文字的书写载体。鹅毛——有笔尖与笔刷——被用作笔，各种植物的油汁被用作墨。早期的文字就是铭刻在泥板上的象形符号。随后出现了标音系统，设立了专门的学校——泥板书舍，用于教授书写。一定的读写能力确保了专业的手工艺人、商人、政府官员和祭司之间的交流。后来，泥板书舍演变成了学校，成为苏美尔人的学习中心。[5] 据估计，苏美尔城邦不到 1% 的人口能够读写，但作为第一个出现了文字（虽然仅有部分人能读写）的社会，其社会、经济和政治影响都是巨大而深远的。[6] 学校的课程甚至包含数学、天文学、巫术和哲学。[7]

文字的出现带来了律法规条的编纂和公布，自此司法管理更加系统化。说闪米特语的阿卡德人在征服苏美尔人，将原本由城墙围起的半独立城市统一成帝国后，他们进一步完善了司法体系。将不同文化和语言背景的人汇聚起来，需要一套放之四海而皆准的律法准则，确保每个国民都能被公正对待。以统治者汉谟拉比的名字命名的《汉谟拉比法典》是历史上最早确保个人拥有有限权利的法典之一，这些权利尤其体现在个人获取、持有和继承私有财产方面。阿卡德人后来建立了巴比伦王国，将苏美尔人创造的文字改造成更适合他们语言的文字。[8] 巴比伦王国理应在人类意识发展史上占有特殊地位，因为正是在那里，"人类个体在有文化的社会中出现……那是破天荒第一次"。[9]

通过对律法的具体化并编撰成典，以及保障个人一定程度的法律权利，法典对个体自我意识的发展产生了影响。为司法管理确立公共参照标准，使人们有一套客观的方法来判断他人与自己相关的社会行为。《汉谟拉比法典》搜集了不同文化中的许多不公正行为和纠正不法行为的规定，并将它们抽象化为更普适的分类概念。这样一来，旁观者在试图判断自己所经历的不公正是否适用于通行规范时，必然会在一定程度上内省并对规范加深理解。这些规范是来自许多部落不同人群的经验的综合体。相比之下，在单一的部落文化中，所有禁忌清晰明确，几乎不需要个人的反思和理解。人们不需要考虑他人的感受，只需按祖训使自己的行为符合当下的情境即可。刻板的口述文化要求人们呈现刻板的情感和行为反应，而书写文化要求人们根据法律中成文的抽象规范，为每一种新情境呈现独特的个体情感和行为反应。

抽象化的法典通过制定一套平等且适用于所有人的律法规条，要求个体遵守，从而削弱了传统部落的权威，由此在一定程度上使每个男性和女性脱离了以前的集体部落身份。《汉谟拉比法典》在有限程度上正式承认了个体的自我存在，这在人类历史上是首次。

苏美尔谷物生产数量的飞跃导致人口激增，形成了最早的城市居住环境，即拥有数万居民的社区。一些生产中心——磨坊、陶窑和工坊——雇用了上千人，标志着人类历史上城市劳动力的首次出现。[10]

将整个河谷改造成巨大的生产设施，需要一种新式的高度集中的政治控制。伟大的水利文明催生了最早的政府官僚机构和自治首领，统治者监管该地区行政活动和生产活动的方方面面，包括在一年中的某个时期动员成千上万名农民劳作，清理沟渠，运输、储存和分配谷物，管理与附近地区的贸易往来，对人民征税，以及守卫边境。这些早期的水利文明还有数千名专业劳动者，如神庙祭司、文士、技艺娴熟的工匠和仆人。据估计，参与专业技能和劳动的人占比不到10%，但他们代表了人类文明生活最早的迹象。[11]

人类在开化过程中有付出也有收获。一方面，人类被无情的纪律和严格的管制所制约，个人生活的方方面面都任由统治者绝对权力所指示的强大官僚机构控制。另一方面，专业技能和劳动任务的出现以及有限形式的私人财产、货币交换和劳动报酬的发明，把个人从史前时代集体式的"我们"（we）中拉了出来，首次创造了程度有限的"自我"（selves），以及一丝独立的气息。

早期的水利文明发展起来，受益最多的是苏美尔商人，他们所享有的独立与自由比任何熟练的手工艺人都多。他们要为统治者效劳，但也被允许进行自由交易。苏美尔商人是历史上最早的一批私营企业家，他们中的许多人积累了巨额财富。[12] 这些独立的个体，个个独一无二，摆脱了集体的桎梏，在苏美尔吸入第一缕微弱的自由空气。

所有主要的水利文明都建造了精密的公路系统和水路运输系统，用于运输劳动力和动物，以及在商业和贸易活动中交换谷物和其他商品。水利文明还有其他重要的发明，比如轮式战车、帆船，以及君王大道——最初用于保持王国之间的通信往来。古巴比伦、亚述和波斯的君王大道启发了古希腊人，随后古罗马模仿并发展了这一发明。整个古印度也由此四通八达。公元前 221 年，秦始皇统一中国，中国由此出现了大规模的水陆交通网络。[13] 水陆交通网络的诞生促成了城市生活。

苏美尔文明和随后的每一个水利文明后来都发展出了丰富的城市文化。水陆交通系统促进人口迁徙，也方便了城市生活。城市成为文化融合的中心。城市里密集的居住环境促进了跨文化交流，开启了一种世界主义的风向。尽管不同文化间的接触会引发冲突，但也为原本相互陌生的人打开了一扇交流之门，使他们成为"熟人"。在他人身上找到共同点能加强和深化同理心的表达，使之成为超越血缘关系的普遍存在。

部分自我意识的出现，以及与此前互为异己的无关他人进行日常交往，是人类历史上的一大突破。接触到非亲属群体的个体，使每个人对自己的个性有了更为清晰的认识，尽管这种认识还很微弱。当然，城市生活可能会导致孤立感和孤独感。但是，它也催生了人类独特的自我，这种自我可以通过向外延伸的同理心，与其他独特的自我产生共鸣。人类在某种程度上脱离了集体，开始与他人建立联系，此时人类不再是"我们"，而是独一无二的存在，这进一步加强了对

"自我"的感知。对其他人群产生普遍的同理心，这种觉醒在早期水利文明中已初见苗头。这足以标志着人类旅程新阶段的开端。

经济体制的发明

水利基础设施的出现是人类历史的一个巨大转折点。"手工匠人"作为工具制造者，真正意义上驯化了整个地球水圈，将其变成为人类需求和期望服务的工具，并借此提高影响力。地球水圈屈从于人类的意愿，导致剩余食物大幅增加，田间劳作人手需求减少，由此释放出的人口迁移到更为密集的城市地区，并形成一种新的现象，即经济生活。反过来，城市化催生了我们称为"文明"的东西。不要以为这只是久远历史上的一个小篇章，事实上，自20世纪以来，人类见证了6000年来水利基础设施最大规模的扩张，空前规模的水电站和水库、管道与泵控系统被建立起来，专为人类所用。2007年，联合国报告称，地球上大多数人口居住在密集的城市社区中。[14] 截至2014年，世界上有400多个城市的人口在100万~3700万之间，这得益于复杂的水利基础设施。[15]

大型水利文明及随之而来的城市生活几乎同一时期出现在地中海地区、古印度、中国、东南亚、墨西哥部分地区、中美洲和南美洲西部等地，人类学家由此提出一个疑问：为什么其他地方没有出现呢？2021年，华威大学、瑞赫曼大学、希伯来大学、庞培法布拉大学和巴塞罗那经济学院的研究人员在《政治经济学杂志》（*Journal of Political Economy*）上发表了一项具有里程碑意义的研究，对此问题给出了一个引人深思的答案，迫使我们重新审视关于经济生活的起源以及随之出现并成为城市水利文明支柱的等级制度的传统理论。[16]

传统观点大致是这样的。在漫长的新石器时代，农业的应用是一个反复试错的过程。在这个过程中，一代又一代人逐渐学会如何提高土地的产量，由此导致生产率逐代递增。这些剩余产量不仅导致人口增加，还减少了田间劳动力的需求，多余的劳动力得以迁移到城市地区，因而出现了人类生活的社会阶层化、等级制度，形成了国家。倘若真是如此，那么热带农业地区也具有类似的反复试错和农业生产率递增的历史，为何却从未像水利文明那样发展出具有复杂等级制度和国家形态的高度结构化的城市生活呢？研究人员认为，"导致复杂等级制度和国家形态出现的，不是粮食生产力的提高，而是社会过渡到了依赖'可专用'谷物的状态，大大方便了新兴精英阶层向下征税"。[17]

为什么是谷物？谷物与根茎植物不同，后者在收获后会迅速腐烂，且无法长时间储存、积累和分配，而谷物可以长时间储存，可用于支付民众的有偿劳动报酬，或作为向公众征税的对象，还可以用于支付其他可用的服务。因此，在社会与经济制度及政府官僚机构的形成过程中，谷物的地位始终难以撼动。

剩余谷物可以说是资本形式的财富积累的最早来源，由精英统治阶层监管，并由官僚机构管理。除了精英阶层和官僚机构，剩余谷物也引来了偷盗者。要抵挡前来窃取谷物的潜在盗贼和掠夺者，需要建立执法机关，并且创建一支军队来保护这种新形式的可储存财富。

研究人员对公元1000—1950年间151个国家进行研究后发现，在11种主要谷物中，新大陆只有玉米一种，而在16世纪以前的四种主要根茎作物中，有三种存在于新大陆——木薯、白薯和红薯。相比之下，在主要的根茎类作物中，旧大陆只有山药一种。[18]然而，同一时间段内，旧大陆除了没有玉米，其他谷物都有。新大陆为何只有墨西哥和秘鲁两个地区创造了由官僚机构管理的国家政权，也就有了解释。根据谷物"在国家的形成中起到了至关重要的作用"这一假说，研究人员发现，"在依赖根茎作物的农业社会中，等级制度的复杂程度从未超过人类学家所定义的'酋邦'的水平，而我们所知的所有基于农业的大国都依赖谷物"。[19]

而他们的研究没有提到的是，种植谷物比种植根茎作物需要更多的水资源。一项最近发表在《环境、发展和可持续性》（*Environment, Development, and Sustainability*）期刊的研究对根茎和块茎作物与谷物的水足迹进行了比较，证实了之前的许多研究结论，即"根茎和块茎作物的水足迹远小于谷物"。这就意味着世界上种植谷物的地区需要更多的水资源用于灌溉，这也恰恰是历史上以谷物为主食的文明建造复杂的水利基础设施、储存大量的水来灌溉农田、种植作物的原因。[20]

水利基础设施、谷物剩余的增加与帝国兴衰之间的联系，在罗马帝国体现得淋漓尽致。罗马帝国在欧洲和地中海的大部分地区都出色地设计与部署了庞大的水利基础设施。它的引水渠所引之水可供饮用、洗漱和娱乐之用，更重要的是用于农田灌溉，其范围之广，西至西班牙和法国，东至埃及、叙利亚、约旦和突尼斯等地。[21]

基于庞大的水利基础设施进行规模化的谷物种植，对于确保帝国的稳定至关重要。政府存在的可行性，很大程度上取决于能否每周向数十万的市民和奴隶劳工发放免费面包。古罗马的谷物以硬粒小麦为主，遍布整个帝国，并通过海陆交通路线运送到罗马和其他行省。埃及是罗马和各行省之间主要的谷物中转枢纽，今天的利比亚、突尼斯、阿尔及利亚和摩洛哥也是。

关于向民众提供免费谷物和面包对于政府机构的决定性影响，讽刺诗人尤维纳利斯评论道，一个曾在欧洲、亚洲和非洲的战场上叱咤风云、在三大洲部分地区进行劫掠并殖民的帝国，如今已式微，只能通过向民众提供"面包和马戏"这种小恩小惠来维持其软弱的统治。这种发放免费面包的策略最终失效，因为帝国农田的退化削弱了它对民众的控制力，导致这个盛极一时的帝国摇摇欲坠，难抵入侵者的攻击。最终，公元455年，汪达尔人入侵，罗马城被洗劫一空，帝国就此崩溃。

水利帝国代表了一种在密集城市环境中由人类集体行使的新形式的人类能动性。在这些帝国出现之前，以村落和早期城市飞地为主的聚居形式形成了早期城市生活的雏形。大多数人类学家和历史学家认为杰里科是最早出现的城市。这座城市最多时有几千居民，在那时，人口也会随着季节变化而起伏。居民的公共生活主要围绕多神教的宗教活动和生殖崇拜、超自然习俗的偶像崇拜活动展开。后来，以色列人征服了这座城市，建立了希伯来人进入"应许之地"的第一个聚居地。

早期大多数原始城市或多或少充当着商旅团体驿站的角色。它们还是用大型城墙包围起来的保护区，保护当地居民免遭掠夺者的侵害。但是，它们还是缺乏我们如今理解城市存在的可识别标记。在那里，人类的专业技能差异很小，城市治理也仅依赖于一些粗浅的规矩。

这些早期的社会存在形式几乎总是位于湖泊、河流和能够维持小规模人口生活的地下水井附近。这些栖息地使人类超越了村庄的界限，迈向"公地治理"形式的城市生活，并散落各地，尽管如今都已嵌入了主权国家的边界之内。

然而，如我们所知，城市生活就是指成千上万、数十万甚至数百万无亲属关系的个体共同生活在复杂的环境中。这些人有着各方面的技能，早期有艺术、手工艺和贸易相关的技能，如今则表现为法律规范内的经济活动与交易所支撑的公司、行业和产业。这些都是我们所说的"城市生活"的基本组成部分。作为一个社会有机体，这种形态在几千年前水利文明兴起后才出现，此后扩张与崩溃交替出现，成为人类组织政治统治和经济社会生活的主导方式。

最近出现了一场关于城市治理模式的辩论。在《万物的黎明》（*The Dawn of Everything*）一书中，作者大卫·格雷伯和大卫·温格罗提出，早期的城市生活主要是公地治理的形式，只有一点点政治等级和官僚监督的迹象。他们指出，这些早期城市飞地许多情况下在精神上相当民主，更像是今天历史学家所定义的"公民社会"的经济和政治生活图景。这一切都说得通。公地治理的形式是商品和服务互惠交换以及对共同自然环境的集体看管，这是社会生活的基石，是历史上城市文明建设的基础。[22]

　　格雷伯和温格罗的分析中没有提到，我们的祖先在全世界范围内扎根并建立集体城市生活，这些早期的公地治理形式许多已相当成熟，人口密度到了一定程度，需要对地球水圈进行某种形式的拦蓄，从而为密集的人口提供足够的水和粮食。然而，奇怪的是，两位作者对早期城市生活的分析非常敏锐，强调了公地治理以及一种可视作新兴公民社会和早期民主治理的社会模式，但他们遗漏了一点，那就是一旦人口超过了可用的粮食来源和水资源供应的界限会出现什么后果。在世界上的某些地区，城市公地就是在这样一个超出界限的时刻，演变成一种复杂的社会有机体，即我们今天所认为的城市文明。

　　德裔美国学者魏复光在其 1957 年出版的《东方专制主义》一书中，为人类在地球上生活方式的这一不寻常的变革起了一个名字。[23] 他称这一巨大的变革为"水利文明"（hydraulic civilization，又译"治水文明"），即对地球的江河湖泊、湿地、洪泛平原和井水进行大规模的开采、拦蓄、私有化、商品化和消耗，从而为人类的需求服务。魏复光的分析并非没有短板，有些是意识形态的局限和文化偏见造成的，有些则源于他对催生了城市水利文明的一些关键特征和组成部分的错误认识。无论如何，他为这一伴随人类超过 6000 年的发展历程取了个名字。城市水利文明将人类紧密联系在一起，只有极少数人仍生活在这个文明的边缘或外面。

魏复光将大规模水利基础设施视为我们所知的城市文明的核心。这一观点虽然存在严重缺陷，但颇具启发性。这段旅程跨越 6000 年，如今将我们带到了灭绝的边缘，这一点无可争辩。以不断发展的公民社会形式存在的公地治理，是水利文明的一个重要组成部分，有时则是水利文明的阻碍。不多不少，恰到好处。

已故美国人类学家、美国自然历史博物馆前馆长罗伯特·伦纳德·卡内罗试图在关于导致国家形成的根本条件这一问题上使两个异见派别和解。他写道："当然，这并不是说大规模灌溉对增强国家权力和扩大国家边界没有显著的贡献。当然有贡献，这一点毋庸置疑。倘若魏复光仅在这一观点之内讨论，我并无异议。然而，争论的焦点并不是国家如何加强权力，而是国家最初是如何产生的。"[24]

话是没错……但似乎是为了转移视线。显然，一定程度的城市基础以及早期的公地治理和公民社会的存在，确实是塑造一个国家基本形态所需的条件，没有它们，复杂的城市水利文明是不可能崛起的。但是，格雷伯、温格罗和其他人都没有说的是，我们要如何解释这样一个事实：那些经历兴衰更迭的古代伟大城市文明，都是靠着利用大江大河来实现生存和繁荣的。

这并不意味着城市水利文明的演变都遵循相似的增长模式。想想罗马帝国衰落后封建时代的欧洲所走的路。我们都知道，欧洲从此进入了历史学家所说的"黑暗时代"，但这与事实相去甚远。

横跨欧洲的大型罗马引水渠被废弃了，而且大部分都在随后的几个世纪中消失了。随着欧洲各地的工匠在当地河流上建造水磨坊，这种拦蓄水源的新方法开始在整个欧洲生根。到了 11 世纪，仅英格兰就有 5600 个水磨坊用于碾磨谷物，遍布 3000 个社区。[25] 水磨坊在欧洲无处不在，不仅用于碾磨谷物，还用于洗衣、制革、锯木、捣橄榄和矿石、操作高炉风箱、稀释颜料或纸浆里的色素，以及抛光武器，等等。

这些水磨坊在欧洲沿河的城市社区随处可见。它们大大加速了原始工业革命的步伐，仅在法国，截至 11 世纪就有 2 万个水磨坊在运行，相当于每 250 人就有一座水磨坊。[26] 如果你觉得称这种现象为"工业化"似乎不太合适，那么请想想：在水磨坊中，一名工人就抵得上以前 20 名工人的劳动量，无论以何种标准衡量，这都是生产力的显著飞跃。这数千个水磨坊的总水力相当于全欧洲 25% 的成年劳动力。[27] 到了 18 世纪 90 年代，全欧洲有 50 万个水磨坊，拦蓄每条主要河流的水流，总共能提供约 165 万千瓦的功率。[28] 普林斯顿大学历史学家林恩·怀特总结了在化石燃料能源成为主流之前，拦蓄欧洲水资源用于工业目的的历史意义，他指出，早在"15 世纪后期，欧洲就拥有了比以往任何文化都更多样的能源来源，而且拥有一系列掌控、疏导和利用这些能源的技术手段，这些技术比过去任何民族都更多样、更精巧……"[29]

中世纪的水磨坊是分散的，而且由当地监管，但在 19 世纪末和 20 世纪，欧洲管理河流的经验和教训被应用于建设大型水电站、人工蓄水层以及配套的水利基础设施。英国率先于 1878 年进行了水力发电。美国和其他国家很快迎头赶上，打造了新一代的巨型水力发电工程，为全球化工业经济服务。此外，随着欧洲、美洲、亚洲和世界其他地区的水被拦蓄起来，各国政府纷纷设立大量规范、规章和标准，用以管理巅峰时期的水利文明。

这一切的重点在于，城市水利文明在 6000 年历史中的崛起、衰落、再崛起，是人类历史旅程中的一个关键因素，尽管这很少得到认可。更为分散和民主化的地球水圈公地治理，越来越明显地成为历史的注脚。

在关于城市水利文明兴起的记载中，特别令人震惊的是，在过去 6000 年中，劳动者获得薪酬和缴纳税收的方式几乎没有变化。在古苏美尔乌尔第三王朝时期，大规模劳动力已相当普遍，他们当中有大量的农民、城市劳工、熟练工匠、商人、官僚、祭司、仆人、卑贱的劳动者以及一长串各种形式的工作。

苏美尔人建立的很可能是第一个将劳动视为抽象概念的城市文明。他们通过分类和技能来量化一个人的劳动，用工作日出勤情况和产出来衡量劳动者的报酬。早在公元前 2400 年左右，苏美尔语中的"á"就表示"手臂、力量、能力和体力劳动"。这表明，劳动已被视为一种可记录、可获报酬的东西。这是后来的"劳力"及现代的"就业"的最早记录。[30]

哈佛大学亚述学教授彼得·施泰因克勒提出，"能够以抽象的'工作日'（或'人工日'）来计算劳动力是会计和行政管理历史上一次概念性的突破，因为它允许将任何形式的人类生产活动转化为一系列数字，从而在经济规划领域开辟了全新的管理方式"。[31] 施泰因克勒指出，"á"这个词最终衍生出"工资""雇佣""租金"等义项，表明"劳动并非仅以时间来量化，它还有可衡量的货币价值，可以用白银或谷物来表示"。经济学家长期以来一直认为，复式记账法的发明是 15 世纪末威尼斯商人的智慧结晶，为现代资本主义的崛起奠定了基础，而事实上，现代会计学的基本原理可以追溯到公元前 2000 年苏美尔人的第一个水利文明。[32]

还有同样普遍的观点认为，早期的水利文明主要依赖奴隶劳动来建设、管理和维护水利基础设施，以及在农田和其他地方劳作。尽管美索不达米亚地区的第一个水利帝国存在奴隶制，但奴隶的数量很少，通常会被分配到富裕家庭中担任仆人或工匠。他们大多是因为债务而成为奴隶，偿还债务后便可恢复自由。

美索不达米亚主要的劳动力来源是强制劳动，或称"劳役"。国家"要求"民众从事劳动，通常一年需要劳动几个月，全国人口都必须服从。施泰因克勒指出，很少有个人或家庭能够豁免。"工匠、牧羊人、农民、园丁、伐木工、商人，各种类型的行政管理人员和宗教官员，以及地方精英，如各行省总督及其亲属"，每年都需要进行几个月的义务劳动。不过，非常富裕的人和政府精英很可能不会亲自参加劳动，而是找人代替他们完成劳役。[33]

虽说理论上人是自由的，但每个人都被强制要求投入时间，参加维护灌溉系统、收割庄稼，以及修建和修复宫殿、寺庙、城墙和其他公共建筑方面的劳动。兵役也是劳役的一部分。服劳役可以得到国家的奖励，获得对农田和灌溉水的使用权。劳役是一种强制性的集体劳动形式，每个人都被要求为社区和国家提供服务，以换取由他们的劳动所带来的集体利益的一部分。

还有其他较小众的工作类型，比如与宗教场所和国家机构有关的琐碎差事。此外还有雇佣劳动和合同劳动两类工作，各有各的限制和回报。关于劳役，一个有意思的说法是，它被视为一种共同努力和集体责任，一种由"公众"参与的、将人群紧密联系的"公共事务"，这是后来的市民广场的萌芽，也是公民社会的雏形。我们得到的结论是：城市生活和文明的演变是一体的，缺一不可，两者都需要某种形式的水利基础设施才能运行。

特别不寻常的是，对于水利基础设施在城市文化崛起和文明的诞生方面所起的作用，人们知之甚少，在久远的古代如此，今天仍是如此。事实上，水利基础设施是支撑所有城市生活不可或缺的脚手架，也是文明赖以存在的平台。然而，在所有关于城市生活起源的重要讨论及哲学、人类学辩论中，水利基础设施几乎从未被提及，而实际情况是，在很大程度上，正是因为有了它，大规模城市化才成为可能。

在富裕的工业化国家中，城市中产阶级很少考虑水的来源、净化和管理细节，以及水被使用后的去向。而城市贫困居民通常对水的重要性非常敏感，在水受到有毒化学物质污染或老化的水管道含有铅时尤其如此。在发展中国家，水是稀缺资源，民众很少能安全饮用，或者根本无法获取，因此贫困人口会更加关注供水系统的运转情况。农村居民，尤其是农民，对于水循环的复杂性、水利基础设施的运转和问题了如指掌，因为他们的生计就取决于农田灌溉的正常运行。

毋庸讳言，在地球上，有数十亿人在醒着的大部分时间都在担心水，有没有水喝，干不干净，他们为此提心吊胆。有时，他们会责怪上帝或糟糕的天气阻止了水的供应。有时，他们声称是城市精英中的邪恶势力操纵供水以谋取利益。这个说法有一定的道理，但不够全面。控制水源是人类对蓝色水星球至高统治的终极体现。这是人类几千年前在世界各地做出的一个有意识的选择。拦蓄绵延数百千米的江河之水，将它们控制住并有条不紊地管理起来，用以优化农业生产、储存剩余谷物，然后协调谷物的时间安排、分发对象及数量，这就是水利文明的定义。这种由人类设计和部署的大规模基础设施无与伦比。对地球水圈行使原始权力，体现在人类所有经济生活依赖的基础设施上。

本质上，水利基础设施是一个中心化的架构，具有分层式设计、官僚化部署、强制性执行的特性。虽然水利基础设施是由人类设计、建造、部署和管理的，但实际上是水利基础设施决定了与其运转相容的社会形态。水利基础设施改变了社会的时间和空间定位，并且决定了与其设计和运转原理相容的社会治理方式。

在一个社会中，人们的聚居地点、育儿习惯、学习方式以及人类与自然的关系，都会受到制约，这些制约源自人类不去适应水，反而强行让水适应人类。这并不意味着水利基础设施有严格的限制，只是它设定了与其相容的边界。人类的选择可以多种多样，底线是不能与水利基础设施的构建和部署相矛盾。

重点是，并不是人类的世界观创造了水利基础设施；相反，是水利基础设施创造了人类的世界观。这听起来或许令人难以接受，因为我们相信是人类的能动性决定了我们如何使用基础设施。我们确实拥有超大容量的大脑，但竟然曾经相信人类可以主宰地球上的水，这种想法是多么傲慢。然而，这正是人类自大约 6000 年前起在世界各地着手去干的事。人类对水驯化了约 6000 年，这对地球和地球上其他生命的影响简直难以估量。智人占地球总生物量的不到 1%，但时至 2005 年，人类已使用了 25% 的来自光合作用的净初级生产力（净初级生产力是指植物光合作用和呼吸作用的净差额，即植物在光合作用中吸收的二氧化碳量减去呼吸作用中释放的二氧化碳量）。按当前的趋势预计，到 2050 年，人类使用的净初级生产力将高达 44%，给地球上其他生命留下的净初级生产力仅剩 56%。[34] 这种对地球家底的巧取豪夺与消耗，源于通过水利基础设施对水的拦蓄和控制。

在水利文明的历史上，有无数次冲突都是围绕着水资源争夺展开的。但我们应该记住，人类在地球上度过的大部分时间里，都将水看作与其他生物共享的开放性公共资源。即使在水利文明的入侵下，这种对水圈的公地治理方式也在世界许多地区流行。

尽管拦蓄水源使得人类在储存谷物、分配剩余食物、显著增加人口、提高人类寿命、解放田间劳动力以及城市化方面迈出了一大步，但由于水利基础设施的特性所限，它也是人类几千年来冲突和战争的主要催化剂。

我们的祖先早就知道这一点，并且不断参与冲突和公开战争，以争取拦蓄水源的权利，但水利基础设施本身是否应成为关注的对象，这个问题鲜少有人研究。或许正是因为拦蓄水源在增加谷物产量、创造剩余食物、解放田间劳动力、城市化、改善人类生活水平、提高人类预期寿命等方面的优势太过强大，以至于人类无法对其提出质疑。又或者，这是因为水利基础设施在人类生活的各个方面已经无处不在，以至于它被视作"自然风景"不可分割的一部分，是"自然秩序"的一种反映。而在西方世界，这种"自然秩序"被看作全能上帝对人类的恩赐，人类由此得到了对地球和所有其他生物的支配权。

近年来，由于以化石燃料为基础的工业化导致地球变暖，地球水圈出现了各种动荡。水文循环正在再野化，力图摆脱水利文明的束缚。猛烈的大气河，毁灭性的洪灾，持续的干旱、热浪和野火，以及飓风和台风的频繁降临，令学界震惊，他们开始对水利基础设施运作的假设提出担忧，并质疑我们所谓"文明"的底色。

2022年，荷兰瓦赫宁根大学和阿姆斯特丹大学的研究人员在《政治地理学杂志》（*Journal of Political Geography*）上发表了一项题为《（重新）打造亲水社会的领地》的研究。在欧洲国家中，荷兰在水资源管理方面有着悠久历史。这项研究反映了刚刚掀起的一场兴味正浓的辩论，迫使人们重新思考水资源的拦蓄管理和水利基础设施的演变如何"改变空间、人民和物质之间的关系"。[35]

研究人员假定水利基础设施并非文明社会中立的"脚手架"，而是包含一种世界观，他们称之为"假想世界观"。这种世界观积极地塑造着我们生活的方方面面，包括如何理解我们在经济活动中的角色，定义我们在社会中的位置，确定我们与自然的关系，甚至是我们如何服从治理机构，等等。研究人员以此为前提，对每一块大陆上的水利基础设施进行研究。他们从显而易见的地方，也就是我们身边的大型水利基础设施入手，包括大坝、灌溉系统和水电站这些我们视为"现代"与"进步"的核心的东西。他们写道：

> 在这个背景下，现代性常常与一些关键特征相关，比如对持续进步的信念，对社会、生态和技术未来规划的信念，科学和技术在这个规划过程中的核心地位，以及控制与驯化自然的

需要。[36] 尤其是最后两个方面，它们与水利基础设施有着本质上的联系，因为这两者允许人类将自然作为经济资源，纳入现代生产系统的强化和扩张中。在此基础上，有一种对自然的现代化"假想世界观"，它将自然看作一种社会之外的、无序的、野蛮的，并且可以通过先进的科学技术来控制和利用的对象。如此，自然被想象成一种实体，等待被人类掌控并按社会利益的需要变得肥沃多产。这种假想世界观通过水利基础设施实现人类领地意识的现代化转型，旨在显著改变自然风景、水流的空间性与物质性，以及同样重要的，改变其中的社会与政治关系。[37]

然而，水利基础设施并不是凭空出现的。我们那些以狩猎采集为生的老祖宗不可能冒出这样的构想。他们过的是游牧生活，会随季节更替而迁徙，时刻适应着大自然提供的一切。11000 年前，最后一次冰期的冰川消融为全世界大部分地区带来了温和、干燥和半干燥的气候，这种气候有利于定居生活及农业种植活动，也有利于驯化动物以获取食物和纤维。

我们让大自然适应自己，而不是主动去适应大自然的首次尝试，很可能是从播种、收割庄稼以及寻找耐寒且富营养的新植物品种开始的。从人类首次探索到发展出主宰自然的信念不需要多长时间。这个信念会随着时间的推移而逐渐壮大，为人类从自然界的看管者转变为征服者铺平了道路。为确保丰收、保证谷物剩余而拦蓄和驯化水，可能只是一个小小的飞跃，却带来了划时代的后果。它改变了人类与自然界的关系，随后，工业水利基础设施出现并成为进步时代的基石。

水利基础设施还设定了治理的领地边界，并限制了由谁来设计和管理系统，以及如何分配水资源、水资源分配给谁、在什么条件下分配水资源。简而言之，水利基础设施决定了社会各阶层以及这些设施所在地区的权力关系。

这项研究的作者认为，水利基础设施"解答了人类如何生活和如何做事的道德问题……换句话说，水的相关技术是'道德化'的，它承载着设计者的阶级、性别和文化规范，并且在技术被应用时，积极传播着这些道德和行为规范"。而这一点往往被忽视："通过控制水的流向和改变自然景观，人类与环境的关系、人类对环境的体验也会随之改变……"[38]

通过拦蓄、驯化和疏导地球的水，为人类创造一个丰富多彩的聚宝盆，是人类付诸实践的终极乌托邦理想。而且，从最终的分析结果看，这个终极理想与其他的乌托邦一样，并未实现。仔细看看这个理想的期望值和最终的交付情况，可以看到许多虚假的希望和灾难性的后果。一项又一项的研究证明，在提高农业生产力方面，灌溉系统的"运行寿命"一直表现不佳。这由多方面原因造成，以下是其中一些具体原因：

> 生活供水系统漏水跑水，未能提供预期的水量和水质。水电站也很少能够按设计产出足够的电力。这些损失和故障出于以下原因：自然的不可预测性（洪灾、旱灾、土壤侵蚀、泥沙淤积等），基础设施及其运行时内在属性（磨损）的不可预测性，以及控制、管理和使用基础设施及相关水源的社会体系的不可预测性。[39]

水利基础设施的缺陷和衰败并不是什么秘密。在 6000 多年的历史中，水利基础设施的兴起与衰落标志着文明的兴起与衰落，每一个文明都不可避免地受到熵增和气候剧变的束缚。然而，对水利基础设施的信念总是反复回弹，可能是因为有一种不容置疑的信仰，尤其是在西方世界，认为人类与上帝有着特殊的契约，上帝赋予了人类对整个地球的掌控权。让自然适应人类，而不是让人类适应自然，这是文明的标志，也是人类在全新世内化的世界观的核心。如果用一个借口来解释我们的愚蠢，那很可能是当时的气候给了人类一种错觉，让我们自以为能够拦蓄水并重新调整蓝色水星球的运转，使之按照我们的意愿行事而不必担心被反噬。我们真是错得离谱啊。

奇怪的是，水利文明通常仅在人类学和历史学专题报告中以脚注形式被轻描淡写地提起，几乎从未成为公共讨论的主题。它们的重要性被掩盖，仿佛它们是被掩埋许久的历史遗物，它们的出土会被当作考古发现，这大错特错。水利文明在过去两个世纪以化石燃料为基础的工业时代达到了巅峰。正是这股强大的力量推动人类登上了地球主宰这个制高点，也导致了地球生命第六次大灭绝。

淹困在进步时代

水利文明伴随着现代化达到了巅峰。进步时代的诞生与地球水圈的治理可谓一体两面，尽管这个说法几乎没有被承认过。在 19 世纪和 20 世纪，新大陆的发现和对各大陆原住民的殖民化进程伴随着两大支柱——军事征服以及对原住民的"再教育"与"再政治化"。再政治化就是建造和管理巨型水利基础设施。对水的控制意味着对整个人口的控制。殖民统治者培养了一批新的本土精英，他们大多是在国外接受过水利工程部署和管理教育的工程师。水务官僚机构和治理章程、规范与法规的建立将殖民统治者与一批新的殖民地官僚聚到一起，共同管理这些"发展中国家"的水利基础设施。劳役工人被招募来建设和操作这些现代水利基础设施，不过更常见的是契约劳工。

殖民地日益成熟的水利管理带来的农业剩余资源被运回欧洲、美洲国家和其他国家的港口，通过牺牲廉价外国劳动力的利益，殖民者以相对较低的价格向本国人提供农产品和原料。后来，特别是在第二次世界大战之后，所谓"第三世界"开始奋力摆脱殖民统治，并完整保留了殖民时期的基础设施。他们还升级了这些基础设施，进一步拦蓄水源以服务他们国内的人口，同时大量消耗剩余的生态资本。

19 世纪下半叶至今是全球建设水利基础设施的巅峰时期。各国争相超越他国，修建更大规模的大坝，利用更多待开发河流的水资源，通过管道将水输送至数百千米之外的地方，通常要跨越干旱半干旱地区，甚至沙漠。

在过去的 100 年里，全球主要河流的拦蓄工程规模之大令人咋舌，这些工程至今仍在继续。目前，北美洲、南美洲、欧洲、非洲和亚洲的主要河流上分布有 36222 座大坝。亚洲完成修建的大坝数量最多，有 10138 座，占全球大坝建设的 28%。在过去一个世纪所修建的大坝中，北美洲占 26%，南美洲占 21%。亚洲和南美洲分别占全球装机容量的 50% 和 20%，北美洲占 9%，欧洲占 18%。这些大坝供应人们用于饮用、清洁和沐浴的淡水，为家庭、办公室和工业生产提供水力发电能源，以及灌溉农田。[40]

美国的大坝建设在过去几十年已经放慢速度，主要是因为所有河流都已经被大坝拦蓄，但非洲、南美洲和亚洲的发展中国家仍在不断建设大坝。[41]美国曾在最后一场全球性大坝建设浪潮中起了带头作用。它最大的一场"胜利"是改变了科罗拉多河的流向，使之流入人工挖掘的密德湖，并流经新建的胡佛水坝，为亚利桑那州、内华达州、加利福尼亚州和新墨西哥州部分地区的 2500 万人口提供电力和水源。[42]

将干旱半干旱地区，甚至沙漠，变成果园和金色麦浪，从来就不是一个明智的想法，更不必说兴建城市、郊区、度假胜地和高尔夫球场。这是一个警钟，不断敲打着人类的狂妄自大，也伴随着人对水利

蓝色水星球

乌托邦的愿景。其他国家也在世界各地循着类似的路线行进。

在20世纪头10年里，水利文明的狂热支持者威廉·埃尔斯沃思·斯迈思在他的《征服荒漠美洲》（*The Conquest of Arid America*）一书中颂扬了对水域的科学征服。他认为，"灌溉是科学农业真正的基础。相比之下，依赖降雨来耕种土地，就像是在铁路上乘坐马车，用煤油点亮电灯"。[43]

在整个20世纪，世界各地的科学家、工程师、企业家、政治家和商业领袖强烈号召，要驯服河流，"（把）沙漠变成花园"，这呼应了人类长期以来的信念，即人类对自然的统治可以为第二个伊甸园的诞生铺平道路，而这一次是通过拦蓄水源的乌托邦理想来完成。[44]

过去几十年里出现的变化是水圈的动荡。水圈被卷入迅速变暖的气候中，摧毁生态系统，毁灭城市和农村社区，夺取人类和其他生物的生命，并在世界各地破坏水利基础设施。气候变暖唤醒了一代年轻人，他们曾愚蠢地相信，人类能够强行拦蓄并控制整个地球水圈，以满足糊涂人类的商业和政治阴谋。

人类从长期的水利乌托邦梦中觉醒，始于19世纪欧洲生态学的诞生，随后是20世纪初的自然保护运动和美国国家公园及野生保护区的建立，再往后是20世纪60年代的环保运动和80年代在欧美涌现的绿色运动，如今千禧一代与Z世代迅猛崛起——他们认为自己是濒危物种，与其他人一起生活在一个垂死的星球上。

年青一代开始深入研究大灭绝事件的导火索，并开始理解拦蓄水源与文明兴起之间的因果关系。研究的结果是：千禧一代和Z世代开始将解放水圈视为一种革命行为和救赎行为。

水圈正在再野化，它在这个变暖的星球上寻找新的常态，同时将整个地球带入一场狂野的旅程。但若是从未来回望这一刻，我们会看到一个新的星球正在努力重生。地球正在将我们所谓的文明抛诸身后，未来的地球将与今天截然不同。那么，我们该如何定义未来的生活方式呢？想到"文明"这一概念，我们会发现它相当容易理解，却极难描述。文明是一个居所，是一种生活方式。我们在脑子里想象文明，它总是与"他者"有关，这通常带着一种外来者的意味，至少在西方世界是这样。大自然通常被认为是野生的、未驯服的、不稳定的，甚至是野蛮的、残酷的，是一种需要安抚、束缚、改造和消耗的现象。往好里说，大自然是一种资源；往坏里说，大自然是一个危险而奸诈的敌人。另一方面，文明被视作安全的避风港和居所。文明是我们完成驯化自然与合作劳动的地方，我们在这里保障智人这一物种的集体福祉。因此，文明就意味着可预测的时间和空间秩序，这在很大程度上与不可预测的大自然形成了对比。

文明还涉及推动和完善人类的存在。文明是一个含糊的术语，往往要通过与其相对立的概念来理解其意义，如"红牙利爪的自然"（nature, red in tooth and claw）[45]，但并非向来如此。18 世纪的法国哲学家卢梭认为，在自然状态下，"人性本善，但社会使其败坏"，这个说法得到了其他浪漫主义哲学家的共鸣。[46] 也有一些人支持哲学家霍布斯的观点，霍布斯认为在自然状态下，人类会出于生物本能而相互为战，因为保护自己的生命是人类最根本的需求，而在自然状态下的生命是肮脏的、野蛮的、短暂的。他认为，只有在自然中让渡一定程度的自由，接受由严格实施的法律与行为规范所支撑的强大统治力量的严厉控制，人类才会为了共同利益而协同合作。

康德认为，人天生是理性的存在，而不应被情感、感受和存在的物性所误导。他的思想开启了理性时代，启发了文明是理性行为的观念，这种观念认为文明在其纯粹的状态下与环境脱离，进一步将人类与自然界分离。他的思想盛行一时，催生了哲学家所称的启蒙时代，紧随其后的就是进步时代。

"progress"（进步）一词来自法语，最早在 18 世纪的欧洲印刷品中出现。使这个词名垂千古的是法国哲学家尼古拉·孔多塞。1794 年，在法国大革命的黑暗时期，他写了一篇短文。这篇短文成了现代性的主旋律，也是当时对文明首要目的的全新理解。他写道："自然界对于人类能力的完善化并没有标志出任何限度，人类的完美性实际上乃是无限的；而且这种完美性的进步，今后是不以任何想要遏阻它的力量为转移的；除了自然界把我们投入在其中的这个地球的寿命而外，就没有别的限度。"[47] 在某种程度上，进步并不完全是一个新概念，而是西方世界长期信念的最新理解。这个信念就是，亚当和夏娃的后代要统治自然，要接管自然，并利用它来推动社会发展，让社会成为一个无限接近伊甸园的复制品，最终回归天国的怀抱。

所有文明都被这种乌托邦式的主张所裹挟，其中打头的就是要战胜野蛮，因为野蛮被认为是人类在自然状态下的存在特征。加州大学洛杉矶分校的政治学家安东尼·帕戈登表示，文明"描绘了一种社会、政治、文化、美学的状态……被认为是所有人类的最佳状态……"并且逐渐靠近一个乌托邦愿景。[48]

如果要找出一个被广泛接受的对文明本质及其对立面——野蛮本质的说法，不妨参考约翰·斯图亚特·密尔在 19 世纪发表的一篇文章。该文章定义了殖民时代和现代化，尽管其根源可以追溯到公元前几个世纪的水利帝国和水利文明的诞生。他写道：

> 一个野蛮的部落由少数个体组成，这些个体稀疏地分布在一片广阔的土地上：因此，有密集人口居住在固定的住所，且主要聚居在城镇和村庄，我们可称之为文明。在野蛮人的生活中，没有贸易，没有制造业，没有农业，或几乎没有；因此，一个农业、贸易和制造业发达的国家，我们可称之为文明。在野蛮社

会中，每个人都仅为自己而活；除了在战争中，我们绝少看到多人联盟的联合行动；野蛮人不会在人际交往中获得多少乐趣。因此，无论在何处，人类联合起来为共同目标而大规模行动，并享受社会交往的乐趣，我们便可称之为文明。[49]

将"文明"之外的所有人群定性为落后和野蛮，这一概念为殖民者树立了他们所需要的道德权威，使他们有理由去占领、征服和剥削世界各地的人民，并且正告那些落后的、受压迫的、"肮脏的"大众，他们正在将文明带给后者，因此他们的掠夺和剥削是正当的。

法国历史学家弗朗索瓦·基佐着重研究了启蒙运动（尽管学界对文明的主要设想可以追溯到美索不达米亚的第一个水利文明）以来学界对文明的描述。他认为，"文明这个词所包含的第一个事实……是进步，是发展；它一方面代表一个民族不断前行的想法，这个前行不是为了改变地理位置，而是为了改变境况；另一方面代表一个民族的文化是可以调节的，可以不断改进的。进步、发展的想法就是包含在'文明'一词中的基本概念"。[50]

在关于文明本质的所有学术讨论中，有一个主题偏偏总是缺位：是什么促成了文明在历史上的同一时期在世界各地出现？在那个时期，是什么使天平从村庄生活、小规模农业与畜牧业向数万人聚居的密集城市倾斜？恰恰是水利基础设施的发展催生了文明。使地球水圈适应人类的专属需求，标志着人类与自然关系的一个转折点，人类与环境的联系被切断。自此，人类与地球的距离越拉越远。

水利文明在整个 20 世纪达到了新高度，科学家、工程师、水利部门官僚与各地的政府和行业合作，竞相超越，在公共工程史上进行了一场狂妄的炫技。各地动员民众的口号大同小异……无非是推广"科学农业""让沙漠遍地开花"之类，这是对农业社区和寻求干旱半

　　　　　　　　　　　　　　　　　蓝色水星球

干旱温暖气候的新一代城郊居民的召唤。在美国，早期的一代人将劳动阶级称为"红脖子"，这是一个贬义词，指那些在烈日下辛勤劳作的无技能或半熟练工人。这种说法的侮辱性被中产阶级所改变，他们开始理想化干旱半干旱地区的生活，认为那里的生活悠闲舒适，其特点是把自己晒得黝黑。

征服自然成为一个世界性的战斗口号。美国兴建了宏伟的胡佛水坝——最早命名为博尔德水坝，并由此开启了一个水力发电过剩的世纪。这座大坝被公认为世界七大工业奇迹之一，它的庞大与宏伟让公众折服，并使美国成为20世纪水力发电领域的领先者。时任美国总统富兰克林·罗斯福以一种文明胜利者的姿态为水坝揭幕：

> 今天早上，我来到这里，看到了它，我被征服了，就像每个第一次看到这人类伟大壮举的人一样。我们今天所聚集的此处，10年前还是一片无人居住、令人望而生畏的荒漠。在一个阴郁的黑峡谷底部，流淌着一条湍急而险恶的河流，陡峭的壁垒高1000英尺（约305米）以上。峡谷两侧的山既无山路，也无小径，很难进入。山岩既无树木也无野草遮挡以保护它们免遭烈日的炙烤。博尔德城的原址是一个长满仙人掌的荒漠。这些年来，这里发生的变化可以说是20世纪的奇迹。

> 今天我们齐聚于此地，庆祝世界上最大的水坝完工。它高出河床岩石726英尺（约221米），改变了整个地区的地貌；我们在这里见证世界上最大人工湖的问世——它长115英里（约185千米），蓄水量足以将整个康涅狄格州淹没至10英尺（约3米）深处；我们在这里见证一个即将完工的发电厂，它将运行美国迄今规划过的最大型的发电机和涡轮机，这些机器可以持续供应近200万马力（约147万千瓦）的电力。

> 这个工程，方方面面都是顶级的。这代表并体现了几个世纪

以来人类积累下来的工程知识和经验……从前，科罗拉多河汹涌的水流未经利用就流入大海。今天，我们将它转化为伟大的国家财产……这是头等的工程胜利，是体现了美国人智谋、技能与决心的又一伟大成就。[51]

尽管历史上存在无数非水利文明，例如分布在沿海地区和河谷中的小型城市公社，这些公社以自治为主，但人类学家和历史学家给予它们的关注要少得多，学界对于那些与水利基础设施紧密相连的大规模城市的历史更感兴趣。直到 2009 年，这种另类的人类聚居形式才引起了学界的兴趣。当时，经济学家埃莉诺·奥斯特罗姆因揭示这一历史悠久的治理模式而成为第一位获得诺贝尔经济学奖的女性。这一种治理模式能成功存续并繁荣更长时间，往往因为那里的人类会适应自然，而不是让自然适应人类社区。随着水利文明的地基开始松动，这种公地治理模式的研究在学术界，甚至在统治阶层与公民社会中，都引起了相当多的关注。

南北极的冰川融化，强大的大气河的出现，洋流的变化，大规模的洪灾，长时间的干旱和热浪，蔓延的野火，强烈的飓风和台风，这些都是水圈再野化的表现。如今还是婴儿的这群人及其后代，在有生之年都有可能见证世界上大部分地区的水利基础设施连同我们所知的文明一同崩塌。

因此，问题在于，是否会出现某种集体生活形式，而且它能伴随再野化的水圈繁荣发展？这种可能性已经以各种零碎片段显现，但尚未形成规模。我们正处于从垂死的城市水利文明迈向瞬时社会的重大转型期。如何实现这一转型还是一个未知数。

现在，在以化石燃料为基础的工业文明引起气候变暖之际，全球各地的淡水资源正在急速减少。河流和湖泊正在干涸，构成每个大陆水利基础设施网络的大坝和水库正在过时。考虑到地球上所有剩余淡水的 70% 将用于农业灌溉，情况会更加恐怖。如今，在水利文明的末日，我们的主要谷类作物——大米、小麦、玉米和大豆——消耗了供给全世界粮食生产的可用淡水的 59%。[52]

美国公共电视网络（PBS）最近有一档节目以"随着全球地下水消失，大米、小麦和其他世界粮作物可能会开始消失"为题，带头制作了一个关于地球淡水资源灾难性减少的报道。[53]

尽管后现代学者已经广泛研究了文明的黑暗面，特别是与帝国主义过度扩张和殖民化相关的方面，但有一个文明切面几乎没有得到过任何关注。当然，学者们很快提到，人口密集的城市生活将原本无亲属关系的个体汇聚在一起，他们拥有各种各样的才能和技能，并以各种方式为彼此提供基本的和额外的生活服务。人类学家告诉我们，在狩猎采集社会中，基于血缘或亲属关系或两者兼有的大家庭很少超过100 个，这就使得合作成为一种集体事务。然而，要学习与成千上万个跟自己没有亲属关系的个体共同生活，而且对他们还知之甚少，这就需要一些新型的合作方式。成为"文明人"（civil，也指一国之民）是文明的标志，它包括建立非血缘关系的社会纽带。在更先进的城市文明中，传统的合作演变成了所谓的世界主义，个体需要学会包容数不清的其他个体。应该这么说，任何生活在城市聚居生活以外的人都有可能被视作野蛮人，并被视为异己。然而，文明人并非生来如此，必须通过教育，同时制定法律、行为规范和惩罚条款来强制教化出文明人，以免文明社会的结构出现崩溃。

然而，前文也提到，在人类学家和历史学家几乎没有关注过的领域中，存在着另一种更深层且更强大的联系，将无亲属关系的个体聚集成社会有机体：那是我们神经回路中"共情冲动"的拓展，这种拓展超越了直系家族和邻里社区，涵盖了在日益密集和复杂的城市文明中共同生活的不同人群。

迄今为止，我们已经经历了三次重大的共情拓展，每一次都嵌入了我们的自我治理方式。狩猎采集社会和后来的新石器时代农业社区的先人将他们的共情冲动限制在由血缘关系联结的家族乃至部落中。他们如果将这种纽带拓展到无亲属关系的人群中，往往会被视作异己和生存威胁。他们有着人类学家所称的"万物有灵意识"。在他们的世界里，他们与冥界的祖先亲密交流，将栖息在山脉、河流、小溪、森林和大草原的各种魂灵视为与他们同样的存在。

伟大的水利文明的出现首次将无血缘关系的个体聚集起来。这种转变将共情的纽带上移，将"不相干"的人纳入其中。这些人被视为"虚构大家庭"的一分子，他们依附于天上的男性神祇，向其寻求指导并将其视作所有人共同的父亲来服从——他们偶尔也向一个负责照管全人类的单一男性神祇寻求指导。这便是宗教意识的开端。

轴心时代的宗教——犹太教、印度教、佛教以及后来的基督教、道教和伊斯兰教——出现的同一时期、同一地点，大规模水利文明将大量无亲属关系的人聚集在密集的城市环境中，这不大可能是巧合。以一个庞大的水利文明的中心——公元1世纪的罗马帝国为例，当时，来自帝国各地数以万计的流离失所的移民、难民穿过罗马的街道，发现自己身处一个拥有超过百万人口的大都市。试想一下他们的孤立感。他们身边不再有血亲和其他家族成员，精神世界也遥遥相隔。于是，他们与先知耶稣基督建立了一种新的父子纽带，基督作为父亲形象，为他们提供短暂的爱、养育和同情的怀抱，给予他们安慰。他们开始将自己视作基督的子民，并将其他皈依者视为基督大家庭中的弟兄姊妹。穿着可识别服装的基督徒在罗马街头相遇时，会停下脚步，亲吻对方的脸颊，互称弟兄姊妹并问好，承认对方是基督子民的共同纽带。与他们相信万物有灵的祖先一样，他们会相互支持，甚至为对方献出生命。这是人类第二次伟大的共情拓展。

第三次伟大的共情拓展是"意识形态"的诞生。这一次转变伴随着以化石燃料为基础的工业文明的发展而出现，而工业文明受到国家的监督。国家成了人们新的依恋对象。原本相互没有关联，各自拥有自己的语言和方言、独特的文化传统和治理模式的地方民族文化，突然以民族国家的形式被推入一个庞大且全新的管辖区域中。这些新成立的国家都管理着更为广阔的水利基础设施，它们的首要任务是将管辖范围内不同地区的民族整合成单一的共同体。为了完成这项任务，它们创造了一个很大程度上是假想的共同记忆，以及一种共同的语言和一个通用的教育体系，将不同行政区域的群体重新定位为一个共同的虚构的大家庭，并将他们置于智慧的"祖国母亲"或"祖国父亲"的引导和保护下。例如，意大利作为民族国家建立时，前撒丁尼亚王国首相开玩笑说："我们已经创造了意大利。现在，我们该创造意大利人了。"[54]

重塑人类意识以形成国家大家庭的做法被证明行之有效。在过去的两个世纪里，国家在各大洲涌现。每个国家都由虚构大家庭组成，这些大家庭对"祖国母亲"和"祖国父亲"的效忠体现在他们愿意互相援助，甚至为"同胞"战斗至死。

每一波意识形态新浪潮——万物有灵论、宗教意识和意识形态——都起到了共情拓展的作用，但代价往往是将所有其领地范围之外的其他集体视为"异己"。难道我们都忘了，无数人类在部落意识、宗教意识和意识形态的旗帜下战斗、征服、奴役和杀害了他们的同类，并且至今仍在这样做吗？

历史上的这几次人类共情拓展你方唱罢我登场。亲属族群、宗教团体和民族国家随着与之相连的社区的兴衰而兴衰。今天，我们正在见证共情意识第四次伟大转变的早期阶段，年青一代称之为"亲生命意识"。在这次转变中，人类对地球上所有生命存在出现了共情式的认同。许多年轻人愿意把生命投入照顾这个抱恙星球的使命中。

迄今为止，这些共情意识的转变在历史上一直有盛有衰。往往在共情拓展一段时间之后，就会不可避免地出现人类之间的互相残杀，随之而来的就是文明的崩塌。这种情况的反复出现至少有两个主要原因。其一，到目前为止，每个文明都有其生命周期——诞生、成长、成熟和消亡。它们的消亡往往是由军事入侵、气候剧变或不可避免的熵增造成的。其二，每一次向更具普遍亲密感的演变，都会受到上一次共情意识的影响，这一点不太明显。今天，年青一代跌跌撞撞地投入"亲生命意识"和整个地球的怀抱，这被视为对旧时代共情意识的威胁，旧时代拥护者感到自己的世界观在混乱中消亡，感到被孤立、被抛弃。他们害怕失去自我身份认同，于是出手反击来坚守自己的忠诚。

如今，族群间的血战正在肆虐，宗教战争正在发生，意识形态战争正在蔓延，到处都有人死亡，社区被摧毁，生态系统在崩塌。在这些悲剧发生的同时，人们开始意识到——至少有些年轻人开始意识到——由气候变化引起的全球变暖正在将人类和其他生物一同带进坟墓。

讽刺的是，历史上每一个共情依恋阶段都以自己的方式追求普遍亲密感——其实这种追求与存在本身是合一的，但这一点通常会被忽视。不认可的人可能会理直气壮地辩称，普遍亲密感本身就是一个自相矛盾的说法。亲密感与普遍性怎么可能共存呢？也许确实如此，但这就是意识的一个弱点，始终潜伏在意识的底色里。

德国浪漫主义时期的伟大哲学家和科学家歌德关于自然的表述最为精辟，他写道："她四面将我们环绕，她紧紧把我们拥抱——我们既无力从她怀中挣脱，又无法更深地进入她的肌体。"[55] 歌德相信，尽管每个生物都是独一无二的，但它们又都与一个整体紧密相连。歌德认为，"她的每件作品都具有自己特有的本质……所有的这一切复归为一"。[56]

甚至在人类发明一个词来描述共情拥抱之前，歌德就写过这种普遍的推动力。他解释道："有机会接触各种情况，体会人们任何一种特别的生活方式，欣慰地参与这样的生活"，是对生命平等性的肯定。[57] 他总结了自己对普遍亲密感的看法，表明这是"一种美好的感觉，人类只有团结成一个群体才是真正的人，个人只有勇于置身群体之中，才会感受到愉快和幸福"。[58]

第三章

性别战争：
大地与蓝色水星球之争

在整个新石器时代，水利文明使我们的祖先远离了一种高度本地化的、分散的生活方式。这个时期以小规模农业和牧业为主要经济形态，其间或多或少地体现了人人平等的思想，女性负责种地、照看庄稼，男性负责狩猎、管理牧群。如果非要说有什么区别，那就是女性在自给经济中起着主导作用，因为当时的日常饮食主要依赖植物，而不是依赖动物。而且，在很大程度上，女性对经济生活的诞生起了主要作用，她们发明了肉类防腐办法、储存谷物的陶器，以及用于全年穿戴和包裹的皮革鞣制技术。[1]生活在新石器时代的人类祖先的预期寿命为 25~28 岁。[2]

选边站队：女神与男神之战

新石器时代的文化普遍崇拜女神，女神通常以母蛇的形象呈现，其孕育的水能使田地肥沃，为生命提供养分。新石器时代的小规模农业经济需要持续照料和培育，它以公有制的形式构建社会，以确保社区群体及其后代不会耗尽滋养着人类驯化者的那股生长力量。

在远古时期，水通常与流动性、生育能力和繁殖能力等女性属性相联系，由与河流、湖泊和溪流相关的母蛇形神祇统治。尽管如此，统治着人口的高度集权化和官僚化水利王国的出现，却更多地与男性属性相联系，比如权力、征服、保护和惩罚，甚至还有对时间和空间的控制（最早的历法和用来管理自然物权的律法就在这一历史时期出现）。在驯服水之后，人类对水之女神的崇拜逐渐消散，取而代之的是对从天上俯瞰其造物的神祇（大多是男性）的信仰。水利文明的崛起使天平向男性神祇倾斜，这种倾向一直延续至现代。文明与自然之间的持续斗争体现为男女两性主体之间的殊死决斗，数千年后的今天仍然存在。[3]

水利文明最早的记载讲述了男性超级神祇击败蛇形女神的故事。在古巴比伦，马尔杜克击败了蛇形女神提亚马特。[4] 在古希腊神话中，宙斯击败了女神盖亚的孩子——蛇形泰坦巨人堤丰，维护了奥林匹斯众神的统治。[5]

尽管在新石器时代，人类的先祖将水视作孕育了所有存在的母体，但水利文明和城市生活的出现使得男性象征成为主导，并且将水描绘成一种需要驯服和驯化的威胁性存在。我们需要注意的是，在神话中以及古代的大多数时候，诸如贝奥武甫、珀尔修斯、伊阿宋和阿尔戈英雄等男性英雄，都是寻求毁灭深海和女性形象的猎手。威廉·扬和路易斯·德克斯塔在《动力学心理治疗》（*Dynamic Psychotherapy*）期刊上发表的题为《梦境与幻想中的水意象》的研究，生动地描述了神话中的男性英雄跃入深海追捕和猎杀水之女神的情景。他们写道：

> 他们在描绘英雄跃入深海与海怪搏斗时，比如约拿与巨鲸或贝奥武甫的故事，难道不也在讲述英雄们对无意识的"深海"的英勇冒险吗？或者这么说，对险恶的水域及其阴柔魅力的英勇征服，难道不是象征着男性对于被女性淹没的无意识恐惧？……女

性形象与水几乎是融为一体的……比如富有诱惑力及毁灭性的美人鱼和海妖，海洋则是赋予生命的母亲，还有亚瑟王传说中的湖中仙女。[6]

无数的人类起源故事都包含类似的情节——在一个早期的万物有灵文化中，通常以蛇形存在的水之女神被统治水利文明的强大男性神祇处死。

杜伦大学人类学教授维罗妮卡·斯特朗指出，早在公元前 6000 年，由女性神祇护佑的水崇拜文化就存在于欧洲各地。尽管水利文明的崛起与男性对地中海与欧洲水域的控制使对深海的护佑天平向男性神祇倾斜，但这并非一蹴而就，而是经过了漫长的斗争。

向圣井表达对水之女神的崇拜，这在古代司空见惯。泉水，尤其是井水，被视为"大地女神子宫的出口"，而大地女神孵化了所有生命。[7]这些圣地一年一度的朝圣活动是那个时代的社会生活不可或缺的一部分，体现了我们的远古同胞对于生命根深蒂固的看法。数百万人类先祖前往这些地方寻求安慰，向神祇表达敬意，并参与温馨的仪式，祈求水之女神慷慨地恩赐她的信徒以繁殖力、再生力、疗愈与健康。甚至到了公元纪念之后，欧洲仍保留有成千上万的圣井，人们定期前往这些圣地体验它们的"疗愈能力"，这使教会感到尴尬。在公元 6 世纪，教皇格列高利表示一切到此为止，他颁布法令，表示不要毁掉这些圣井，而是要求将这些圣井改建为以阳刚的男性象征为主导的基督教圣地。仅在英国和爱尔兰，就有"数千个圣井……由此受到神圣教会的接管和改造"。[8]

这场斗争一直延续，一方是由男性主宰的、统治着上帝所造之物的教会，一方是早期人类对深海女神的宗教崇拜和仪式。直到 12 世纪甚至更晚的时间，教会仍一次又一次地颁布法令，禁止人们在这些圣地举行崇拜仪式。长期以来在圣井边礼拜的做法，表明自 6000 年前水利文明发端以来，人类的漫长旅程中一直潜藏着一股暗流，它使大地凌驾于流水之上，使男性对自然的主宰凌驾于女性的生命繁殖力之上。

斯特朗讲述了撒克逊人的异教仪式，他们崇拜"水的精神力量……他们使用圣泉水来施符咒、行仪式，而且他们相信在日出时分万籁俱寂的环境中从向东流的溪流中取水"能够"重焕生机，治愈皮肤疾病，使牲畜强壮"。最终，教会多多少少做了一些让步，至少他们以女圣徒之名重新命名了圣井。但大多数基督徒仍将这些水井视为圣泉，认为井水可以"治愈疾病并提高生育率"。直到 17 世纪，在见证了启蒙运动的曙光，接受了培根式科学与普遍数学为基础的理性世界观，并迎来现代医学和公共卫生的新时代之后，这种崇拜才消失不见。[9]

即便在今天，女性的性别足迹在方方面面都有迹可循。英国迪伊河的名字来自古英语中的"deva"（女神）。法国的塞纳河以一位栖息在水中的凯尔特水之女神塞奎娜命名。男性神祇击败女性神祇与对水的控制和财产化密切相关，这一切发生于西方世界和东方世界大型水利文明的开端。在这个过程中，男性主导文化规范、社交活动规则、经济指标、技术运用和社会治理，而女性负责抚养后代和照顾家庭生活。

有意思的是，几乎没有人关注过，人类与水的关系如何奠定了性别关系，而形成了对女性与男性的刻板印象。女性通常被描绘为被动的、接受的、感性的、有爱心的与奉献的，而男性被描绘为主动的、激进的、强大的、理性的与超然的。这些刻板印象在很大程度上决定了男性和女性在社会演变中将要扮演的角色。从水利文明诞生的头几个世纪起，男性一直在构思、部署和管理庞大的水利基础设施——从古代美索不达米亚首次驯服水，到 19 世纪和 20 世纪工业水利时代几乎把水全面私有化和商品化。

如果说男性对深海的恐惧是一个亘古主题，导致人类与水的关系复杂化，那么相应地，男性对水域也有一份同样强烈的依恋之情……但是有附带条件。例如，在罗马帝国鼎盛时期，水域是帝国拥有权力与威严的决定性因素。我们都知道那句耳熟能详的俗语——条条大路通罗马，但更准确的说法也许应该是"条条水路通罗马"。罗马帝国驾驭水域的能力超越了以往所有的文明。从实用角度来看，为了容纳超过 100 万居民——自由民、契约劳工和奴隶，需要从内陆地区将大量的水输送到罗马，以及将水输送至帝国的所有统治地区，从古希腊一路延伸到西欧、巴尔干半岛、中东和北非。前文对这个连接了整个罗马帝国的复杂交通系统大加赞赏，同样重要的是，在这个大帝国内，伟大的引水渠系统改变了三大洲的河流流向。在二者的共同作用下，数百万居民得以聚居。

水利工程是罗马帝国的骄傲——这是人类智慧和技术的巨大成就，旨在真正驯服横贯广阔大地的水域。但是罗马对水的依恋之情更为复杂。罗马帝国的工程实力是一把双刃剑——罗马帝国利用了与占领土地和奴役人民同样的军事部署强度去占领与奴役水域，得到了一个同样强烈的反作用力——与水域融为一体的渴望。于是，矛盾出现了。倘若罗马帝国随处可见的喷泉代表着男性主导文明的阳刚和性欲，那么人们在成千上万个精致的浴场和浴池中尽情享受，可能反映了一种无意识的欲望，即回到早前在子宫里被水紧密包裹的状态。

雄伟的浴场和浴池在整个罗马帝国随处可见，军营里有，公共广场上有，私人别墅中也有。数字说明了一切。2008 年的伦敦有196 个公共游泳池，为 770 万人口提供服务，而在罗马帝国的鼎盛时期，光罗马就有 800 个公共浴池向 100 万市民开放。[10]

英国历史学家爱德华·吉本写道："再吝啬的罗马人也可以用一枚小铜币，买到一天的享受，那是一种能引起亚洲国王们嫉妒的盛况和奢华。"[11] 与此同时，当时的皇帝、贵族和富有的商人阶层在他们的庄园里享受着豪华的泳池和浴池，这些设施的建成并非没有附带伤害。古罗马帝国皇帝戴克里先的浴池和泳池由被奴役的基督徒花费 7 年时间建造完成，建成后他们被残忍处死。[12] 在罗马帝国，游泳是一种常见的消遣活动，甚至有许多人为此痴迷，以至于有传言说帝国皇帝卡里古拉因不会游泳而成了公众嘲笑的对象。[13]

罗马的统治精英坚信，拦蓄、控制水源，以供人类专用、农业灌溉和纯粹的娱乐，是他们最伟大的成就。当罗马帝国首席建筑师兼工程师塞克斯特斯·朱利乌斯·弗龙蒂努斯调查了罗马城从建城到最终将水从阿尔班山的远端引入罗马市民使用的 9 座引水渠这 441 年的历史，他戏言道："我们有这么多不可或缺的建筑，输送着如此大量的水，这与埃及那些没用的金字塔以及希腊人那些华而不实的建筑形成了鲜明对比。"[14]

要知道，罗马帝国信奉的是多神文化，人们既崇拜男性神祇，也崇拜女性神祇。然而，天空神朱庇特被视作众神之王，是"生活各方面的监督者……包括庇佑罗马"。这样一来，女性神祇扮演偏从属的角色也就不足为奇了。朱庇特的妻子赫拉女神"密切关注着女性和她们生活的方方面面"。[15]

人类像一个有着极强控制欲的情人，对地球水圈既要牢牢掌控，又要保持亲密——尽管存在分歧，但自文明诞生以来，这就是我们与地球水圈的一个辩证关系。艾奥瓦大学艺术与艺术史学院历史学家布伦达·朗费罗的研究报告称，在公元前 1 世纪，罗马帝国有权势的政治精英、军事领袖和富裕商人开始通过建造宏伟的别墅来炫耀他们的优渥生活。这些别墅周围环绕着模仿大自然的人工景观，一个比一个富丽堂皇。这是一场关于掌控的游戏或竞技，每个人依着自己的男性形象来塑造自然，目的是超越他人。这种掌控力是人类对于"人中之神"的期望。朗费罗称，罗马的富人和有权势的人"在塑造人工景观的地貌，创造出本不存在的河流、瀑布和山坡的过程中感受到极大的乐趣"，他们专注于塑造水景，"从引人入胜的运河，到由引水渠供水，或直接通向自然或人工洞穴沟渠的人工瀑布，应有尽有"。[16]

这些重塑自然景观的中心都是精致的水景，一个比一个精巧华丽，以鱼塘、水亭为主，顶部则布置壮观的喷泉。不难推断，罗马的精英都代表了男性神祇，每一位都是水域和造物的主人。今天的女权主义历史学家可能会补充说，男性神祇掌控了水域之后，接下来他们将顺理成章地放逐曾经强大的女性神祇，在男性创造的水上天堂中，没有她们的一席之地。当然，从女性神祇的水之摇篮到男性神祇的阳具状喷泉与人造自然景观这一巨变可能是潜意识引导的，但这一转变对后代感知自然的方式产生了同样巨大的影响。

罗马的精英阶层对他们的新地位信心十足，他们开始与大众分享他们的天堂。朗费罗讲述了罗马最有权势的统治者恺撒与庞培之间的较量。他们竞相开发精美的公共花园，里面的水上公园之宏伟与他们的私人花园相比有过之而无不及。朗费罗指出，"庞培向普通罗马人提供了一些他们听说过但也许从未亲身体验过的奇观——现在，由于庞培的贡献，他们可以接触到只有住别墅的人才能享受的便利设施和悠闲生活"。为了不落下风，恺撒建造了他自己的公共建筑群——恺撒广场，其中有一座宏伟的喷泉——阿皮亚迪斯喷泉，其中心是"阿皮亚水仙子雕塑展览"，罗马人曾认为这些神秘的女性自然精灵栖息在河流、湖泊和溪流中，如今在这里展示为男性主导的生命之泉的守护精灵。

这两位统治者都注意到，向罗马公众开放他们天堂般的公共花园，作为"回报选民支持的场所"，用以"培养民众的善意"，是有好处的。但唯有奥古斯都皇帝充分理解了向民众提供精心设计的水上景观的重要意义。朗费罗总结了这些公共建筑的政治和社会意义：

奥古斯都意识到绿色空间和相关的水上艺术景观展示对公众的吸引力，于是，他批准建造了一些公共绿色空间，用水上景观

　　　　　　　　　　　　　　　　　　　　蓝色水星球

点缀，供公众进行休闲活动，作为他在罗马创造稳定新局势的政绩的一部分。此外，正是在奥古斯都的统治下，他那座具有纪念意义的装饰性公共喷泉（原是大空间内众多设施中的一个），转变为一座可以彰显皇帝意识的纪念性独立建筑。[17]

公元286年，罗马帝国分裂为东罗马帝国和西罗马帝国。紧接着，哥特人闪电入侵，前文也提到过，公元455年，帝国被汪达尔人洗劫，标志着西方世界标志性的水利文明开始终结。

尽管罗马帝国于公元476年崩溃，但由其发轫的秩序森然的男权世界观在神话和现实中延续了下来，时不时爆发，且往往会带来可怕的后果。这也就难怪，在全球变暖威胁到地球生命的生死存亡之际，围绕男性主导地位与攻击性的相关性别战争也在社会的方方面面浮出水面，上至军事化地缘政治，下至反性骚扰的"我也是"运动（#MeToo），揭示了经济生活甚至家庭事务中根深蒂固的性别不平等。罗马再次登上全球公共舞台，引发了一系列怀旧热潮。

一切始于瑞典一位社交媒体红人萨斯基亚·科特在Instagram（照片墙）上让她的女性粉丝"问问你们的男性伴侣和男性朋友，他们每隔多久会想起一次罗马帝国"。[18] 她们惊讶地发现世界各地许多男性怀念罗马帝国的频次达到了"每个月三到四次""每隔几天一次""至少每天一次"。这些回答在TikTok（海外版抖音）上迅速传播，引发了新一轮的性别战争。男性赞美这个男性主导的帝国的军事才能、工程成就和官僚智慧，更不必说它在提供"面包和马戏"方面的慷慨了。这股罗马怀旧热潮登上了《纽约时报》《华盛顿邮报》等主流媒体的头条，这是父权制度在与水利文明携手并进6000年历史中所表现出的生命力的又一例证。

在罗马帝国衰落后的几个世纪，天主教会和神圣罗马帝国的崛起带来了一种较为松散的、由教会统治集团适度控制的分权治理模式。伟大的罗马引水渠以及罗马帝国贯穿欧洲以及通往非洲和亚洲的道路交通系统无人问津，大部分被废弃，对水的神秘崇拜也随之消亡，因为教会将注意力转向了陆地，专注崇拜"大地之神"。在早期的希伯来宇宙观中，水被看作虚空，应当回避，而非偶像化。教义问答集将水仙子抹去，所有的注意力都集中在虔诚教徒如何得到永生上。

几乎没有什么改变。在基督受难和神圣罗马帝国崛起之间，曾短暂地流行过诺斯替异端教派，女性的地位在那段时间得到了提升，基督复活的意义和基督教的观念被重新诠释。除此之外，女性仍继续被边缘化、被限制。

在当时，或者哪怕是两千年后的今天，罗马天主教会也只认可男性牧师、枢机主教和教皇为上帝的信差，并让他们告诉男女信众，上帝先创造了亚当，再取亚当的一根肋骨创造了夏娃。至于女性的二等地位，根据《圣经》的记载，夏娃违背了上帝的命令，吃了善恶树上的苹果，因此女性从一开始就被剥夺了权利。她的轻率行为遭到上帝的惩罚，上帝将亚当和夏娃逐出了伊甸园，并判决他们所有的后人此后都要过艰辛困苦的生活。

常常被忽视的是，大型水利基础设施作为罗马文化、国家治理和经济生活的基石，它的衰落、破败和崩塌也导致在随后的几个世纪中，水的意象作为两性关系的一种典型象征在一定程度上被抛弃。在描述两性关系时，水的隐喻变得不如大地的隐喻那么富有感染力。女性的性别仍在被贬低，被视为一种被动属性，而水作为性别分类的载体已然枯竭。

到了 16 世纪，随着大航海探险时代的开始，一切再次发生了变化，性别关系再次被重塑。探索、征服和殖民整个"新世界"以及各个大陆的竞赛，将男性形象塑造为海洋的主宰，而将女性形象塑造为海洋中的诱惑者，藏在深海中，等着吞噬入侵者。

　　　　　　　　　　　　　　　　　　　　蓝色水星球

18 世纪 90 年代到 19 世纪 50 年代的浪漫主义时期，性别关系进一步僵化，成为一个政治舞台，围绕性别角色和水的斗争反复上演。男性诗人和作家（大多是英格兰人和苏格兰人）在对征服女性的渴望和对子宫的原始依恋之间来回摇摆——这是一种长期不被提起的爱与饥渴的动力的重现，而在 6000 年的水利文明史中，这是男女性别关系拉扯中反复出现的主题和存在。

拜伦勋爵是浪漫主义时期的一位杰出人物，可能会被今天的人描述为一个浪漫的大男子主义者。他的"风流韵事"与水有关。拜伦与雪莱是同时代人，私底下他们也是好朋友。拜伦对他眼里的同时代女性化浪漫主义诗人不无鄙夷，包括雪莱在内。拜伦的初恋是水。当时他享有盛名，因游泳技术高超而受到欧洲人的崇敬。他经常嫌弃雪莱的游泳技术——雪莱最终因为所乘船只在斯佩齐亚湾倾覆而被淹死。

拜伦年幼时腿脚不健全，只有在水中畅游时才能感受到神的庇护和自由。他说，"我喜欢在海中游荡，带着一股魂灵的轻快离开，这是在其他任何场合都感受不到的"，"倘若我相信灵魂有轮回，那我应该认为我前世的存在是一尾'人鱼'"。[19] 拜伦毫不掩饰对女性的轻视。在一次去伊萨基岛的旅行中，东道主问他是否想参观当地的古迹，他对女性奥秘的不屑表露无遗，喃喃自语道："我看起来有那么娘娘腔吗？"随后又补充道："我们去游泳吧。"[20]

拜伦的诗歌和讽刺作品都没有提到海底世界，他自己也从未提及深海世界。相反，他唯一的兴趣就是征服大海。浪漫主义时期的其他诗人和文学巨匠也与他志趣相投，比如塞缪尔·泰勒·柯勒律治和罗伯特·布朗宁。《在深海中按摩：英雄泳者》（*Haunts of the Black Masseur: The Swimmer as Hero*）一书的作者查尔斯·斯普罗森在研究热爱游泳的历史人物时注意到，尤其是在浪漫主义时期，这些人就和美少年那喀索斯一样，极度自恋，权力欲望强烈，傲慢自大，缺乏同理心。

浪漫主义者抨击启蒙思想家的理性超然，他们厌恶自然和存在的物性，在很大程度上，他们认为自然是用来陶醉其中的——却又总附带警告说，应把自然当作一份令人愉悦的恩赐。至于女性如何融入其中，鉴于女性和自然长期以来都被视为"他者"，浪漫主义时期大多数占主导地位的男性人物，无论是诗歌界还是艺术界，都继续将女性角色置于次要地位，认为女性的主要目的是生儿育女、操持家务、为男性主导的世界服务。

对于浪漫主义者来说，自由意味着自主，而女性代表着"吞噬自由的他者"。加州大学洛杉矶分校的女性研究教授安妮·梅勒从浪漫主义时期的男性诗人和艺术家的角度捕捉到了这种相互作用。谈及最早的浪漫主义作家之一威廉·布莱克，她写道：

> 布莱克的性别政治与其他浪漫主义诗人一致：男性的想象力可以有效地掌控女性的身体，但如果反过来，比如当瓦拉（一位拥有神秘能量的女先知）或薇尔（女性意志的拟人化）用面纱遮住阿尔比恩（英格兰的雅称）的身体时，这个画面就会被消极地等同于陷入死亡和自我毁灭。[21]

并非只有布莱克一人如此。诗人弥尔顿是浪漫主义时期的指路明灯，他在男性与女性关系的问题上态度十分明确。他写道："谁会不知道女人是为男人而生，而不是男人为女人而生。"[22] 弥尔顿这句话让人想起了现代科学之父弗朗西斯·培根早前的一句话："世界是为（男）人而生的，而不是（男）人为世界而生。"[23]

至少，弥尔顿和几位浪漫主义时期的男性人物愿意软化他们对女性角色的立场。弥尔顿在他的散文中明确表示，女性不应被视为财产，而应被视为男性"精神上的助手"，其主要人生使命是强化男性

　　　　　　　　　　　　　　　　　　　　　　蓝色水星球

伴侣的自主权和主导权。弥尔顿写道："男人不应将妻子视为仆人，而应将其纳入上帝应许他的帝国，尽管她与他并不平等，但在很大程度上，她是他形象与荣耀的体现。"[24]

应当指出的是，浪漫主义时期对辽阔海洋的"阳刚"态度被一种较为文雅的依恋之情所抵消。湖畔诗人比较偏狭守旧，他们还为女性神祇——江河、溪流、湖泊和水井中的仙女——让出一席之地。然而，这一时期思维更为开阔的哲学家、诗人、艺术家和散文家有更大的舞台——伟大的海洋。他们与全球扩张势力紧密交织，后来那个致力于全球扩张的岛国成了帝国主义时代的指挥中心，而这个大舞台成了"男性精英的领地"。[25]

为准确起见，当时的浪漫主义诗人、作家和艺术家都沉醉于对"深海奇迹"进行男性化处理与驯服。"深海奇迹"是华兹华斯在《高地盲人男孩》（The Blind Highland Boy）中提到的意象。[26] 征服深海成了贯穿英帝国主义在世界各地寻求殖民的首要主题。浪漫主义者生产了诗歌、文学和艺术作品等"软武器"，以浪漫冒险的形式助力他们的核心战争硬武器，旨在征服深海，为世界带来文明。詹姆斯·乔伊斯的小说《尤利西斯》中有一句话："在大英帝国，太阳是永远不落的。"相比之下，德国在浪漫主义时期的海岸线从未靠近过大西洋，德国人不太能想象一个自己能主宰海洋的崇高境界。虽然德国也渴望殖民全世界，但它只能将其影响力扩张到非洲和太平洋周边的少数几个殖民地。

拜伦在他的诗歌《海盗生涯》中抓住了那个时代的精神和英国浪漫主义及其帝国主义野心的精髓：

在暗蓝色的海上，海水在欢快地泼溅，
我们的心是自由的，我们的思想不受限，
迢遥的，尽风能吹到、海波起沫的地方，

量一量我们的版图，看一看我们的家乡！
这全是我们的帝国，它的权力到处通行——
我们的旗帜就是王笏，谁碰到都得服从。
我们过着粗犷的生涯，在风暴动荡里
从劳作到休息，什么样的日子都有乐趣。
噢，谁能体会出？可不是你，娇养的奴仆！
你的灵魂对着起伏的波浪就会叫苦；
更不是你安乐和荒淫的虚荣的主人！
睡眠不能抚慰你——欢乐也不使你开心。
谁知道那乐趣，除非他的心受过折磨，
而又在广阔的海洋上骄矜地舞蹈过？
那狂喜的感觉——那脉搏畅快的欢跳，
可不只有"无路之路"的游荡者才能知道？
是这个使我们去追寻那迎头的斗争，
是这个把别人看作危险的变为欢情；
凡是懦夫躲避的，我们反而热烈地寻找，
那使衰弱的人晕厥的，我们反而感到——
感到在我们鼓胀的胸中最深的地方
它的希望在苏醒，它的精灵在翱翔。①

　　尽管少数浪漫主义者——大多是女性——试图复兴深海水域与女性作为原始生命力的形象，但到了 19 世纪下半叶，污染水域危害公共健康的新发现引发了人们的恐慌，由此导致他们的尝试搁浅。当时，伤寒和霍乱这两种致命疾病通过污染的水源传播给人类，这一发现在英国、法国乃至欧洲引发了人们近乎歇斯底里的情绪。

---

① 　节选自《拜伦诗选》，《穆旦译文集》第 3 卷，人民文学出版社，2005。

法国波尔多第三大学维多利亚研究教授贝亚特丽斯·洛朗指出，女性化水域和男性化土地之间的斗争突然演变成了一场你死我活的生死大战。人们对月经（或称"夏娃的诅咒"）有一个观念，即每月一次的出血使女性成为不洁的疾病携带者。没过多久，流言就开始将女性与被污染的水源联系起来。洛朗写道："由于女性和水被认为同样容易受污染，而女性身体和性征也被认为易受渗透，很难确定二者到底是哪一方导致了另一方背负污名。"简而言之，女性反映了"大自然的无情"。[27]

现代科学和医学的"发现"并未止步于为月经找到替罪羊。古老的"希波克拉底体液学说"被包装成新骗局卷土重来，医学界一些人认为"体液不调会引发女性化疾病——歇斯底里"。水疗法的出现源于人们相信水可以调节体液。当时一位著名的医生认为，"（阴道）灌洗是治疗中非常必要的步骤"。[28]

在当时的背景下，尽管信息闭塞，但"光是想想，也会产生后果"。文学评论家、普林斯顿大学名誉教授伊莱恩·肖瓦尔特指出，这种对女性角色和不洁水域的最新"医学"信仰已经演变为精神病学理论和实践的重要基础。她的研究报告称，"在 19 世纪末，歇斯底里作为女性典型疾病已成为第二次精神病学革命的焦点"。[29]

尽管将女性身体与受污染的水和致命疾病载体联系起来的医学观点非常荒谬，但当时仍被广泛接受。水是致命疾病的载体这一发现首先在英国推动了现代卫生运动，随后传播到法国、德国、美国和世界其他地方。在 19 世纪下半叶，随着净水系统的引入、过滤水直接进入家庭和企业，以及下水道系统的建设，水的净化成为一场伟大的基础设施革命的核心。

英国率先于 1852 年通过了《大都会水法》，制定了严格的水质管理标准。其他国家紧随其后，提供干净的水以供饮用。然而，在 171 年之后的 2023 年，全球仍有 20 亿人无法获得安全的饮用水，42 亿人（占世界人口的一半以上）家中没有卫生设施，30亿人连最基本的洗手都无法保证，甚至没有肥皂。[30] 结果是每年都有数亿人遭受水传播疾病的折磨。

19世纪末和20世纪初，英国以及世界其他地方对淡水的攫取、治理、净化和分配以及废水的回收利用，标志着对我们最宝贵生命能源的拦蓄和驯化已经进入高潮和尾声。淡水的拦蓄成为工业革命不可或缺的一部分，"水–能源–粮食"这一关系链成为市场驱动型国家和社会主义国家资本主义体系兴起的主力。

但是现在，水已经受够了。地球水圈正在动荡，再多的人类干预也不可能束缚住它。综合起来看，关键在于我们愿不愿意重新学会如何以看管者的身份与水域合而为一，适应它将带我们去往的方向，而不是让水域适应我们。这在很大程度上取决于我们如何在人类世重塑两性关系。

女性：徒步取水者

在人类历史上的各种文化中，水向来都由女性搬运。即使在今天，也有数百万女性每周要花费数小时时间，将远处的水搬运回家。在非洲和亚洲的一些地区，女性平均每天步行约6000米去取水。她们通常会将沉甸甸的水罐顶在头上，这会导致严重的伤害。联合国儿童基金会和世界卫生组织最近的一份报告指出，全球有21亿人仍然要徒步搬运水，其中大多数是女性。[31] 尽管此事鲜有讨论，但长时间的徒步取水已成为发展中国家女童无法上学和接受教育的决定性因素，这使她们的余生都被困在灶台边和家中，她们的命运就此被限制。

我的母亲出生在1911年，当时世界上任何一个主权国家的女性都没有选举权。1913年，挪威成为第一个赋予女性选举权的独立国家。1920 年，美国政府赋予女性选举权。[32] 在 20 世纪余下的时间里，其他国家纷纷效仿。尽管女性赢得了迟来的选举权，但直到近年，女性在决策方面仍被系统性地排除在外，尤其是在政府和企业的治理机构中——在民间社会中这种情况较少。在全球水务政治和政策领域，男性主导和女性从属的模式最为明显，尤其是在贫困国家，以及一些最富裕的国家。

由于水循环是地球上产生生命并繁荣环境的机制，在影响水域的决策上将女性几乎完全排除在外，足以说明男性对水利基础设施的支配地位。这种支配地位从未被广泛讨论，并且一直被各国政府、全球治理机构以及资本主义经济所掩盖，直到近几十年来，情况才有所改变。

无可争辩的是，地球的水循环和全部水利基础设施几乎完全由男性控制，这形成了一个男性领地，而这一情况可以追溯到公元前数千年第一个水利文明发端。

玛格丽特·茨瓦特温是一位灌溉工程师、社会科学家和水资源治理教授，也是水利专业前沿领域中极少数有一手经验的女性之一。她从行内人的角度观察了这个男性主导的行业，并指出，掌控着全人类共同享用的水资源的水利专业领域，可以粗略分为两个层级：一层是水利专业人员和国际专家群体，他们掌管着灌溉系统的知识，他们的专业知识在世界治理机构中——包括联合国、世界银行、国际货币基金组织、经济合作与发展组织以及相关智库、研究机构、咨询机构和大学在内——发挥着作用；另一层是相邻的平行轨道上的数百万个体，他们规划、部署并管理着全球水利基础设施的所有组成部分。

两个群体都是男性占主导地位，被雇用为灌溉相关专业领域的研究员、专家、生产计划者或管理者的人中，男性比女性要多得多。实际上，在与灌溉相关的专业活动中，无论是工程师、管理者、生产计划者还是研究者，在很大程度上都被认为是（或至少曾经是）男性的差事。[33]

虽然人们不会公开宣扬，但很少有人会反驳这一说法：在将当地和全球范围的人类集体连接起来的所有要素中，水利基础设施无疑挑起了整个技术文明的大梁。一个经常被忽视的事实是，这个自水利文明兴起就一直与人类如影随形的系统，其本质是控制和支配。那么，与水利文明协同并进的技术能力如何呢？

越来越多的女权主义学者认为，这种工程能力"是男性主导的文化理想的核心，缺乏这种能力则是对女性刻板印象的一个关键特征"。[34] 如果没有相应的军事官僚机构来安抚民众、改变水源的地理区域并保护基础设施免受敌对势力的侵占和破坏，要拦蓄、支配和控制水资源是不可能的。到了 19 世纪和 20 世纪的工业时代，包括英国、法国、西班牙、葡萄牙、荷兰、德国、日本和美国等在内的殖民政权在所有大陆上瓜分他国的领土。值得注意的是，所有这些殖民政权都有两套地面部队——军事指挥部队和水利工程师部队。两套部队给殖民地带去一个理性化官僚机构和一个男性主导文化的命令与控制传统。这种传统自古代美索不达米亚的第一个水利文明出现以来，一直是不可动摇的存在。

他们在各大洲的出现和渗透并不受原住民的欢迎，原住民视他们为入侵者，但他们在自己的家乡却被视为向世界落后民族传播文明的使者。荷兰的殖民工程师、水利基础设施专家在他们的家乡被理想化为文明化身的伟大无名英雄：

> 工程师们参与了一场英勇斗争，去征服充满挑战的热带水域。他们在远离家乡的地方，在致命的气候中，在其他方面条件也极其恶劣的情况下，完成了这项任务。尤其是那些建造丰碑的

先驱，他们在后世眼中是真正的英雄。[35]

　　每个致力于水利殖民的大国都叙述着类似的英勇水利工程师的故事，一切都打着现代化和推进进步时代的旗号进行。这些对水利工程师的赞美以及伴随这一职业的男性奥秘，吸引了20世纪一代年轻男孩，他们渴望投身水利主宰的未来，为大众带来启蒙。水文专业的火热促进了男性人格的塑造，同时将"他者"与女性和女性特征、被动和依赖、感性和空想联系在一起，将一代又一代的女性锁定为不堪教育的人，并迫使她们只能扮演照料后代、徒步取水的角色。

　　这场在历史上持续时间最长的心理灭绝行动——在公共领域对女性人格的大规模打压——对人类心灵造成了悲剧性的影响，剥夺了我们对生命的滋养、共情和创造能力，迫使我们的集体人性成为牺牲品，在与地球水圈互动时屈从于一种冷酷、算计、理性和疏离的方式。

　　在世界主要治理机构，如世界银行、经济合作与发展组织、国际货币基金组织等的董事会和高管中，男性的气质和女性的依赖性表现得最为普遍，尽管这种表现可能是隐蔽而微妙的。然而，如今，男性对水资源的主导地位开始受到挑战。在过去的40年左右的时间里，主要是在发展中国家，新一代女性水资源活动家开始站出来，要求在确立人类与水资源的关系中发挥平等的作用。尤其如今我们陷入了全球水圈再野化的循环，而这将在未来几十年内对地球上生命的存亡产生严重影响。不是在遥远的未来，而是在接下来的几十年内！

　　过去几千年以来，水资源管理一直是男性的领地，如今女性在该领域为自己争取一席之地与话语权的斗争已经打响。全球各地的女性活动家认为，"关于水资源管理的争论凸显出建立新型机构的重要性，这种机构不仅关注'效率'，还要积极倡导和培育关爱伦理"。[36]女性水资源活动家承认，虽然世界银行、联合国、国际货币基金组织和经济合作与发展组织等全球主要治理机构开始对此侃侃而谈，甚至在官方报告和政策声明中谈到有必要让女性参与制定水资源政策，但是在实践中，他们仍在推动水资源私有化，即所谓的政府与社会资本合作模式（PPP），将水资源的日常管理职责交给一小部分精英企业——通常采用长期租赁补贴的形式，让它们全权监管水资源调配情况。这种所谓的政府与社会资本合作模式使得男性得以继续主导水资源管理，确保成本效益分析、季度盈亏报表和向股东返利的原则不受损害，同时也暗示着男性主导是确保公平分配水资源的最佳管理模式。

女权主义水资源活动家会反驳说，关于水资源，"关爱伦理首先关注的是人类以及那些和人类有关的所有人类实体和非人类实体之间的关系"。[37] 关于人类这一物种的未来与水资源的关系，性别差异表现得再明显不过了。男性视角将水看作"资源"，而女性视角认为水是"生命力量"。男性的方法是将水资源企业化和商业化，而女性的方法是将水资源视为全球公共资源。关于人类应如何与地球水文循环相处，这两种截然不同的观念决定了未来必有一场斗争。这场斗争的结果可能会决定地球生命的未来。

难道真的有人相信人类的工程可以阻止水的流动，相信我们还能继续拦蓄、驯服、改变和操纵水资源，以顺应政府的要求和全球市场的幻想？我们所知的男性主导的水利文明已经存在 6000 多年，如果水文循环持续肆无忌惮地改变地球生态系统的地形、地质和生理机能，并且重塑地球其他三个圈层——岩石圈、大气圈和生物圈的演化，那这种男性主导的水利文明还有多大可能继续保持活力？

要学会在快速演化的地球水圈中生活，需要对水资源的自由解放保持警惕和共情，仔细倾听水域向我们传递的信息。这种倾听需要人类具备其他生物品质。人类若能与其他物种协作并共享全球水资源，将为未来生命带来新的机遇。传统上，这些是与女性角色相关联的品质，而这些品质在水利文明时期长期被打压和束缚。我们也知道，"共情冲动"早已写入我们这个物种每一个男性和女性的神经回路中。如果说进步时代代表男性身份概念被扭曲的高潮——这种扭曲主要与控制地球水文循环有关，那么新兴的韧性时代将女性角色的同理心品质定位为一种平衡的力量，将其视为一种男性和女性婴儿共有的生物现象。若要确保每个婴儿神经回路中的共情冲动得到培养，就需要一个更加明智的社会叙事，来使这种最基本的人类冲动以亲生命意识的形式发育成熟并繁荣生长，以适应正在再野化并改变自然世界的水圈。

水圈的演化十分复杂，它持续不断地改变着地球上的生命动态。谈到这种演化时，我们的态度很大程度上取决于我们是否愿意承认水圈演化的不可知性。这并不意味着我们要忘却过去对水圈运转方式的学习，也并不意味着我们要记录它在过去 20 亿年中的发展方式。相反，它意味着水圈是一个庞大的、自组织的并不断演化的系统，以一种微妙又广泛的方式不断地激活整个地球，而这种方式是不可能提前准确预测的，也不可能遏制或征服。

因此，最好的做法是我们从过去的经历中学到经验，预测我们可能前进的方向，但更重要的是发展出一种"适应现象学"，使我们能够不断跟随水的变化而"随波逐流"，去往任何它引导我们去的地方。成为"水之物种"，就是要稳住我们的航向，确保我们在这个复杂的生命有机体中保有稳固的一席之地。在这个生命有机体中，我们只是其中一个参与者，我们自己的韧性和福祉取决于能否带着批判性思维和高技术素养"随波逐流"，这种能力足以让我们在一个生机盎然的水星球的更大图景中保持我们的生态地位。

第四章
从资本主义到水本主义的范式转变

重新思考我们与水圈的关系不再只是学术演练，更是一个关乎生死存亡的问题。关于这一话题的讨论比以往任何时候都更为深刻，因为我们对水资源长达 6000 年的霸占、操纵、商品化和私有化，通过与以化石燃料为基础的工业文明的亲密纠缠，即所谓的"水–能源–粮食"关系链，在过去 200 年中进一步对生命造成了损害。这个关系链不仅仅是推动工业社会发展不可或缺的机制，还是资本主义体系的引擎。

"水–能源–粮食"关系链

以美国为例来看看"水–能源–粮食"关系链是如何运作的。在美国，90% 的电力来自热电厂，热电厂需要使用大量的水来发电。这种发电的运作方式如下：

> 热电厂将热能转化为电能，其生产的电力约占全球电力产量的 80%。它们主要通过加热水，将其转化为蒸汽，再利用蒸汽旋转涡轮，从而产生电力。蒸汽通过涡轮后会被冷却并凝结，以便

重新进入循环，这就是所谓的"蒸汽循环"。不同类型的电厂会使用不同能源（煤炭、石油、天然气、铀、太阳能、生物质、地热能）来加热水，但基本原理是相同的。所有发电厂都需要冷却蒸汽，大多数使用水进行冷却，这就要求它们选址必须靠近水源（江河、湖泊或海洋）。发电过程有若干个步骤需要用到水，比如蒸汽循环、灰处理、烟气脱硫等，但大多数的用水需求——通常占总需求的 90%——是为了冷却。[1]

在美国，热电厂的用水量占总用水量的比例相当可观，其中72% 为淡水。[2] 全球有 29% 的核电站使用本国的淡水来冷却核反应堆。在法国，核发电量占全国总发电量的 68%，核电站每年使用的淡水量甚至更大。[3] 水域，特别是在法国南部等地，在夏季会因气候变化而变热，而且温度高到无法用来冷却核反应堆，迫使这些核电站降低功率运行，或干脆经常性地关闭。多年来，核电站经常因为夏季极端高温而被迫关停，导致法国一些老年人因在高温天气无法使用空调而丧生。此外，用于核反应堆的水在重新排入外部环境后，可能会进一步使得环境里的温度上升，并影响农业产量。[4]

水和能源对食物生产至关重要。这又出现了一个问题，失控的正向循环对水、能源和食物三者都产生负面影响，影响着整个"水-能源-粮食"关系链的有效性和韧性。全球所使用的淡水中约70% 用于农业，而大部分农业用水因基础设施不完善、过时以及管理不善而被浪费。[5]

化石燃料能源不仅被用于加热水以产生蒸汽，驱动涡轮机发电，还被用于种植食物和纤维作物，以及为农业机械提供动力。20 世纪50 年代末开始席卷全球的农业绿色革命，广泛使用化石肥料和杀虫剂来种植高产的杂交作物。令人难以置信的是，全球食品系统所使用的能源中，有 40% 用于生产化石肥料和杀虫剂，这些物质会渗入土壤和地下水，形成有毒混合物。[6]

在"水"这一环节，每个社区和群体都需要在降雨时扩大集水规模，将雨水储存起来，然后在需要时分配。在"能源"这一环节，在转型议程中应优先迅速淘汰化石燃料和核能发电，同时快速部署太阳能、风能、地热能、潮汐能和波浪能发电以及配套的绿色储氢机制。而在"粮食"这一环节，需要从石油化学和生物技术农业转向基于生态的可再生农业。

"水-能源-粮食"关系链正在将人类和其他生物一并带到危险边缘。如今全球正在变暖，随之而来的干旱、热浪和野火不断加剧并迅速蔓延，淡水全年都极度短缺，在这种情况下，打破这一关系链是当务之急。这一关系链扼住了社会的咽喉，正随着工业时代的地缘政治一并崩溃，同时对社会重组产生深远的影响。

太阳能和风能是当今世界上最便宜的能源，它们的固定成本大幅下降，边际成本接近零。新能源在各大陆迅速普及。芬兰拉彭兰塔工业大学的研究人员 2019 年发表于《自然·能源》（*Nature Energy*）期刊的一项研究报告指出，光伏发电的耗水量仅是核电和燃煤发电耗水量的 2%~15%，而风力涡轮机的耗水量仅是核电和燃煤发电耗水量的 0.1%~14%。[7] 该研究收集了 13863 座热电厂的数据，涵盖全球 95% 以上的热电厂。他们在研究中发现，从化石燃料和核能发电转向太阳能和风能发电，最乐观的估计，将使水的消耗量"比传统发电减少 95%"[8]。将水与化石燃料和核能发电脱钩，是解放地球水循环的一个转折点。

太阳能和风能发电的市场迅猛发展，解构了"水-化石燃料-核能发电"关系链，颠覆了发电行业。以化石燃料为基础的工业时代与全球地缘政治的崛起可谓齐头并进，各国加紧争夺水资源、化石燃料和铀的控制权，用以发电。2015 年，全球淡水用量和总用水量最高的四个国家分别是中国、美国、印度和俄罗斯。这四个国家都有强大的军事力量，与此紧密关联的地缘政治状况同样基于化石燃料的经济秩序。"水—化石燃料—核能发电"关系链的解体以及向太阳能和风能的社会转型，将世界从地缘政治时代带入生物圈时代。在这个生物圈时代，阳光普照，风吹八面，人类得以在他们居住和工作的地方利用太阳能和风能发电，并在日益扩张的全球能源网络上，跨越地区、大陆、海洋和时区共享这些能源。

要不是人类对自己与土地关系的观念发生了根本变化，获取水圈和岩石圈的资源，为以化石燃料为基础的工业文明提供动力以及形成"水—能源—粮食"关系链是不可能的。英国哲学家约翰·洛克提出了私有化岩石圈的哲学理念，后来被其他人采纳，并将私有化的论证扩展到水圈。他关于私有财产性质和作用的论点为资本主义的发展提供了理论基础。

在漫长的中世纪欧洲，财产的含义与我们今天所知的有所不同。教会认为，地球是上帝的造物，而上帝授予他的信徒使用他部分领地的权利，这种权利按照义务与责任的等级递降进行划分，从上帝在教会安排的使者，再到国王、贵族、骑士和农奴。在封建时代的欧洲，占有关系（proprietary relations）而非财产关系（property relations）决定了上帝的造物该如何被分享。当时，没有人拥有我们今天所认为的财产，他们只是看管着上帝委托他们看管的造物。那时，土地买卖并不常见，反而是一种反常现象。

到了 12 世纪，随着圈地法的出台，以占有关系为基础的欧洲封建秩序逐渐衰退。圈地法允许领主将土地私有化，并在新兴的土地市场中出售。这些都为市场经济中的现代私有财产关系概念奠定了基础。约翰·洛克在他 1690 年出版的《政府论》一书中，首次为一个以私有财产为基础重新组织的社会提供了哲学依据。他认为，私有财产应被视为一项不可剥夺的自然权利。他提到上帝对亚当的承诺，即亚当和他的所有后裔将统治地上的王国和其中居住的生物，以及地上的丰富果实，以此证明他的观点是正确的。洛克声称：

> 上帝将世界给予全人类所共有时，也命令人们要从事劳动，而人的贫乏处境也需要他从事劳动。上帝和人的理性指示他垦殖土地，这就是说，为了生活需要而改良土地，从而把属于他的东西，即劳动施加于土地之上。谁服从了上帝的命令对土地的任何部分加以开拓、耕耘和播种，他就在上面增加了原来属于他所有的某种东西，这种所有物是旁人无权要求的，如果加以夺取，就不能不造成损害。[9]

更令人不安的是，洛克还将围绕财产私有的争论推进一步，主张自然是无用之物，除非人类对其加以利用并将其划归有价值的财产之列：

> 一个人基于他的劳动把土地划归私用，并不减少而是增加了人类的共同积累。因为一英亩被圈用和耕种的土地所生产的供应人类生活的产品，比一英亩同样肥沃而共有人任其荒芜不治的土地要多收获十倍。……可见，将绝大部分的价值加在土地上的是劳动，没有劳动就几乎分文不值。[10]

洛克破坏了地球作为公共资源以及人类代代相传的共同看管地球的义务这一理念，用功利主义的概念取代，指出每个个体都有不可剥夺的权利，可将地球从一种生命力量转变为资源，并以此在市场上谋利。

洛克将地球重新定义为被动资源，等待转化为可以在市场上买卖的私有财产和财富。亚当·斯密和随后的大批经济学家承袭了这一观点，使得功利的利己主义成为进步时代的基本主题。斯密宣称：

> 每一个拥有资本的人，都在不断地为资本寻找最有利的用途。他的初衷，当然是获得自身利益，而不是为社会创造利益。但是，随着他对获得自身利益的深入研究，他必然会在主观和客观上都选择对社会最有利的用途……他在自身利益这只看不见的手的指导之下，不分场合地为达到一个并非他本意想要达到的目的而努力着……虽然商人的本意是追求自身利益，但他在追求自身利益的过程中，为社会带来了更多的利益。

洛克执着于改造土地并对其进行私有化、商品化以创造财富，这使他和他的同代人盲目地忽视了一个事实，那就是激活地球生命力的真正财富是水，而不是土地。没有水，光合作用是不可能发生的。洛克不知道的是：

> 光合作用发生时，植物从空气和土壤中吸收二氧化碳和水。在植物细胞内，水发生氧化，释放电子，而二氧化碳发生还原，获得电子。这将水转化为氧气，将二氧化碳转化为葡萄糖。然后，植物将氧气释放回空气，并将能量储存在葡萄糖分子中。[11]

但倘若没有大自然的基础资本——土壤，光合作用也是不可能发生的。没有土壤，就没有植被，也就没有光合作用。土壤是一种极其复杂的微环境。它的母体是岩石。岩石经过长时间的物理风化和水的自然侵蚀，分解成越来越小的颗粒，最终变成沙子和沉积物。地衣与沙子和沉积物混合，将其分解为更小的颗粒。真菌和细菌、穴居昆虫和动物也有助于将岩石分解成土壤。被分解的岩石中的矿物质就是土壤的基本成分。接着，植物在土壤中生长。动物食用植物，并将粪便贡献给土壤。蠕虫和细菌分解植物残渣和动物排泄物，为土壤的基础增添成分。平均来说，土壤样本中有 45% 的矿物质、25% 的水、25% 的空气和 5% 的有机物。仅在美国就有 7 万多种土壤。[12] 土壤中的矿物质通过食物链进入植物、动物体内，最终进入人类体内。

从人体内发现的岩石提取矿物质有钙、磷、钠、钾、硫、氯和镁。[13] 土壤是岩石圈的基础，它很可能是由水的力量形成的。在大气圈的诞生过程中，水也发挥了至关重要的作用。大气圈是地球上另一个重要的圈层，海洋浮游生物产生了地球上 50% 的氧气。[14] 科学家认为，在地球最初的 20 亿年里，大气中几乎没有氧气。"但在某个时刻，海洋微生物演化出了通过光合作用产生氧气的能力……于是地球经历了科学家所称的'大氧化事件'。"[15] 氧气升入大气中，自此陆地上和水域中的生命开始演化。

如今，在人类对地球的四大圈层——水圈、岩石圈、大气圈和生物圈——进行控制、商品化、财产化并大量消耗之后，这些调控生命的地球圈层正在反抗，这超出了我们阻挡它们甚至理解它们的卑微尝试……而水圈正在制定新的规则，这将决定地球生命未来是进化还是退化。

当人类开始充分理解水在地球其他主要圈层的演化中所起的作用时，就会发现洛克与斯密关于资本的幼稚观念，即资本是某种人造物，它赋予机械设备、知识产权和金融资产之类的东西以价值，促进了商品和服务的生产、交换和消费以及财富的积累，这是完全错误的。更确切地说，水是自组织并不断演化的地球生命的激活力量，是所有生命赖以繁荣发展不可或缺的媒介。

如果说资本主义体系试图商讨如何重新认识水在影响全球经济中的主导作用，其标志就是世界市场如何处理农业生产、商业和贸易中对水资源的利用。这一情况在最近几十年中逐渐浮出水面，同时引入了一个新术语"虚拟水"（virtual water）。这个术语由托尼·艾伦于

1993 年创造，他当时是英国伦敦国王学院的地理学教授。他讲述了自己提出这个术语的原因，以及关于水如何被使用的新发现所揭示的阴暗面，令人大开眼界。他的数据显示，资本主义体系与政府相互勾结，并与全球农业企业密切配合，耗尽了地球上剩余的淡水储备，并将此包装成可持续的用水实践。

艾伦说，他发明这个术语 [先前他称之为"隐含水"（embedded water）]，是为了解释"我们这种不可持续的'粮食–水资源'政治经济为什么存在"。[16] 虚拟水是一种用来计算在生产食物、纤维和能源中的总用水量的方法。虚拟水的概念源自所谓的"水足迹"，即生产出供任何特定国家居民消费的商品和服务所需水量的计算方法。水足迹可进一步分为生产出口到用户所在国的商品和服务所使用的本国水量，以及其他国家生产出口到用户所在国的商品和服务所使用的进口水量。[17]

生产一袋薯片需要约 185 升虚拟水。生产一杯咖啡需要 140 升虚拟水，用于种植、包装和运输咖啡豆。生产一磅黄油需要约 13635 升虚拟水。[18] 要完全了解水在多大范围和程度上决定着我们的饮食习惯，请思考这样一个事实：生产一颗杏仁需要约 12 升水。全球主要的杏仁产区位于加利福尼亚州中央谷地，其产量占全球杏仁产量的 80%。也就是说，加利福尼亚州的农业每年消耗的水量中有 10% 都用在中央谷地的杏树上了。这比洛杉矶和旧金山全部人口一年消耗的水量还要多。[19]

每个国家的水足迹都在不断地更新。例如，印度人口占全球人口的 17%，贡献了全球水足迹的 13%。相比之下，美国拥有最大的"人均"水足迹。[20] 虚拟水经常用于对比一种商品与另一种商品的生产所需水量。例如，生产一吨小麦需要消耗 1300 吨虚拟水，而生产一吨牛肉则需要 16000 吨虚拟水。[21] 要知道，供给牛的饲料干物质超过 50% 是小麦，这一对比就变得相当有意义。[22]

若从日常饮食习惯的角度来估算虚拟水，爱吃牛肉的人每天消耗的虚拟水高达 5000 升，而素食者每天只消耗 2500 升。[23] 大多数人认为每年消耗的大量淡水主要用于人类日常使用，如饮用、洗澡、烹饪、清洁等，但实际上，农业生产占全球用水量的 92%，工业使用了 4.4% 的淡水，日常家庭用水消耗是最低的，仅占每年淡水消耗量的 3.6%。[24]

　　既然农业在水资源的消耗上"一骑绝尘"，那么要改变，最好就从这里开始。说到虚拟水，一般指的是绿水，即雨水，它无法抽取，而是存储在土壤中被农作物和树木吸收；以及江河、溪流、湖泊和水库中的蓝水，可以被抽取并通过管道送到用户那里。艾伦做了区分，他认为被植物吸收并被农场动物消耗的水可能是绿水，也可能是蓝水，而饮用水始终是蓝水。"用于国际贸易的粮食中，20% 的粮食生产过程中所消耗水量的 80%"都是绿水。[25]

　　要了解虚拟水如何影响农业和地球上剩余的可用淡水，需要识别相关参与者，也就是说，要找出谁是处理者和供应者，谁是接收者。全球食品贸易极不平衡。美国、中国、印度、巴西、澳大利亚、阿根廷、加拿大、印度尼西亚、法国和德国这 10 个国家是通过农业贸易出口虚拟水的国家，其他国家则是虚拟水的进口国。[26] 虚拟水进口国的食品生产能力不足以满足其人口需求，通常是因为它们的地形和干旱半干旱的气候，而且随着气候变暖，它们的绿水正在减少。此外，它们拼命寻求足够的水资源供居民饮用、清洁，制造蒸汽来运行涡轮机、为工厂的运转供电，因此它们的淡水储备量正在急剧减少。

　　在淡水供应方面，强国和弱国之间的不均衡更为严重。事实上，全球性大型农业公司，如阿彻丹尼尔斯米德兰公司、嘉吉公司、路易达孚公司、邦吉公司，都是美国和法国的企业，它们主导着全球大部分农业生产和贸易。同时，10 家水务公司——永源能源公司、沙特国际电力和水务公司、美国水务公司、赛莱默公司、香港中华煤气公司、苏伊士集团、基本公用事业公司、联合公用事业公司、水环纯集团和巴西圣保罗水务公司控制着全球大部分的水务商业和贸易。[27]

在全球农产品贸易方面，虚拟水的计算变得尤为冒险且多有争议。面临淡水供应不断减少的粮食进口国不愿意种植粮食，因为这可能导致日常饮用和清洁卫生用水的短缺，它们更愿意从少数几个主要的粮食出口国进口粮食。这本质上就是通过进口虚拟水来养活它们的人民，这里的虚拟水即出口国用于生产运往进口国的粮食的实际用水量。实际上，进口粮食比国内生产更便宜，这为更重要的人类公共服务节省了宝贵的水资源。

神奇的把戏上演了。少数几个出口大国之所以能够向 160 个缺水国家销售更便宜的食物，正是因为农场和全球性大型农业企业得到了其政府的大力补贴，这使它们在全球市场上蓬勃发展，同时减少了本国的剩余淡水储备。以美国为例。美国大多数选民未必了解美国政府在玩什么把戏，但美国政府对整个农业部门的资助规模肯定能惊掉消费者的下巴。2020 年，美国政府对农场的援助高达 465 亿美元，占农场净收入的 39%，令人难以置信。[28]

这一巨额补贴，或称"赠与"，允许农民从曾经水量充足的美国湖泊、江河、溪流、含水层和水库中抽取越来越多的储存水，导致它们几近干涸，威胁到国家水资源安全。与此同时，大型跨国农业公司和为它们服务的农民向世界上缺水的国家销售廉价的粮食。这意味着"粮食出口经济体既不为粮食生产中消耗的水资源收费，也不为损害生态系统和生物多样性的成本收费。然而，进口主要粮食，如小麦，最大的吸引力在于主要粮食进口国支付的粮食商品价格根本不能反映农业生产的全部成本"。[29]实际上，出口国对粮食的价格进行了补贴。

现在，该付出代价了。例如美国，算总账的时候到了。这预示着整个北美大陆地下水的潜在消亡，威胁着这个全球最富有国家的生存能力。2023 年 8 月 28 日，《纽约时报》的一个调查小组发布了一项北美大陆当前地下水资源状况的大规模研究。调查人员监测了自 1920 年以来的 84544 口井，发现其中半数水井水位"在过去的 40 年中显著下降，因为被抽取的水量超过了大自然的补给速度。[30] 在过去 10 年里，每 10 口水井中就有 4 口水位"创下有史以来的最低水平"。《纽约时报》报道：

> 为美国的 90% 的水处理系统供水的含水层，将美国大片土地变成世界上最肥沃的农田之一，但现在正面临着严重枯竭。这一趋势正在对美国经济和社会造成不可逆转的伤害。[31]

全美各地的农场以极低的成本抽取地下水用于灌溉，并且获得政府的各种补贴。更重要的是，这些补贴是对大型农业公司的巨额资助，这些公司将粮食出售给水资源较少的国家，同时消耗着美国的地下水储备。

《纽约时报》的调查小组警告说：

> 在美国的大部分地区，这一孕育生命的资源正在被耗尽，在多数情况下，这些资源无法恢复。大型工业化农场和不断扩张的城市正在耗尽含水层的水资源，而这些含水层可能需要几百年甚至几千年才能重新补足水量，假如能恢复的话。[32]

这些主要出口国政府的半隐性补贴使农民非常满意，跨国大型农业公司也赚得盆满钵满。世界自然基金会的一项新研究估计，全球水资源的量化总使用价值是 58 万亿美元，相当于 2021 年全球 GDP 的 60%。[33] 前面提到过，全球 70% 的淡水资源用于农业。然而，美国的消费者在采购日用杂货方面仍保持相对乐观的态度，至少在最近的螺旋式通货膨胀（在某种程度上是由俄乌冲突和油价飞涨引起的）出现之前是这样。这场大戏中不可更改的情节是，当美国和其他出口大国的把戏被反噬，摊牌就在眼前，而它们所面临的水资源日益枯竭问题早已不可收拾。

尽管没有人会否认衡量水足迹和隐含在每种经济活动中的虚拟水的价值，但遗憾的是，很少有人讨论在出口国和进口国改变人们饮食结构的必要性，即从高虚拟水含量的饮食，尤其是与牛肉相关的食物以及以其他肉类为基础的食物，转向以多种多样的植物为基础的饮食文化。有数十种耐旱蔬菜的蛋白质和维生素很高，它们不需要多少水就可以茁壮成长，包括芦笋、大黄、豆角、君达菜、南瓜、芝麻菜和秋葵。[34] 耐旱水果包括苹果、石榴、桑葚、葡萄、无花果、黑莓、杏子和李子。[35]

言外之意显然是，虚拟水的主要出口国正在迅速耗尽它们的水资源，其中甚至包括巴西，气候变化引起亚马孙地区干旱，导致水力发电站定期关停。这些国家需要掉头转向，远离肉类及牲畜谷物饲料的生产。目前，全球 55% 的农作物热量直接供予人类食用，36% 用于牲畜，9% 用作生物燃料。[36] 或许，用虚拟水来衡量各种食物生产使用的水量的真正优点在于，它可以鼓励人类改变饮食习惯，从以肉为主的膳食结构转向以蔬菜和水果为基础、具有更高营养价值的膳食结构，在确保人类过得更健康的同时，起到保护水资源的作用——而且最好这些信息都能标记在所有食品的商品标签上。[37]

摒弃资本主义

随着我们更深入地进入地球演化的下一阶段，我们对这颗蓝色水星球生命力的全新理解正带领着我们从资本主义转向水本主义。资本主义推崇增长，而水本主义追求繁荣；资本主义追求生产力，而水本主义激发再生力；资本主义将大自然视作"被动资源"，而水本主义与此相反，它将大自然视作"生命之源"；资本主义产生负外部效应，而水本主义促进循环；资本主义通过 GDP 衡量经济表现，而水本主义通过生活质量指标（QLI）来衡量幸福；资本主义重点发展全球化，而水本主义寻求全球本土化；资本主义追求地缘政治，而水本主义专注于生物圈政治；资本主义与民族国家主权密切相关，而水本主义更像是生物圈治理的部分延伸；资本主义在市场中繁荣，而水本主义在网络中发展；资本主义参与零和游戏，而水本主义相反，它引发网络效应。资本主义由化石燃料与核能驱动，而水本主义依赖边际成本几乎为零的太阳能与风能来推动经济发展。

更深层的问题是，是什么导致了如此截然相反的两种构想和组织经济活动方式？这是因为，资本主义仿照牛顿物理学模型运转，而水本主义借鉴了热力学定律，这改变了经济学的思考方式。新古典主义和新自由主义经济理论与实践，通过无时间性的牛顿定律得出它们的运转设想，并在很大程度上忽略了所有经济活动的时间性，而这些经济活动的外部效应会给地球动态圈层——水圈、岩石圈、大气圈和生物圈——的模式、过程和流动留下印记，不管这些印记有多细微，都会波及遥远的未来。然而，新一代生态经济学家的所有经济设想和可交付成果都遵循热力学第一和第二定律以及熵轨迹所设定的路径。所谓熵轨迹，就是伴随我们与自然的每一次能量交换——每一次都会对蓝色水星球未来所有事件造成影响——而来的熵增。

资本主义采取理性、超然和功利主义的科学探究方法，而水本主义利用复杂适应性社会-生态系统建模（CASES）研究所有具有亲生命意识的自然现象，以期理解水圈、岩石圈、大气圈和生物圈之间的关系和协同作用，以及自然界的生命演化。

CASES 将社会带入了一个全新的科学领域，这种方式与传统的培根式科学探索方法有所不同，后者与资本主义和进步时代有着千丝万缕的联系。弗朗西斯·培根被视为现代科学的奠基人，他对科学探究的观点成为启蒙运动时期的蓝图。他初创了归纳和演绎推理法，用以窥探大自然的奥秘，其唯一目的是增加人类的财富。培根法追求自然的客观性、独立性、可预测性和先发性，以此作为人类能动性的必要条件。这种实用性规程后来成为现代"管理"自然世界的首选，也是资本主义理论和实践的有力工具。

相比之下，CASES 将自然视作"开放的动态系统，通过信息与能量的交换不断自我组织其结构配置"[38]。如果说有一种定义新科学的方法，那就是复杂适应性系统，它能在一个生机盎然并不断演化的星球上响应新的过程、模式和流动，这就是所谓的"涌现"（emergence）。

CASES 科学探究未能达到现代科学迄今追求的那种可预测性，这是有充分理由的。任何试图对这个生机盎然并不断演化的星球建立边界的尝试都忽略了一个要点，即所有自组织系统都是某种模式中的模式，分散在时间、空间和地球上运转的圈层内，并且微妙而深远地彼此影响，这种影响几乎无法预见。运用 CASES 研究思维最深刻的一课，是放弃对"预测"和"先发"的痴迷，而优先考虑"期望"与"适应"。

有趣的是，早在 19 世纪末和 20 世纪初，实用主义科学先驱约翰·杜威、查尔斯·桑德斯·皮尔斯、威廉·詹姆斯和乔治·赫伯特·米德就已预见到今天科学探究的这种革命性转变。他们对科学研究的归纳和演绎推理框架不满，认为这种框架崇尚先发性和功利主义，牺牲了对自然丰富性的探索。实用主义科学家提出了"推理科学研究"的概念，推崇有意识地、深刻地参与自然探究，也就是说，倾听和迎接自然的呼唤，适应水圈、岩石圈、大气圈、生物圈分秒不停的演化。他们的科学理念是与一个生机盎然的地球不断融合，而不是捆住、平息和预防自然界的演化。

CASES 与资本主义对待自然的方式不一样。在前者的框架中，对自然的"管理"要让位于对自然的"看管"，水圈成为最主要的圈层，它与岩石圈、大气圈和生物圈之间复杂的相互作用决定了我们这个蓝色水星球演化的方向，并最终决定我们的经济生活。这将是人类从资本主义转向水本主义的关键转折点。

CASES 是复杂性理论的早期雏形。20 世纪下半叶，复杂性理论在许多学科中得到应用。它的先锋引领者包括诺贝尔化学奖得主伊利亚·普里高津及爱德华·诺顿·洛伦茨。普里高金的非平衡态热力学耗散结构研究帮助推广了复杂性理论，而洛伦茨以其对气象系统和非线性因果律的研究而闻名，他最为人所知的观点是"蝴蝶效应"。

虽然复杂性理论在科学界是新的，但在启蒙运动时期、进步时代和现代资本主义以前，追溯到远古有历史记载的时候，人类就已采用简化的复杂性理论和实践，用于看管共享生态系统中的公地。

前面提到过，埃莉诺·奥斯特罗姆揭示了远古公地治理模式掩埋已久的历史，她与其他研究者复原了人类在漫长的历史中反复使用的传统复杂性实践。她的研究成果与其他人关于多中心治理系统的研究是新兴的 CASES 科学的分支，这些科学研究正在改变我们所有的传统科学探究和实践理念。

公地治理模式对经济活动的处理与资本主义大相径庭。后者并没有考虑经济活动的短期市场收益所带来的巨大负外部效应，给我们未来几千年的子孙后代留下了一个贫瘠的地球。看看全球碳排放导致气候变暖而产生的熵债，这些数字简直触目惊心。美国国家经济研究局在一篇发表于 2023 年 9 月的论文中，一群杰出的科学家和经济学家估计，"到 2100 年，光是美国过去的排放所导致的损害成本就可能超过 100 万亿美元，而未来的排放只会让这个数字越来越大"。[39]

资本主义和水本主义之间的这场斗争正逐渐浮出水面。水文循环

蓝色水星球

快速演化，正在摧毁我们习以为常用以组织经济生活的所有标准。然而，资本主义体系并未直面这个新的现实，适应这种快速演化的水文循环，而是采取了防御战术，试图保住其剩余的资本投入。这一战术越来越受欢迎，它消除了市场上由气候变化带来的累积负外部效应，从某种意义上来说，所谓的减少损失，其实只是缩小了市场的竞争环境。

有一个风头正劲的新术语叫"蓝线"（bluelining）。这个词让人想起了美国的银行、保险公司和地方政府针对以黑人和其他有色人种为主的贫困社区实施的"红线政策"（redlining），即一种拒绝为这些社区提供贷款、投资服务特别是住房抵押贷款的手段。银行和保险公司划定气候灾害高风险区，拒绝为这些地区的居民和企业提供保险，"蓝线"一词便瞬间在美国传开。似曾相识，蓝线也是出现在以黑人、西班牙裔和其他有色人种为主的低收入社区中。[40]

尽管数百万美国人正面临着财产和生命损失、生态系统崩溃及野生动物灭绝等更为巨大的破坏——这一切都是由"水–能源"关系链断裂引起的，但是，由于美国相关的规范、规章和标准长期不变，解放水域、让生态系统再野化并以亲生命的方式演化，可谓阻碍重重。要知道，美国政府的国家洪水保险计划（NFIP）通常只核批洪泛平原和沿海水域附近建筑的现场修复和重建。这就意味着在该保险计划的支持下，这些建筑物会反复遭受洪灾并得到修复。1989—2018 年，超过 220 亿美元保险赔款被支付给了 229000 处"反复因洪灾而产生损失的物业"。[41]

将国家洪水保险反复用于重建同一批高风险受灾区毫无意义。有研究预测，气候灾害会在这些社区继续演变和加速，而多达 1.62 亿美国人，即全美人口的一半，可能会经历由此带来的环境恶化，9300 万美国人将面临严重的气候影响。[42] 在一个以资本为导向的社会中，画蓝线是一种评估风险并产生所谓财富的方式；而一个公地治理的社会中，最佳方案是遵循水域的引导，在其再野化的旅程中不断适应这个星球的再定向，同时寻求生命繁荣的新途径。

尽管关于如何应对气候变化的讨论不绝于耳，但政府、市场和公民社会尚未认识到，世界各地水域的解放意味着什么。举几个例子，看看水循环在变暖的地球上如何转变。以美国密西西比州首府杰克逊市为例，2022年夏末，该市城区与郊区的大暴雨导致大范围洪灾。老化的水处理厂和水利基础设施严重受损，整个系统陷入瘫痪，15万居民无法获得饮用水。[43] 市政府官员称，可能需要数月甚至数年才能彻底修复并重新上线水处理系统。几周前，肯塔基州东部的2.5万居民遭受了致命的洪灾，洪水摧毁社区，破坏老化的水管，人们孤立无援，看不到恢复的希望。[44] 与此同时，得克萨斯州遭受了创纪录的热浪和干旱袭击，当地水务部门毫无预案，龟裂的土壤导致供水主管道破裂。而此前的一场冬季风暴冻住了水管，导致成千上万根水管破裂。[45]

杰克逊市一位市议员总结了他所代表的社区以及世界各地社区面临的问题，他表示对"美国的防洪措施以及现有的极端陈旧的系统"感到失望。[46] 同样的悲叹在成千上万个社区中回荡。亚利桑那州立大学土木环境与可持续工程学教授米哈伊尔·切斯特发出了严厉警告，他指出，"比起我们改变基础设施的速度，气候变化发生得实在是太快了"，[47] 而且人类尚未就此达成共识。

然而，崩溃的不只是世界各地的水利基础设施。在世界级大城市、郊区、小城镇和农村，陈旧的20世纪基础设施的每个部分都在成为气候变化下水循环的目标，解放其水域，并摧毁所有现代的基础设施。水圈的肆虐不仅仅带来了宏观层面上的影响，它在我们的生活和工作的微观层面也产生了无处不在的影响，这使得目前的情况令人细思极恐。

2022年8月的最后一周，美国第六大城市费城的公立学校迎来新学年。由于持续高温，学校大多数教室又都没有空调，数万名学生刚到学校就被送回了家。[48] 费城学区超过 60% 的学校建筑没有安装足够多的空调。[49] 问题是，这些建筑的平均楼龄已高达 75 岁，大多数建筑的电力系统无法支持中央空调。[50] 费城市政府官员表示，因有数十亿美元的资金短缺，解决这个问题变得很棘手。就算克服了资金短缺的问题，翻新该市老化基础设施的任务也极其艰巨，最快恐怕也要到 2027 年才能完成。[51] 还有一个问题，即便赶上了今天的气候变化——在这个案例中是让孩子们能在 32.2 摄氏度高温下去上学——可能也无济于事，因为气候变化记录显示，在未来数年到数十年中，正常气温可能会达到 35 摄氏度甚至 40.6 摄氏度。费城学区和其他学区无法应对不断升高的气温，可能会被迫在秋季新学年延后几天甚至几周开学，甚至可能在次年 6 月初或 5 月底就提前结束学年，如此一来，学生受教育的时间也就减少了。

然而，美国和其他国家几乎没有公职人员哪怕只是提起城市、郊区和农村社区面临的问题——严寒的冬季、创纪录的暴风雪、千年一遇的春季洪灾，夏季的漫长干旱、热浪和野火以及秋季威力巨大的飓风，在未来几十年，可能都需要重新考虑民众的生活方式和居住地点。没有人愿意谈论，未来几十年可能有数亿人甚至数十亿人需要迁往气候较为温和的地区，而即便如此，可能也只是暂时的，因为日益减少的全球人口，正在寻找剩下的安全避难所。

这就是人类面临的问题，也是人类需要承担的责任。水域正在解放，人类必须学会适应它，放弃继续让自然适应人类的幼稚幻想。大自然已敲响警钟，要求我们在时间和空间意义上改变自己的定位。这种改变，人类有史以来仅经历过一次，那是从更新世最后一次冰期到 11000 年前的温和气候时期。

第二部分

矿井中的金丝雀：
变迁中的地中海生态区

第五章
地中海的濒死与重生

如果说人类在过去 6000 年的历史旅程中有什么明显的发展轨迹，那这条轨迹肯定随水利文明的兴衰而起落。水利文明的兴衰史是典型的正态分布。如前文所述，文明的起源可以追溯到 6000 年前的安纳托利亚山脉（今土耳其）——影响深远的幼发拉底河与底格里斯河的源头。这两条伟大的河流是世界上最早被驯化、拦蓄、改造和利用的河流，它们灌溉了肥沃土地并产出了大量剩余谷物（主要是小麦和大麦），流域涵盖现在的土耳其、叙利亚、伊拉克和伊朗。这两条河流是人类文明的重要发源地之一，而这两条河流将在接下来的几十年内干涸——现在还是婴幼儿的这群人可能在有生之年见证这一切。正是在这里，第一个大规模城市水利文明平地而起，为水利文明的持续发展以及人类在地球上的崛起奠定了基础，如今它正在导致地球生命的大规模灭绝。

第一个有记载的城市文明被称为"美索不达米亚"，这个名字源自希腊语，意指"两河之间的土地"。[1] 在这里，村庄首次演变成城市，人口规模达到 40000~50000。[2] 美索不达米亚孕育了一些早期的伟大文明，包括苏美尔文明、阿卡德王国、古巴比伦王国和亚述帝国。两河流域一度供养了超过 2000 万人口。[3]

这些水利文明与随后的埃及、古印度的印度河流域、中国的黄河流域、希腊克里特岛、罗马帝国、东南亚的高棉文明，以及位于今天墨西哥南部、危地马拉和伯利兹北部的玛雅文明和南美洲西部的印加帝国都经历了类似的正态曲线。有的因气候变化而衰落，有的因游牧部落入侵而衰落，还有的是因为日益高筑的熵债而衰落。人类学家和历史学家花费了大量时间研究前两种原因，而对必然与水利基础设施并存的熵债的研究则少得多。

地中海地区、古印度和中国的水利帝国引发了人类意识的巨大飞跃和世界主义思想的萌芽。但最终，它们都无法逃脱热力学第二定律。对水利文明兴衰史的大量研究表明，虽然有许多原因可以解释它们的最终衰亡，但为首的就是由土壤盐分和泥沙沉积变化带来的熵债。

在美索不达米亚，泥沙被河流和灌溉用水带到内陆。灌溉用水中含有钙、镁和钠。随着水分的蒸发，钙和镁沉淀为碳酸盐，钠则留在土壤中。如果没有被冲刷到地下含水层，钠离子会被胶质黏土颗粒吸收，土壤就会变得不透水。高浓度的盐会拖慢植物的萌芽过程，阻碍植物吸收水分和营养物质。[4]

例如，公元前 2400 年至公元前 1700 年，伊拉克南部经历了严重的土壤盐渍化问题；公元前 1300 年至公元前 900 年，伊拉克中部也经历了类似的危机。土地盐分增高迫使人们从种植小麦转向种植更耐盐的大麦。公元前 3500 年，小麦和大麦的产量大致相等。然而在不到 1000 年的时间里，耐盐性较差的小麦产量暴跌，仅占农业产出的不到 1/6。到公元前 2100 年，小麦产量仅占同一地区农作物产量的 2%。而到公元前 1700 年，伊拉克南部冲积平原已经停止种植小麦。[5]

土壤盐渍化还导致土地肥力下降。例如，公元前 2400 年，吉尔苏城的平均农业产量是每公顷 2537 升，到公元前 2100 年，这一数字下降到每公顷 1460 升。到公元前 1700 年，吉尔苏城附近的拉尔萨城的平均农业产量已降至每公顷仅 897 升。[6] 土壤盐渍化对那些依赖过剩的农产品维持生活的城市来说具有毁灭性的影响。苏美尔城邦卷入政治和经济动荡，导致许多复杂的基础设施失修甚至损毁，同时人口锐减。[7] 正是这些水利基础设施曾大大增加引水量，使苏美尔人得以建立世界上第一个伟大的城市文明，建立起一种原始世界主义，并推动人类自我意识的发展。但它们也对生态系统带来了同样大的熵债，抵消了先前带来的收益，使得城市水利文明的早期实践和周围环境都陷入失败和贫瘠。芝加哥大学东方研究所的托基尔·雅各布森和罗伯特·亚当斯在半个多世纪前发表于《科学》期刊的研究中有一个结论：

> 可能没有单一的说法能充分解释规模如此宏大的历史事件，但毋庸置疑的是，日益严重的土壤盐渍化在苏美尔文明的瓦解中起到了重要作用。[8]

日益严重的土壤盐渍化导致 4000 年前印度河流域大规模农作物歉收以及严重的熵增。[9] 同样，考古学家发现土壤盐渍化致使中美洲古代玛雅文明遭遇了一场灾难性的农作物歉收危机，最终迫使他们放弃土地。[10] 纵观历史，土壤盐渍化和熵增一直是复杂水利文明衰落和崩溃的原因，这再次证明了不断增加的能量吞吐量与熵增之间存在必然的关系。[11]

复杂的水利文明伴随着两个看似截然不同的现象：在越来越复杂的城市环境中，同理心增强，熵增。因此，同理心和熵都与复杂水利文明并行演变，这引发了一个人类学家、历史学家和哲学家都未曾探讨过的悖论。

我第一次接触到这个悖论是在 2003—2010 年，当时我正专注研究同理心在人类发展过程中所起的作用。在此之前的 30 年里，我在几本书中写过关于同理心的内容，但从未深入研究过。这一次，我决定仔细探讨同理心的演变——它在人类学和历史上的发展，以及它对社会其他重要方面的影响，包括对我们的家庭和社交生活、经济生活、治理模式和世界观的影响。研究进行到一定程度时，我意识到了这个悖论，它令我震惊。以下是我发现并写在《同理心文明》①一书中的内容：

> 人类历史的核心就是同理心与熵的矛盾关系。纵观历史，新的能源机制总是与新的通信革命汇集在一起，并催生出更加复杂的社会。那些技术比较发达的文明又汇集了更加多元化的人群，强化了人们的同理心，拓展了人类意识的范畴，但这些复杂的环境需要加大能源利用力度，加速了资源的枯竭。
>
> 具有讽刺意味的是，正是得益于地球能源及其他资源的消耗，人类同理心意识的日益强化才具有了现实可能性，但这会导致地球的健康状况严重恶化。
>
> 现在，在一个能源消耗严重、高度互联互通的世界中，全球性的同理心正在形成，而由此引发的熵的账单也越来越大，可能导致灾难性的气候变化，并危及我们的生存。未来，能否解决同理心与熵之间的矛盾是关乎人类能否在地球上生存与繁荣发展的一个至关重要的挑战，需要彻底反思我们的哲学、经济与社会模式。[12]

破解"同理心–熵"悖论的关键在于一次伟大的重启行动。6000年来，我们一直要求自然适应我们的独特需求，现在我们需要掉转方向，去适应地球接纳生命的过程和模式，重新投入自然的怀抱。这就是亲生命意识的核心。我们缺少的不是方法，而是意愿。希望注入亲

---

① 该书简体中文版已于 2015 年 10 月由中信出版集团出版。——编者注

生命意识的年青一代能奋勇向前。今天，水利基础设施正在崩溃，但这不仅仅是出于热力学上的原因，尽管土壤盐渍化使土地不透水是一个与所有水利基础设施并行的永恒问题；还因为地球变暖，它正在耗尽地球的江河、湖泊和溪流，留下处处干涸的河床。根据联合国政府间气候变化专门委员会（IPCC）于2021年发布的报告，地球上一次比现在更温暖是在125000年前。[13]

世界气象组织（WMO）发布的《2022年气候服务状况》报告，用数字告诫我们，我们的星球已经朝急剧变暖的方向迈进了许久。[14]世界气象组织重点关注全球变暖对各地水利基础设施的影响，因为这些水利基础设施对发电至关重要。他们发现，与气候变化相关的干旱和热浪"已经使现有的能源生产承受了压力"。以下是这份报告的概要：

> 2020年，全球来自热力、核能和水力发电系统的电力有87%直接依赖于水资源供应。与此同时，在依赖淡水进行冷却的热电厂中，有33%位于已经面临高缺水压力的地区。现有的核电站中，这一比例达到15%，预计在未来20年内将升高到25%。11%的水力发电也位于面临高缺水压力的地区。约26%的已建水电大坝和23%的规划大坝所在的流域，目前存在中至极高风险的水资源短缺。[15]

2023年9月13日，一场大洪水降临利比亚，瞬间击垮了德尔纳河上的两座水坝，洪水卷走了数千人的生命。这一悲剧事件是一个警示，未来几十年这种情况可能会愈演愈烈。仅在印度和中国，就有28000座坝龄超过75年且容易垮塌的大坝，威胁着28亿人的生命。如果认为美国大坝的建设和维护工作做得更好，在垮塌之前有更多缓冲时间，那就大错特错了。美国大坝的平均寿命也已超过65年，据估计，"有2200座大坝面临着高溃坝风险"[16]。在接下来的75年内，再野化的水圈将冲击全球所有的水利基础设施，使城市和地区面临被洪水完全冲毁的风险。

针对这份报告，世界气象组织首席科学家警告："我们的时间不多了，气候就在我们眼前发生变化。"他补充说，鉴于世界各地湖泊和江河日益枯竭，我们需要"进行全球能源体系的彻底转型"。[17]

每个国家都需要对其"水-能源-粮食"关系链进行艰巨的转型，从使用化石燃料和核能转向使用太阳能、风能和其他可再生能源，同时从种植耗水量巨大的出口型经济作物（玉米、小麦、水稻、大麦、燕麦、黑麦等），转向种植耗水量少的作物（土豆、山药、胡萝卜、木薯、甜菜根等根茎作物），以供国内消费和出口。此外，每个国家都必须停止依赖日趋枯竭的湖泊水和江河水，转而在民众生活的地方使用高度分布式的集水方法，包括用"海绵体"收集雨水和用分布式蓄水池、微水网滞留雨水，以及复苏那些已长期干涸的河流、溪流、含水层和湿地。

基础设施从进步导向到韧性导向的过渡已经启动，并且开始扩大规模，地中海国家有机会作为先锋，推动即将到来的韧性时代。地中海生态系统很可能会成为一次试水，它将告诉我们人类和其他生物能否或者在多大程度上能够在一个再野化的星球上重获新生、继续生存和繁荣发展。[18]要从一个垂死的水利文明成功过渡到一个具有韧性的生态驱动型社会，取决于我们能否重塑"水-能源-粮食"关系链。这种重塑的特征已经融入地中海地区和其他地方。

零水日：当各国水资源枯竭时

世界气象组织的报告告诉我们，许多水利基础设施正在迅速变成搁浅资产，因为供给这些设施、支撑社会大部分发电需求、灌溉农田以及为我们提供饮用水的水源正在枯竭。有意思的是，在这一场全球变暖和水资源枯竭的混乱中，水利文明的摇篮——地中海——在全球所有地区中脱颖而出，在历经 6000 年的辉煌之后成了"矿井中的金丝雀"①。最早在 21 世纪下半叶，由于江河与湖泊干涸，地中海大部分区域将面临无法居住的风险，这标志着该地区漫长的水利文明历史开始步入终结。其他水利文明社会也面临着同样的命运。气候科学家如今将目光聚焦在地中海地区，这是有充分理由的。今天发生在那里的事，终将发生在其他地区，将全人类推入危机。

　　首先，从历史上看，地中海地区的气候特点是夏季干燥炎热、长期干旱，冬季清凉潮湿、有强风和强降水。而如今，气候科学家警告我们，面对全球温室气体排放导致的气温升高，共享着地中海生态系统的数亿人口所面临的风险比地球上其他人口都要高。[19] 以下这些统计数字简直骇人听闻。地中海地区的升温速度比全球整体快 20%。[20] 该地区的生态区域在冬季（雨季）将减少 40% 的降水，而到 2050 年，夏季（4 月到 9 月）降水将减少 20%，一年中将有 6 个月处于干旱状态。[21] 届时，其流域面积预计将减少 25%。[22] 一系列新的研究和报告警告称，地中海地区显示出"地球上预期降雨量的最大跌幅"[23]。

　　最近的一些报告拉响了警报，尤其是在土耳其、叙利亚、伊朗和伊拉克，这几个国家共享着底格里斯河与幼发拉底河的水资源。研究显示，在过去的 40 年中，两河水量已经减少了 40%。[24] 据联合国政府间气候变化专门委员会预测，在未来数年内，底格里斯河水量还将减少 29%，幼发拉底河将减少 73%。[25] 这些预测数据甚至还在逐年增高。

　　新的研究表明，到 2050 年，土耳其夏季的温度可能会长时间超

---

① "矿井中的金丝雀"指危险的先兆。金丝雀对一氧化碳等有毒气体非常敏感，从 19 世纪末起，一些矿井将金丝雀用作井下有毒气体的探测工具，以防气体中毒。——译者注

过 40 摄氏度。[26] 而且，目前土耳其有 60% 的陆地已经属于容易发生荒漠化的地区。[27] 尽管气候变化是一个关键因素，但必须认识到，土耳其已经在过去 100 年的开发中失去了一半的湿地面积。[28] 在土耳其发生的事，影响的不仅仅是土耳其。叙利亚、伊拉克、伊朗，甚至科威特，都共享着底格里斯河与幼发拉底河。伊拉克 98% 的地表水都依赖幼发拉底河与底格里斯河，而该国年平均气温上升速度"几乎是地球升温速度的两倍"。[29]

过去一个世纪，地球的升温幅度为 1.3 摄氏度，而伊拉克的升温幅度为 2.5 摄氏度，远远超过了临界点。伊拉克水务部于 2021 年 12 月发布的一份报告警告称，到 2040 年，流经伊拉克境内的幼发拉底河可能会干涸，到时伊拉克将失去水源。伊拉克的媒体头条纷纷警告，"到 2040 年，伊拉克将成为一片没有河流的土地"。[30]

气候变化问题显而易见，同时还有其他地缘政治力量在发挥作用，尤其邻国土耳其还在疯狂修建大量新水坝，进一步减少了两河流入伊拉克、叙利亚和伊朗的水量。土耳其正在建造庞大的水利基础设施，意图将幼发拉底河与底格里斯河的剩余水流拦蓄在其国境内。土耳其沿着幼发拉底河与底格里斯河建造了至少 19 座新水坝，另有三座水坝正在规划中。[31]

与此同时，伊拉克水务部于 2020 年发布的一份报告得出结论，到 2035 年，水资源短缺将导致该国粮食减产 20%。[32] 联合国将伊拉克列为世界上应对气候变化排名第五的"脆弱国家"，该地区的援助组织警告称，"短期内，数百万伊拉克人和叙利亚人将无法获得水资源、食物和电力，这将引发一场规模巨大的难民危机"。[33]

越来越确定的是，由于幼发拉底河与底格里斯河水流枯竭，曾经的水利文明摇篮——地中海地区正在崩溃。2022 年，一项令人毛骨悚然的考古发现浮出水面。当时，德国和库尔德地区的考古学家宣布，他们在伊拉克发现了一座长期被淹没的古城。因为该地区长期干旱，"为了防止庄稼干枯"，人们从一座由底格里斯河供水的水库中抽取了大量的水，导致该古城重现于世。考古学家们都知道这座被淹没的城市，但是他们从未有机会对其进行全面的调查研究。新的发现中有"一座有墙体和塔楼的大规模防御工事、一座宏伟的多层仓储建筑和产业综合体"。这座古城可追溯到公元前1550年至公元前1350年之间，它被认为是古代美索不达米亚文明的米坦尼王国"大型城市建筑群"遗址的一部分。[34]

也许有人会认为，在地中海地区的所有国家当中，土耳其令人艳羡地掌控着幼发拉底河与底格里斯河的上游，因此该国遭遇水资源短缺的风险较小。情况并非如此。关于土耳其的高温状况有多严重，我们来看看巴里斯·卡拉皮纳尔怎么说。卡拉皮纳尔是伦敦政治经济学院气候变化政策教授、联合国政府间气候变化专门委员会第五次评估报告的主要作者之一，他表示，到2100年，土耳其的气温可能"比1950年的气温水平高出7摄氏度"，远远超出《巴黎协定》中的目标，即将全球升温控制在1.5摄氏度或更低。卡拉皮纳尔表示，这样的大幅升温"将使大部分地中海地区变成地狱，其中一些区域将完全不适合人类居住"。[35]

土耳其水资源的枯竭不仅仅因为运气不好。自20世纪80年代以来，土耳其的农业政策就一直鼓励发展经济作物。这些经济作物产量较高，并且使土耳其成为全球第七大农产品生产国和主要出口国，但这类作物需要消耗大量的水资源。种植玉米、甜菜和棉花在世界市场上有利可图，但不幸的是，其消耗的水量却是土耳其年均降雨量的3~4倍之多。这样做的后果是，尽管土耳其拥有庞大的农业产业，但"它吞噬了该国淡水用量的75%"，专家警告这种用水强度是不可持续的。伊斯坦布尔大学土地利用研究员多加奈·托卢纳伊指出，这些高耗水作物的耗水量在10年内增加了1/3，这是经济政策失败的一个明显例子。[36]

面对日益减少的灌溉水供给，许多农民非法凿井，利用起逐渐减少的地下水，导致用于补给湖泊、江河和湿地的水减少，进而又导致可用于灌溉和人类使用的地表水减少。

雪上加霜的是，土耳其古老的灌溉技术依靠明渠和高架运河将水输送到农田，这种方式会导致"35%~60%的蒸发、渗流和泄漏损失"[37]。此外，还有发电的问题。耶鲁大学环境学院对这个难题做了总结：

> 土耳其广泛使用的水力发电正在耗竭水资源。作为世界上第九大水电能源生产国，土耳其几乎在国内每一条河流上都修建了大坝，其中包括标志性的底格里斯河与幼发拉底河。虽然水电是可再生能源，但它会使含水层干涸，并且造成大坝下游水资源匮乏。此外，水库每秒都会因蒸发损失数千升水。[38]

土耳其并非不知道在其境内筑坝拦蓄幼发拉底河与底格里斯河的每一滴水的后果。在土耳其，和在地缘政治世界的其他地区一样，这始终是一个关于环境资产的问题。毕竟幼发拉底河与底格里斯河的源头就位于土耳其境内，该国越来越关注控制这些日益减少的宝贵资产，以确保经济发展，稳定政治局势。

与土耳其类似，伊朗也已经大规模部署541座大大小小的水坝，大多数是沿着幼发拉底河与底格里斯河的支流修建的，另有340座水坝正在规划。[39] 新的水坝将把两河在伊朗境内的剩余水资源拦蓄起来，至少在一段时间内能延缓幼发拉底河与底格里斯河水源枯竭的进程，但希望越来越渺茫。

随后的几十年里，土耳其和伊朗大规模的水坝建设和相应的水利基础设施颠覆了数十万人的生活方式，许多人被迫迁居。仅在土耳其，许多人被迫从农村地区迁往三个主要城市，尤其是伊斯坦布尔。

有些人找到了新的机会，有些人只能干一些苦差事，甚至一连几代人都只能靠公共救济金生活。

今天，土耳其是世界上收容难民最多的国家，约有 400 万人，主要来自叙利亚以及其他邻国。这些难民由于国家内部战乱以及气候变暖导致的土地干旱、水资源短缺而逃离家园。[40] 一方面是土耳其国内农村地区人口的大规模迁移，另一方面是气候和战争驱使叙利亚和其他邻国的难民涌入土耳其，造成土耳其主要城市拥挤不堪。1950 年，伊斯坦布尔仅有 96.7 万人，到 2023 年，这一数字已高达 1600 万，成为世界上市域范围内人口最多的城市之一。[41]

土耳其所有的水利建设对缓解其缺水问题几乎没起什么作用。2021 年，伊斯坦布尔的水库水位降至 20%，全城数百万居民的水资源供应仅能支撑不到 45 天。与此同时，其他地区也因长达两年的干旱而面临同样紧张的水资源短缺。要知道，伊斯坦布尔有一半的水资源来自周边的城市，而这些城市在干旱期间的水资源储备也变得极少，这形成了一系列连锁反应，使得全体城市居民陷入缺水风险。[42] 持续的干旱引起了人们近乎恐慌的情绪，政府没有任何办法缓解这一问题，于是"让宗教事务主管在土耳其的每个城市组织祈雨仪式"[43]。

问题不仅仅在于还有多少水可用，还在于水的质量。伊斯坦布尔政策研究中心的一份报告探讨了再野化的水文循环带来的连锁反应，包括洪灾、干旱、热浪和火灾风暴。例如，暴雨会对淡水资源的质量产生不利影响，它通过：

> 将环境中的病原体带到江河、湖泊、水库、沿海水域和水井中……改变河流的水流和内容物；混合废水和饮用水，增加了下水道系统和污水处理厂的负担，引发水卫生问题……此外，热浪通过改变水体的热量、氧气含量和浮游植物群落，引起蓝藻暴

发，从而影响水资源的质与量。[44]

伊斯坦布尔和其他大城市一样抱着一线希望，希望出于某种未知的原因，在未来的某个时刻，全球气候在变暖的路上能够回头，恢复到变暖之前的状态。这当然是不可能的。这座城市最好能好好看看南非开普敦的情况。开普敦有 400 万人口。2018 年，因无视连续三年的干旱耗尽了水资源储备，开普敦梦游似的走到了悬崖边缘。开普敦的情况极其严峻，以至于市政府官员开始公开宣布所谓"零水日"（Day Zero）——这一天将没有可饮用的水流过水管，所有水龙头将关闭，数百万居民将陷入困境。

虽然开普敦的官员没有像土耳其那样呼吁全城举行祈雨活动，寄望由神灵出手干预，但他们也提出了一些古怪的建议。其中最怪的一条当属把南极冰山拖到开普敦，以供居民用水。这一提议最早是在2015—2018 年的干旱初期提出的，之后在"零水日"来临之际重新被提起。然而，一位美国科学家计算后得出结论，从南极到开普敦的2500 千米旅程中，这座 300 米高的冰山会融化，到达目的地后将只剩下初始的 1%，仅够维持开普敦干渴的居民 4 分钟的用水需求。于是，该提议不了了之。[45]

可再生能源上阵营救，地中海生态系统浴火重生

"能源"处于"水-能源-粮食"关系链的中心。土耳其的问题恰恰出在能源方面，它对化石燃料的依赖太深，无法推动经济发展。土耳其消耗的能源中有 70% 是进口的化石燃料。[46] 中东地区的其他国家，如沙特阿拉伯、伊朗、伊拉克、科威特、阿拉伯联合酋长国、埃及、卡塔尔、阿曼和也门，也面临类似的困境，因为石油是它们的经济命脉。尽管各国都有关于减少化石燃料依赖性的讨论，但它们都尚

未制定具体目标。

最近土耳其在黑海发现的巨大的萨卡里亚天然气田，以及其他对天然气和石油扩大勘探和生产的行动，告诉我们一个事实：土耳其在以化石燃料为主要能源的泥淖中非但无法自拔，甚至越陷越深。[47] 尽管偶有减少煤炭依赖的呼声，但他们只是嘴上说说，过去10年，煤炭的产量仅"略有下降"。[48] 如果土耳其和其他地中海国家继续依赖化石燃料作为国内生产的主要能源，它们将进一步陷入对石油、煤炭和天然气的短期依赖，并且以气候进一步变暖为代价，对经济造成不良影响。

从纯经济角度看，更令人担忧的是，2019年，太阳能和风能的平准化度电成本已经低于核能、石油、煤炭和天然气的水平，而且固定成本还在持续呈指数级下降，同时发电的边际成本几乎为零。太阳和风从来不找人类讨债，一旦设备安装到位，唯一的成本就是维护和更换零件。显然，市场已经准备好了，正因如此，太阳能和风能发电才能占据全球电力新扩张的大部分份额。据国际能源署预测，太阳能和风能"在未来5年内将占据全球电力扩张的90%以上，到2050年之前，将超越煤炭成为全球电力的最大来源"。[49]

毗邻地中海的欧盟国家很清楚太阳能和风能改变游戏规则的市场潜力，它们正在迈向绿色能源的未来。2023年，西班牙宣布将现在到2030年的温室气体排放削减目标从先前的23%提高到32%，原因是太阳能和风能的市场成本急剧下降。西班牙计划在接下来的7年内部署56千兆瓦太阳能电力项目和32千兆瓦风能电力项目。[50] 此外，西班牙还在大力推进绿色氢能，预计到2030年，电解槽容量将达到11千兆瓦，远高于先前预测的4千兆瓦。[51]

即使是地中海地区的欧盟小国，也正迅速推动绿色能源产业。2022年10月，希腊宣布，"希腊电力系统在历史上首次"实现一天之内有5个小时的电力供应100%来自可再生能源。希腊的目标是到 2030 年，70% 的电力来自可再生能源。[52] 这些先行的地中海地区欧盟国家与其他地中海沿岸国家关系密切。欧洲能源公司的专业知识和资本正在快速渗入地中海地区乃至中东的富油国家，并且开始吸引顽固的石油大国转而使用可再生能源（哪怕只是一点点也好）。

目前，已有超过 11 万亿美元资金流出全球化石燃料综合体，因为投资者已经意识到，假如不改变策略，前方将是数以万亿美元计的搁浅资产。[53] 据国际能源署预计，全球对煤炭的需求"将在未来几年内回落，对天然气的需求将在 21 世纪 20 年代末达到高峰……（而）对石油的需求将在 21 世纪 30 年代中期趋于平稳……"。国际能源署还指出，"自 18 世纪工业革命以来，全球化石燃料的使用量一直与全球 GDP 同步增长，扭转这一局势将是能源史上的一个关键时刻"。[54]

由于其独特的地理位置及巨大的石油和天然气储备，地中海地区发现自己处在垂死的化石燃料传统和前途无量的可再生能源社会的夹缝之中。化石燃料曾是福祉和资产，如今却成了诅咒和累赘。土耳其再次成为典型案例，和拥有大量化石燃料的其他地中海国家一样面临诸多难题。土耳其是亚洲和欧洲之间石油和天然气运输的中转地。伦敦大学亚非研究学院政治学与国际研究教授威廉·黑尔指出，"土耳其的一边是中东、里海盆地和俄罗斯等世界主要石油和天然气出口国，另一边是欧洲，拥有重要的地缘战略地位。正因如此，目前有 5 条重要的国际输油管道从土耳其领土穿过"。[55]

基尔库克—杰伊汉管道将伊拉克油田的石油运往土耳其的地中海沿岸，用于土耳其国内使用及出口。土耳其—伊朗管道将伊朗大不里士的天然气输送到土耳其安卡拉，与土耳其国内天然气管网相连接。南方天然气走廊将阿塞拜疆的天然气送往土耳其、格鲁吉亚、希腊和意大利。蓝溪天然气管道从俄罗斯伊佐比利内穿过黑海，一路接到土耳其安卡拉。还有，土耳其溪天然气管道将俄罗斯的天然气经由黑海输送到土耳其，并一路输送到希腊，同时还通过分支管道输送到保加利亚、匈牙利、斯洛伐克、奥地利和塞尔维亚。[56]

短期看，维持这个垂死的化石燃料传统矩阵要简单一些，哪怕我们都知道整个化石燃料管道基础设施最早会在 21 世纪 20 年代末成为搁浅资产。实际上，继续依赖化石燃料无异于在糟糕的局势上火上浇油，进一步排放温室气体，使得整个地中海地区气候变暖，进而危及整个地中海生态区，将数亿居民置于危险之中。[57]

在即将到来的大灾难的另一面是尚存的一线生机：人们可以重新思考地中海生态区的未来，通过参与协作，由垂死的以化石燃料为基础的水利文明转变为零排放、具韧性的可再生能源社会。对于将地中海视为家园的数亿人来说，这个方案简直不容错过，但很可能不会落实。

还是以土耳其为例。我们来看看国际能源署对该国前景的看法。2021 年，国际能源署在关于土耳其能源结构的报告中最重要的结论应该是，该国的水力发电产能将在 2023 年达到饱和，"2023 年之后多出的水力发电产能作用有限"。多个气候模型预测，幼发拉底河与底格里斯河在未来 20 多年内可能会干涸，由此留下的产能真空必须由化石燃料或核电站来填补，而这两者都需要大量的水资源来发电和冷却；或者依赖丰富的陆地和海上太阳能和风能，以及潮汐能、波浪能和地热能。"傻子都看得出来该选什么。"[58] 但问题不在于选不选，而在于何时行动——如果继续沉浸在过时的、垂死的化石燃料基础设施中，到时再向新能源以及伴随而来的韧性时代基础设施过渡就太迟了。

我们来看一组令人鼓舞的数据，这些数据表明土耳其有望成为地中海地区向具有韧性的第三次工业革命后碳时代基础设施转变的先行者。目前，土耳其每年花费 500 亿美元进口石油、天然气和煤炭，使其已然饱受通货膨胀困扰的经济雪上加霜，但土耳其同时坐拥太阳能资源的金矿，并且是"欧洲第二大太阳能发电国"（就太阳能资源强度和可用性而言）。[59]

截至 2023 年，太阳能发电总装机容量已经远远超出预期，这可能标志着人类已进入新能源时代的巨大转变。土耳其每日平均有 7.5 小时的日照时间，到 2030 年仅屋顶太阳能发电的产能预计就将超过 20 千兆瓦。届时，土耳其将成为地中海地区的太阳能发电大国。土耳其已在国内 78 个省份大规模推广太阳能发电，为在每个地区提供分布式太阳能发电的前景铺平了道路。[60] 引发这股突如其来的太阳能安装热潮的是通货膨胀，这是由货币贬值以及俄乌冲突导致全球能源价格激增引起的，其程度已在土耳其国内创下新纪录。有购买能力的居民和企业正在迅速安装太阳能电池板，以规避高昂的电费和飞涨的全球化石燃料能源价格，这导致太阳能公司和太阳能市场迅猛崛起。

根据土耳其阿纳多卢通讯社的数据，2022 年，仅在半个月内，就有超过 300 家企业申请安装太阳能电池板。土耳其监管机构的负责人称，"企业共提交了价值 1100 亿美元的可再生能源投资申请"[61]。土耳其政府简化了程序，允许居民和企业将多余的电力卖回给电网，从而加大了安装太阳能电池板的吸引力。

由于市场资金紧张，银行纷纷入场竞争，提供实惠的绿色融资计划。欧洲复兴开发银行也积极参与，于 2022 年提供了 5.22 亿美元的贷款，用于土耳其的绿色投资。[62] 太阳能市场的繁荣鼓励企业在全国范围内投资制造、安装太阳能电池板和大型太阳能发电设备。关于目前这一转型的规模，有报道称，"包括屋顶太阳能和地面太阳能项目在内，目前土耳其的太阳能发电总装机容量为 8.3 千兆瓦，预计到 2030 年将超过 30 千兆瓦"。[63] 仅安装 1 千兆瓦的太阳能发电机组就足以为 75 万户家庭提供电力。[64]

在太阳能发电方面，土耳其的潜力在地中海地区无人能敌，它在海上风力发电方面的潜力同样令人瞩目。全球风能理事会发布的《2022年全球风能报告》指出，土耳其与阿塞拜疆、澳大利亚和斯里兰卡一样，拥有世界上最大的海上风电发展潜力。[65]土耳其大部分的风电发展潜力源自地中海的爱琴海地区。尽管安装海上风力发电设施比在陆地安装更昂贵，但其成本会因更高的能源产量而得到平衡。目前，土耳其正在制订风能发电计划，目标是到2030年，在已安装的10千兆瓦风电装机容量之外再安装20千兆瓦。据伊兹密尔发展局估计，土耳其的海上风电总发展潜力为70千兆瓦。[66]

土耳其的海上风力发电产能甚至可能达到令人瞩目的75千兆瓦，再加上30千兆瓦太阳能发电产能和48千兆瓦陆地风力发电产能，[67]土耳其有望在21世纪中期之前，从以化石燃料为基础的经济转型为可再生能源经济。[68]欧洲和其他国际公司纷纷涌入土耳其开展业务，有些公司选择独资，有些则与当地的太阳能和风能公司合作。截至2021年，已有超过3500家公司在土耳其雇用了25000名工人，涉及业务包括安装陆上风力涡轮机、向其他国家出口零部件和整套风力涡轮机系统。例如，美国的TPI复合材料公司生产用于风力涡轮机的高质量复合材料，该公司在伊兹密尔地区有两家工厂，员工约4200人，为土耳其市场提供服务并出口到欧洲和中东地区。[69]

新的研究报告表明，在地中海的爱琴海地区，海上平台结合风能发电和太阳能发电是可行的。这些研究指出，在浮体式和锚定式海上平台上将太阳能和风能结合起来有诸多好处。首先，海上的太阳辐射高于陆地。这种想法的基础是，虽然结合太阳能、风能和波浪能初始成本更高，但通过生产更多可再生能源并且以更为平衡的分布式部署，可节省成本，同时确保可再生能源的可靠供应，可在后期实现盈利。[70]

在海上平台结合风能和太阳能发电还有一个优点，那就是它能够加速摆脱基于化石燃料的基础设施，转向具有韧性的零排放绿色能源基础设施。现在，氢能源已经开始发挥作用，尤其是在地中海地区。氢是宇宙中最普遍存在的元素。在地球上，氢长期以来在工业中主要被用作催化剂，用于生产氨、甲醇和炼油，对许多工业流程至关重要。

近年来，人类越来越热衷于从煤炭和天然气中提取氢，并用其为工业生产提供动力和作为运输燃料等。这种用途的氢被称为灰氢和蓝氢。氢还可以从水中提取，在这种情况下，利用太阳能和风能发电，将水中的氢和氧分子分离，并将储存下来的液态氢或气态氢用于工业生产和运输燃料，这种氢被称为绿氢。[71]

可再生能源行业正在大力推广绿氢，将其作为一种储存可再生能源的介质，通过管道运输，用于公路、铁路和水路运输以及重工业生产。但问题在于，煤炭和天然气行业也在发展氢能源，但它们是从化石燃料中提取氢，将其当作向绿氢过渡的燃料，从而拖慢了零排放经济的转型。[72]

2020 年 9 月，英国阿夸特拉能源公司和荷兰海风海洋技术公司达成合作协议，共同在地中海意大利沿岸开发世界上最大的浮体式海上风力发电和绿氢生产项目。该项目的规划装机容量为 3.2 千兆瓦，计划于 2027 年投入运营。项目生产的绿氢将经由管道运输到岸上，并通过船舶运往全球市场。[73]

随着海上风能、太阳能、潮汐能和绿氢能源在地中海国家向韧性时代的转型中越来越受关注，我们需要记住，地中海地区是一个生态区，无论使用何种浮体式或锚定式的海上风能、太阳能、氢能平台，都需要从一开始就对其环境影响进行评估。

欧盟有一个政策是"风险预防原则"，该原则规定"在缺乏充分科学数据对风险进行完整评估的情况下，可以援引这一原则，例如，停止销售或从市场上召回可能有害的产品"。这一原则广泛应用于各个领域，包括人类健康、动植物健康和环境保护。[74]满足以下三个基本条件，即可援引风险预防原则:（1）识别出了潜在的不良影响;（2）评估了现有的科学数据;（3）识别了科学不确定性的程度。[75]

欧盟—地中海地区跨境合作计划（以下简称"跨境合作计划"）是由欧盟区域发展基金资助的项目。该组织发布了一份详细的指南，用于评估地中海地区海洋可再生能源潜力对环境的影响。跨境合作计划承认，推进海洋可再生能源对于地中海过渡到后碳时代以及该地区海洋生物的繁荣发展至关重要，但强调风能、太阳能和绿氢可再生能源的部署"必须在对生物多样性和生态系统保护不构成任何额外威胁的情况下实现"。[76]

海上太阳能平台基本不会给环境造成任何风险，但风力涡轮机仍引发了一系列担忧，比如鸟类碰撞和持续噪声干扰，噪声干扰有可能对数百千米以外的海洋哺乳动物造成伤害。在海底铺设电缆虽然问题较少，但也有可能对整体的生态足迹产生负面影响。建造锚定式和浮体式的风力发电平台都可能会扰乱生态系统动态。跨境合作计划指南称，限制负面影响最有效的方法是空间隔离，即"通过早期谨慎的选址来避免使用高保护价值区域，这样就不可能将（海上风电场）选址在（海洋保护区）"。[77]

根据跨境合作计划的说法，运营锚定式和浮体式风电平台的一个重要考虑因素是"支持开发新技术，使浮体式风力涡轮机能够在深水区和远离海岸的区域运行，相关设计可最大限度减少对海洋生态系统和生物多样性的影响"。[78]

让地中海生态系统摆脱对化石燃料基础设施的依赖，对于减少引起全球变暖的排放至关重要，而保护地中海海洋生物同样重要，因此，要确保两个目标都实现，重要的是在两者之间找到有效的平衡。在未来海上风能、太阳能和绿氢发电的所有开发中，要始终将风险预防原则置于核心位置，并应用生态建模技术，采用更加谨慎和良性的海上部署方法来利用风能、太阳能、波浪能和潮汐能，以确保地中海生态区得到周到的照料和恢复。

太阳能和风能正在颠覆以化石燃料为主的工业能源长达 200 年的统治地位，这一点主要表现在欧盟和中国，美国才刚开始，世界其他地区趋势尚不明显。国际可再生能源署表示，到 2050 年，90% 的电力有望来自可再生能源。[79]

虽然中东地区拥有全球最大的化石燃料储备并主导着世界市场，但这些国家也开始转向绿色可再生能源。然而，即使整个地中海生态系统都在转向可再生能源，人类也不得不面对一个更大的问题——可供人类使用、其他生物生存以及用于粮食生产的淡水量仍在不断减少。我们要正视这件事，"零水日"正在向各大洲的生态系统逼近。来看一个惊人的统计数据。世界银行报告称，"在过去的 50 年里，人均淡水量减少了一半"，部分是因为全球人口增加了一倍多，从 1970 年的 37 亿增长到 2021 年的 78 亿；也因为在世界上的许多地区，全球变暖导致湖泊、江河和地下含水层干涸，尤其是在干旱半干旱地区。人均可用水量在 50 年中减少了一半，这或许是最令人沮丧的统计数据之一，而这一数据也表明人类将在 21 世纪面临人口不可避免的迅速下降问题。[80]

到处都是水，却无一滴可饮

"全世界 40% 的人口居住在距离海岸不到 100 千米的地方。"[81] 在塞缪尔·泰勒·柯勒律治的长诗《古舟子咏》中，一艘船停在风平浪静的辽阔海域，船上的水手哀叹道："水啊水，到处都是水，却无一滴可饮。"地中海数亿人口面临着淡水资源严重短缺的危险，在这种情况下，出现了一种新的海水淡化技术，这在某种程度上化解了危机。海水淡化技术就是从海水中分离盐分，以制造出淡水。旧的海水淡化技术是热脱盐，利用化石燃料的能量将"海水变成蒸汽……蒸汽冷凝即形成高纯度的蒸馏水"。[82] 有一种相对较新的海水淡化技术是反渗透膜法，通过高压让海水透过反渗透膜，分离出淡水。[83]

在目前已知的 17000 座海水淡化厂中，大部分使用热脱盐法，即使用化石燃料加热海水，产出不含盐、矿物质和其他污染物的蒸汽。中东地区生产的海水淡化水在全球的占比接近 50%。沙特阿拉伯、阿拉伯联合酋长国、以色列、科威特和卡塔尔拥有全球约 1/3 的海水淡化厂。[84] 不过，如今太阳能和风能的成本已低于所有化石燃料，人们正在推动海水淡化技术从使用化石燃料转向使用可再生能源。[85]

到 2040 年，中东地区将有约 75% 的海水淡化水来自反渗透膜法海水淡化技术。但是，如果该地区的石油生产国仍为天然气和石油市场提供补贴，很可能许多工厂仍会依赖化石燃料发电，进一步加剧地中海地区气候变暖的状况。[86]

今天，在海水淡化的生产中，仅有 1% 使用可再生能源。不过，这一现状很可能会迅速改变，哪怕是在中东石油生产国，因为如今太阳能和风能已经比化石燃料还要便宜了。[87] 全球清洁海水淡化联盟由全球的能源行业和海水淡化行业、供水公司、政府机构、金融机构及研发与学术机构组成，旨在"推广清洁海水淡化技术的应用"。[88]

水和能源行业的不少高层人士对太阳能和风能发电在海水淡化技术中的应用持乐观态度，他们相信这将更快地扩大应用规模，并超越化石燃料发电。他们指出，"到 2050 年，太阳能驱动的热脱盐技术的成本预计将下降 40%，甚至更多"。[89] 卡洛斯·科辛是阿尔马水资源解决方案公司的首席执行官，该公司隶属于阿卜杜勒·拉蒂夫·贾米勒能源公司。他表示，"海水淡化的未来将与可再生能源息息相关。在中东地区，这不过是时间问题"。[90]

尼罗河正在迅速干涸，其沿岸近 1.05 亿人口被置于无水可用的风险边缘。2022 年 12 月，埃及宣布了一项 30 亿美元的庞大投资计划，打算使用可再生能源建设 21 座海水淡化厂。该计划的最终目标是每天生产 880 万立方米海水淡化水，为其人口提供新的水源。[91]

西班牙全球能源和水资源公司阿驰奥纳集团（ACCIONA）与沙特阿拉伯王国合作，在已运行的两座海水淡化厂的基础上部署了 4 家海水淡化厂和 3 家污水处理厂。总的来说，这些海水淡化厂将提供"足够供应 830 万人口的淡水，约占沙特人口的 1/4"。[92] 而在世界的另一端，澳大利亚的西澳大利亚州规定，所有未来新建的海水淡化厂都必须使用可再生能源供电。[93]

可再生能源海水淡化领域新近取得的突破有望大幅降低海水淡化的成本，缩短生产时间，也有可能为面临严重干旱的农田提供灌溉施肥。2021 年，得克萨斯大学和宾夕法尼亚州立大学的研究人员报告称，他们成功将纳米级滤膜的效率提高了 30%~40%，使其能够利用更少的能源清洁更多的海水。如果各国要生产大量淡水用于施肥与灌溉，这种突破非常重要。

目前，已有来自全球 150 个国家的 3 亿人使用经约 17000 座海水淡化厂处理的海水淡化水，用于饮用、洗浴、烹饪、洗衣和其他家庭及商业用途。随着技术的改进和成本呈指数级下降，这些数字很有可能在未来几十年内翻番、翻番，再翻番，到时，相当多的人将依赖海水淡化水生存。关键问题在于，未来几十年，海水淡化水的成本将以何种速度下降，才能支撑起家庭用水和工业用水的需求，以及目前各大洲面临的严重干旱农田的灌溉需求？要是在 10 年前，这可能会被认为是痴人说梦，如今不是了。

令人扫兴的是，即使在反渗透技术中使用太阳能和风能的成本越来越低，仍存在一个棘手且不容忽视的问题，那就是如何处理产生的高盐废水。这些废水通常会被排放回海洋，存在对海洋生态环境造成破坏的风险。幸好，世界各地的化学家和工程师正在测试各种方法，从高盐废水中提取有价值的金属，用于重要的工业用途，在保护海水的同时，降低将这些元素和金属用于商业目的的底线成本，力图将这一风险转化为机遇。

包括麻省理工学院在内的许多机构正在尝试各种方案。在一篇发表于《自然催化》（*Nature Catalysis*）期刊的论文中，麻省理工学院的研究人员指出，海水淡化行业使用大量氢氧化钠（即烧碱）对进入海水淡化厂的海水进行预处理，以降低水的酸性，并防止用于过滤盐水的滤膜被污染——滤膜污染通常是反渗透海水过程出现严重中断的原因。[94] 如果氢氧化钠直接在现场从高盐废水中提取，而不是在开放市场上购买成品，那么将节省下可观的成本。而且，由于现场提取的氢氧化钠会超过反渗透过程的使用需求，多余的氢氧化钠还可以在市场上出售，供给化工行业，同时减少排放回海洋的废水量。

世界各地的化学实验室也在关注从高盐废水中提取有价值元素的工作，包括钼、镁、钪、钒、镓、硼、铟、锂和铷。迄今为止，这些元素大多是从日益枯竭的中高品位矿石中开采出来的，因此，从海水废液中提取这些元素更具吸引力。[95]

很显然，海水淡化技术正呈指数级发展。回想一下，在 20 世纪 40 年代，计算机原型上市前进行市场试验的早些年，当时的美国国际商用机器公司（IBM）主席托马斯·沃森说："我认为全世界的计算机需求量大概是 5 台。"[96] 沃森没有预料到计算机发展的曲线。到了 20 世纪 50 年代末，英特尔公司的联合创始人戈登·摩尔惊奇地发现，英特尔工程师每 24 个月就成功将英特尔芯片上的晶体管数量翻倍，从而实现更强大的计算能力，同时使计算机的价格越来越便宜。换句话说，计算机芯片的成本呈指数级下降，而且持续如此。[97]截至 2023 年，全球在用的智能手机已达 67 亿部，每一部手机的计算能力都超过曾经将宇航员送上月球的计算机。[98]

前面已经提过，半个世纪以来，太阳能、风能等可再生能源的成本一直呈指数级下降，其生产成本已经比化石燃料与核能更为低廉。

在海水淡化技术领域，类似的指数曲线已经开始露出苗头。

随着河流与地下含水层逐渐干涸，许多农业地区开始使用海水淡化水灌溉农作物。例如，在西班牙，全国 22% 的海水淡化水被农民用于灌溉施肥，在科威特、意大利和美国，相关的数据分别是 13%、1.5 和 1.3%。[99]

即使应用规模扩大，海水淡化处理也不是一个能让人类回到过去常态的快速解决方案。那些日子已经一去不复返了。海水淡化技术给我们带来的改变，以及我们需要在生活中做出的许多其他改变，将有助于人类过渡到一种更简朴、更健康的全新生活方式，崇尚及时行乐的功利主义将让位于我们生机盎然的星球的蓬勃回归。

第六章

地段、地段，还是地段：
泛欧亚大陆

　　每个房地产开发商都耳熟能详的一条金科玉律是：项目能不能赚钱，完全取决于地段、地段，还是地段。眼下就有一个地段，它很可能是当今世界上最有价值的地方，没有任何地方比它更能应验这一条金科玉律，那就是地中海地区，自古以来便是如此。在这个地区，曾经呼啸的河流——幼发拉底河、底格里斯河与尼罗河——为文明注入活力，文明得以存活。但如今河流已经迅速干涸，为何还说它是当今世界上最有价值的地方呢？与过去一样，关键在于地段、地段，还是地段，但这不仅仅与曾经伟大的河流有关，还因为它位于欧洲、非洲和亚洲三大洲之间的战略位置。

连通欧洲和亚洲的桥梁

　　值得注意的是，"2022 年，中国是欧盟商品出口的第三大合作伙伴（占 9.0%），也是欧盟商品进口的最大合作伙伴（占 20.8%）"。[1]欧亚大陆实质上就是一个单一的延伸大陆板块，是一个潜力巨大的广阔市场。而土耳其无论是实际上还是象征意义上，都是连接欧盟和中国所有事务的桥梁（土耳其连接起欧洲和亚洲的四座桥梁是博斯普鲁斯大桥、穆罕默德二世大桥、亚武兹苏丹塞利姆大桥和 1915 恰纳卡莱大桥)。

2013 年，中国国家主席习近平提出共建丝绸之路经济带和 21 世纪海上丝绸之路，这是建立一个充满活力的 21 世纪无缝欧亚新市场的第一步。随后，他将这一提议称为"一带一路"倡议，通过建立新的陆海贸易路线，将亚洲和欧洲的国家联合起来，促进贸易合作。这些新的贸易路线将横贯并环绕整个超级大陆，并延伸到非洲——北非的摩洛哥、阿尔及利亚、突尼斯、利比亚和埃及这 5 个国家也毗邻地中海。

"一带一路"倡议，有时也称"新丝绸之路"，已经开始在欧亚大陆开展项目，并逐渐成为世界历史上规模最大的基础设施部署与贸易倡议之一。[2] 截至 2022 年初，已有 146 个国家（地区）和 32 个国际组织签署了"一带一路"合作协议。[3] 值得注意的是，美国、加拿大、墨西哥和大多数西欧国家并不在其列。目前，"一带一路"倡议的重点是投资欧亚基础设施建设，其最终目标是在全球范围内部署 21世纪的基础设施，包括世界各地的道路、桥梁、电力线路、运输走廊、机场和铁路线路等等。

世界银行估计，"一带一路"倡议可能会使参与方的全球贸易增加 4.1%，同时将贸易成本降低 2.2%。[4] 伦敦经济与商业研究中心表示，如果"一带一路"倡议得以充分实施，到 2040 年初，其互联互通的优势可能每年为全球 GDP 增加 7.1 万亿美元，同时"减少阻碍世界贸易的运输和其他摩擦因素"。[5]

在"一带一路"倡议中，未来 10 年至少需要每年支出 9000 亿美元的投资，用于建造大规模互联互通的基础设施，比当前基础设施支出多 50%。[6] 截至 2017 年，基础设施的初步部署按预计应覆盖 68个国家（地区）和全球 GDP 的 40%。[7] 按计划，"一带一路"将开辟横贯欧亚的陆路交通系统和海上交通系统。陆路网络将由无缝连接的客货公路和铁路组成，海上丝绸之路航线将从中国海岸穿越东南亚、南亚和非洲水域，最终抵达地中海地区。

土耳其充分认识到了自身作为亚欧大陆商贸交流枢纽的战略优势，它正好处在欧亚大陆连接的关键点上。于是，土耳其宣布了自己的倡议，即"跨里海东西中间走廊倡议"（Trans-Caspian East-West-Middle Corridor，简称"中间走廊"倡议）。该走廊起于中国，穿越哈萨克斯坦、吉尔吉斯斯坦、乌兹别克斯坦和土库曼斯坦等中亚国家，横跨里海，穿越阿塞拜疆和格鲁吉亚，最终抵达土耳其与地中海地区。土耳其在倡议中将阿塞拜疆和中亚各国联结起来，而其他地中海国家也开始察觉到这一机遇。[8]

地中海地区的国家是否能达成协议，确保它们的港口成为连接欧亚超级大陆的物流枢纽，这是 21 世纪最重要的政治和经济议题，也是一个历史性的机遇，但结果如何，仍未可知。不过，地中海地区港口的货物吞吐量增长了 477%，这个数字无疑很有说服力。地中海目前承载全球航运的 20%，而且人们越来越清楚，"要连接亚洲和欧洲，没有比地中海更有效的替代路线了"。[9]

遗憾的是，地中海港口在推动现代化方面一直进展缓慢，未能充分利用眼下的独特机遇。然而，最近各国开始关注欧亚物流和供应链在地中海的会合以及它们所达成的协议——在一个共享经济区内连接欧洲和亚洲。改变这个局面并唤醒沉睡中的地中海港口的，是所谓"转运"市场份额的增长，即"将货物运送到中转站，再运到下一个目的地"。[10]

这种货物转运类别以前一直被忽视。德国马歇尔基金会最近的一项研究报告提醒人们关注货物转运，以及地中海港口在欧亚之间的货物运输活动中可能起到的作用。报告指出，"转运活动的激增提高了地中海作为中转站的战略重要性，但这个中转站更倾向于服务全球市场而非国内市场，尤其是服务于全球最大的出口国，而不是中转站所在的国家"。报告指出，转运量的迅猛增长"解释了地中海在中国的'一带一路'倡议中地位非凡的原因"。[11]

欧盟迟迟没有积极融入这场合作，但在 2021 年宣布了"全球门户"（Global Gateway）计划，旨在与"一带一路"倡议竞争。该计划已经批准了大约 70 个项目，初步承诺在 2027 年之前配置 3000 亿欧元的公共资金和私人资金，用以部署 21 世纪的基础设施项目，包括哈萨克斯坦的绿色氢能项目、中亚的交通连接项目、塔吉克斯坦的水电站项目以及蒙古国的项目。而地中海生态系统基础设施将连接欧洲和亚洲，形成一个无缝的经济空间。随着新冠疫情的影响逐渐减弱，这一进程可能会加快。然而，欧盟委员会对此几乎没有公开讨论。[12]

某种程度上，欧盟在地缘政治层面处于一个既能与中国竞争又能与中国合作的有利位置，能够促进欧亚基础设施的建设。欧盟的王牌可能是地中海联盟（Union for the Mediterranean, UfM），该联盟成立于 2008 年，旨在鼓励 27 个欧盟成员国之间开展更多的机构合作。地中海联盟成员国包括西班牙、法国、意大利、希腊、克罗地亚、斯洛文尼亚、马耳他等毗邻地中海的国家，以及 15 个共享地中海生态系统的成员国和地区，包括阿尔巴尼亚、阿尔及利亚、波黑、埃及、以色列、约旦、黎巴嫩、毛里塔尼亚、摩纳哥、黑山、摩洛哥、巴勒斯坦、叙利亚、突尼斯和土耳其。

欧盟与地中海联盟之间的合作，涵盖了环境治理、升级改造区域内的港口和铁路、推动可再生能源发展、促进高等教育和研究，以及致力于发展中小企业。2011 年，地中海联盟宣布了第一个项目——在加沙部署海水淡化厂。2016 年，地中海联盟转而关注制定地中海气候集体议程，用以看管地中海地区的生态系统。

欧盟成员国和地中海联盟成员在一个共享的机构合作项目中走到了一起，而且至今已有 15 年的联合政治参与，这使得地中海地区在与中国的"一带一路"倡议和欧盟的"全球门户"计划建立既竞争又合作的关系时处于有利地位。良性竞争关系有助于推动欧亚大陆上基础设施的部署，但所有相关方还需要合作，并努力建立正式的规范、规章和行为准则以解决安全问题，并共同努力减缓气候变化，目标是将欧亚超级大陆转变为零排放陆地，形成共享的超级公地。

如前所述，长远看，重要的是要记住，欧盟和中国以及它们之间的所有国家实际上共享着同一块大陆。如果说地理决定了命运，那么在未来很长一段时间内，欧盟和中国很可能会成为彼此的主要贸易伙伴。欧亚大陆的未来福祉最终将取决于两大洲应对气候变化的共同努力，以及共同协作看管这片共享的大陆。

无缝衔接的欧亚基础设施开始显现迹象，但迄今为止，人们对基础设施范式的本质——无论是本体论还是工具性——仍然存在误解。欧盟和地中海联盟都追求一系列具有战略重要性（但实际上并无章法）的独立项目，希望它们能在未来彼此连接，形成整体流畅的基础设施，使得贸易在超级大陆的范围内无缝进行。各方都从地缘政治的角度看待基础设施的归属，希望己方能获得竞争优势，而事实上，正在兴起的基础设施还需要一个生物圈的视角。

所有计算中遗漏的是，持续依赖地缘政治与争取市场优势并不利于下一个重大的历史变革，这场变革的运作方式是一种集体主义的生物圈政治，即对全球水圈及附属的岩石圈、大气圈和生物圈的共同看管，这将是人类赖以生存和繁荣的保护伞。这并不意味着激烈的竞争没有价值，而是各方必须在合作与责任的更大背景下，将地中海视作生态公地进行共同看管。

地中海是一个独特的生物区，从严格的生态学角度看，可以视为自然公地。欧洲环境署将"生物区"定义为"按照生物、社会和地理标准进行结合而非出于地缘政治因素定义的领土；笼统地说，是一种由相互关联的生态系统组成的系统"。[13]

在生物圈政治的背景下，治理从生物区层面和对当地生态系统的保护开始,并向外辐射形成多级同心圆,覆盖整个欧亚大陆。这种从生物圈政治角度而非地缘政治角度对"一带一路"、"中间走廊"和"全球门户"的重新思考已经开始了,尽管在地中海国家,这种思考充其量只是零碎的和试探性的。

2004 年,西班牙加泰罗尼亚自治区、法国奥克西塔尼亚地区和西班牙巴利阿里群岛政府共同成立了比利牛斯地中海欧洲跨境生物区,这是地中海地区第一个官方生物区。该地区有 1500 万居民,人口数量超过欧盟 27 个成员国中的 20 个国家,占地 11 万平方千米,治理区域面积大于 17 个欧盟成员国的国土面积。截至 2019 年,该生物区的 GDP 总量达到 4400 亿欧元,和奥地利的 GDP 相当。[14]

这是地中海地区对生物区治理的首次实践,它提出了一项雄心勃勃的议程,希望激励地中海地区乃至全球范围内其他地区尝试实施生物区治理。其使命宣言相当大胆,也是将治理模式从严格依附于保护国家主权边界的地缘政治转向新型生物圈政治的至关重要的第一步。这种新的政治治理模式跨越国界,允许各地区共同承担看管其共同生态系统的责任。这种生物圈政治治理的新实体秉持着强大的绿线战略,遵循着变革性的政治新议程。比利牛斯地中海欧洲跨境生物区描述了生物区治理的本质,这种描述被普遍接受,广泛适用于各种倡议和计划:

> 跨境治理区在社会、经济和领土发展倡议方面的推动,将取决于自然生态系统的保护,即保护生物多样性、水资源、森林和海洋生态系统。我们希望从生物区的视角出发,超越以行政边界为中心的工作方法,解决气候变化带来的挑战。我们将致力于实地提供创新解决方案,动员和引入当地的参与者,以期应对最迫切的变革问题。[15]

要加速地中海地区向生物区治理的转变，需要充分利用政府资金以及私营机构的投资，特别是来自养老基金、保险基金、银行和私募基金的投资。由欧盟参与创办的欧盟–地中海地区跨境合作计划将向公共行政管理部门、投资者、私营机构和民间社会组织提供资金，以应对气候变化。该计划的所有政策、倡议、规划和项目，都与应对气候变暖、鼓励毗邻地区间的合作和共同治理，从而振兴地中海生态系统直接相关。这听起来很不错，但是当理论付诸实践时，更为现实的问题就浮现出来了。

尽管宗旨、目标和意图都相当高尚，但其配置的资金远远不足以应对如此巨大规模的挑战。现实情况是，整个地中海地区的基础设施，包括水电大坝、电力线路、交通与物流通道、住宅、商业建筑、工业建筑以及传统的农业活动，都已沦为搁浅资产。这些全新世的基础设施在设计之初并没有考虑这个星球会因气候变暖而发生如下剧变：冬季强大的大气河、大规模暴雪，春季的末日洪水，夏季的持续干旱、致命热浪和毁灭性野火，秋季的破坏性飓风和台风。

如此大规模的危机需要人类高度组织化的投入，需要动员跨越共享生物区的整个社区。而这正是问题的关键。气候危机正在引发两种截然相反的政治意识形态之间的斗争，一方是根深蒂固的地缘政治，一方是新兴的生物圈政治，双方僵持不下。执着于传统地缘政治模式的国家正紧密团结在各自的主权边界内，卷入日益白热化的冲突，试图用最后一口气保住垂死的化石燃料为基础的城市水利文明。而在地方层面，由共同自然环境联结起来的地区则越来越多地投入到跨境生物圈政治，它们已经意识到，未来取决于对共同自然环境的看管和环境的振兴。

比利牛斯地中海欧洲跨境生物区和其他尚处于发展阶段的生物区治理模式还有很多需要学习的地方。以色列、巴勒斯坦和约旦正开始尝试在它们毗邻的主权领土和共同生态系统之间建立生物区治理模式，地中海地区所有刚萌芽的生物区治理倡议都将从中受益。由以色列于 1994 年成立的非政府组织——中东生态和平组织（EcoPeace Middle East）发起的跨境合作，将使三方政府共享"水–能源"关系链，这个生物区治理模式对三个国家都有裨益。该计划等同于一个"中东绿蓝协议"（Middle East Green-Blue deal），以色列为巴勒斯坦和约旦提供规模化的淡化水供应，而约旦向以色列和巴勒斯坦提供满足公共事业需要的太阳能。这种模式的倡导者称之为共赢的共享生物区治理。

在这个生态系统治理特区中，三方都受益良多，而且几乎没有什么损失。在规模化海水淡化方面，以色列的技术远远领先于它的两个地中海邻国。截至 2022 年，以色列超过 85% 的饮用水是海水淡化水。因此，在大规模淡化海水方面，以色列遥遥领先于其他地中海国家。约旦面临着日益严重的水资源短缺问题，但它年均日照300 天，拥有丰富的太阳能发展潜力。[16] 此外，约旦的陆地面积是以色列的 4.1 倍，能够以低廉的价格向以色列和巴勒斯坦提供大量的满足公用事业需要的太阳能能源，为该地区的经济活动和社会活动提供几乎零排放的电力。以下是中东生态和平组织对这个合作项目的评估：

> "水–能源"合作项目是中东生态和平组织应对气候变化的旗舰项目，目的是在约旦、以色列和巴勒斯坦之间建立一个"水–太阳能"社区，实现地区间健康的、可持续的相互依存。以色列和巴勒斯坦生产海水淡化水并出售给约旦，约旦则向以色列和巴勒斯坦出售可再生能源，这样一来，三方都能够利用彼此在可再生能源和水资源生产方面的相对优势。[17]

在实用层面，这个生物区治理局面对三方来说是多赢的。既然是多赢，那是什么阻碍了这一切呢？这种治理模式能使三方受益，使该地区朝着共享地中海生态系统的方向迈进，但以色列和巴勒斯坦、约旦之间长期存在着敌对关系，冲突和不信任一直阻碍着生物区治理的实现。2023 年 10 月，新一轮的巴以冲突使得双方的合作和生物区治理被搁置。

以色列、巴勒斯坦和约旦三方以及其他方兴未艾的协同治理倡议是否能让过去的矛盾烟消云散，并实现从传统的地缘政治与零和博弈过渡到生物圈政治和"网络效应"，共同分担起生物区治理带来的责任和机遇，这是地中海地区眼下面临的一个重大未知数。在气候变暖的困扰下，没有国家可以置身事外，大家都需要放宽主权意识，接纳对共同生态系统的共享生物区治理，以确保人类能够生存和繁荣发展。然而，这种转变是否会发生，以及是否能及时发生，仍然悬而未决。

第三部分

我们生活在蓝色水星球，一切因此而改变

第七章
解放水域

　　解放水域说起来容易做起来难。我们要记住，过去 6000 年来，人类文明最典型的特征就是对水圈的驯化——从拦蓄、筑坝、开渠、调水，到财产化、私有化、消费、从中获利，最终污染它、耗尽它。这是一段漫长的旅程，从公元前几千年古代水利文明兴起，一直到 21 世纪超级大坝水电站、人工水库、运河和港口。水域已被彻底重新利用，专为人类的需求服务。但是，这些水利基础设施的出现仅仅是为了人类的利益，却牺牲了同样依赖水资源的数百万其他物种的利益。

　　对水圈多种方式的利用，很大程度上决定了所有文明社会的时空取向，进而决定了历史上每种文化所特有的经济、社会、政治和公民的独特性。同样，在回顾历史记载时，公平地说，至少在一定程度上，水利基础设施的设计与建造注定会产生熵债，导致许多社会衰落甚至消亡。

　　然而，这一次与过去不同，利用水资源推动基于化石燃料的工业革命（即"水-能源"关系链）所带来的熵债已经超越了局部地区，甚至整个大陆，将地球带入了生命的第六次大规模灭绝。从实际意义上说，水圈现在正在解放自己，这要是放在半个世纪之前，我们根本无法想象这种异动。全球温室气体的排放导致地球温度稳步上升，水域正在失控，这改变了水在地球上的循环方式，产生了人类难以彻底了解也难以应对的深远影响。

幸好，现在人们已经开始讨论，有必要调动起人类的精神动力，动员起持续的集体努力来帮助解放水圈，允许水圈自由地进行自我演变，以适应不断变暖的地球。这是人类踏出的第一步，这一步令人钦佩、势在必行，而且并非毫无意义。但更有可能的是，这一步将阻碍我们寻求解决方案，以消除几百年来，尤其是在工业时代我们通过建设基础设施强加给水圈的众多束缚。

20 世纪的第一个十年，也就是我父母出生的年代，地球上大部分地区被定义为未曾与文明接触的蛮荒之地。人类的发展压缩了世界上的自然生态系统，有时甚至消灭了自然生态系统，如今地球上只有不到 19% 的区域是荒野。[1] 但现在，水文循环正在带头解构水利基础设施，以全新的方式使地球再野化。在这种情况下，我们不得不思考一个问题：我们是否有足够的韧性来顺应这一潮流，去适应这个新崛起的自然世界？

开闸放水

2011—2012 年，美国国家公园管理局在华盛顿州的艾尔瓦河上引爆了格林斯峡谷大坝和艾尔瓦大坝。格林斯峡谷大坝高达 64 米，这是当时世界上最大的大坝拆除项目。艾尔瓦大坝建于 1914 年，目的就是发电，因为当地带来电力而广受褒扬，但并非没有批评的声音。[2] 艾尔瓦河是奥林匹克半岛上鲑鱼最多的河流，是艾尔瓦河下游克拉勒姆部落原住民的主要生计来源。大坝阻碍了鲑鱼向艾尔瓦河上游迁徙，严重影响了当地渔民的生计。一个世纪之后，随着公众对河流再野化和恢复原生野生动植物的兴趣不断增长，人们的情绪发生了变化，普遍支持解放水圈，让鲑鱼重新自由迁徙。

华盛顿州决定拆除大坝并协助解放水域的决定并非孤例。随着公众越来越关注自然栖息地的丧失、野生动植物和地球荒野面积的减少，特别是在全球温室气体排放引发气候灾变之后，年青一代被动员起来支持保护水圈。在美国城市的心脏地带纽约市的各个区，民间科学家们发现了一批古老的地图，显示几个岛上曾流淌着大大小小的山泉、溪流与河流。爱好者们用这些地图作为指南，发现在今天的道路下方仍存在着一个复杂的本地河流系统。他们的目标是解放地下水域，让水按照自然规律自由流动，同时调整城市水景观，以顺应水流。例如，在种植树木时，人们会选择路面下方存在自然水流的地方，以期树木更加茁壮生长。同样，居民若经常遭遇地下室进水问题，可以浏览这些老地图，了解他们的建筑是否位于仍在流动的地下河流之上，并基于此建造合适的排水系统，以使建筑保持干燥。[3]

2012 年 10 月 29 日，飓风"桑迪"袭击了纽约，淹没了多条地铁、隧道、道路和多栋建筑物，导致纽约证券交易所闭市两天。风暴过后，数千名纽约市民被迫撤离将近一星期的时间。风暴造成 43 人死亡，以及约 190 亿美元的损失。[4] 在这次风暴后，为了适应长期隐于地下的河流和小溪，解放纽约市的水域并重建城市基础设施变得迫在眉睫。其他美国城市纷纷效仿纽约市，包括艾奥瓦州的迪比克、密歇根州的卡拉马祖和加利福尼亚州的旧金山。它们纷纷在当地找出道路下方的古老水流，并以重新整合城市环境与古河流为目标，解放水域。

地球表面约 70% 的面积被水覆盖，但淡水只占全球总储水量的 3%，而淡水中又只有 0.1% 是可用的，因此淡水是一种极为稀缺的资源。[5] 不幸的是，在工业时代的发展过程中，人类在曾经充满活力的洪泛平原之上建造了城市，之后是郊区。这些平原由此被排干、截流和分流。随着宝贵水资源的丧失，野生动植物也大规模减少。仅在英国，随着城市工业景观的崛起，据估计，这里 90% 曾经郁郁葱葱的湿地已经消亡，大量的野生动植物也随之消失。[6]

英国各地正在努力解放水域，重新连接河流与天然洪泛平原，恢复野生动物的栖息地，以及报废或拆除全国范围内的大坝，目的是学会适应自然水域，而不是让水域适应人类的发展。这些努力非同小可。据估计，仅在英国，就有 1/6 的房屋面临遭受洪灾的风险。而且，水循环正加剧引发创纪录的洪灾。随着地球温度的持续上升，建筑物所面临的气候威胁也会加剧。[7]解放水域并学会适应迅速变化的水圈不再是一时心血来潮，而是人类生存下去的先决条件。

在英国，其他地方也一样，民间科学家、志愿者与海洋生物学家、地方政府合作，致力于鱼种培育场和盐沼再野化，再生海带森林，恢复本地牡蛎种群，拯救海草栖息地，参与其他能够促进碳吸收、减少洪水、净化沼泽和海洋区域、恢复本地物种活力的项目。[8]人们甚至正在采取措施，将曾经无处不在的海狸放归野外，以帮助恢复生态系统，提供自然防洪保护措施，减缓污染物流往下游。[9]

在陆地上拦蓄水源严重损害了岩石圈，威胁着所有陆地物种的未来，而大洋里的生物也无法幸免于难。在漫长的历史中，征服海洋和驯化海洋的想法似乎超出了人类的想象力。人们几乎没有考虑过要去占领广阔的海洋，将其用于商业和贸易。到了 15 世纪晚期，这一切发生了变化。西方世界进行大规模航海探险，寻找其他大陆并开拓殖民地、建立新的潜在市场。当时，西班牙和葡萄牙是无可争议的海上霸主，它们不断参与公开海战，急于为自己的王国开拓新的领土。它们后来认识到，双方应该结束公开战争，改为对全世界的海洋划分势力范围，这样做更为实际。

1494 年，西班牙和葡萄牙签署了《托尔德西里亚斯条约》，将世界海洋以"南北极之间、佛得角群岛以西 370 里格处为界"划分为两半，[10]西班牙获得分界线以西海洋的专属主权，包括墨西哥湾和太平洋，而葡萄牙获得了分界线以东的一切海域，包括大西洋和印度洋。英国探险家沃尔特·罗利爵士总结了这一安排的意义，指出"谁控制了海洋，谁就控制了贸易；谁控制了世界的贸易，谁就控制了世界的财富，也就控制了世界本身"。[11]19世纪和20世纪，帝国列强为争夺开放海域及新兴全球市场的商业和贸易机会而相互斗争，而罗利爵士这一评论预言了这200年来地缘政治错综复杂的形势。

尽管各国之间存在竞争，但显然没有一个国家能在广阔的海面上行使主权。于是，各国开始占领其沿海水域延伸出去的海域。意大利人声称他们拥有离海岸160千米的海域的主权，理由是这是一艘船在两天内能航行的距离。其他国家宣称对视线所及的开放海域拥有主权。甚至少数更为雄心勃勃的国家，建议将海域主权扩展至望远镜能看到的范围。荷兰人提出了更高的标准，他们声称海域主权应该延伸到炮弹的射程距离。这种新的划界方式成为第二次世界大战之前的标准。美国海军少将、海军战略家阿尔弗雷德·塞耶·马汉总结了世界主要统治大国的主流时代精神，他认为"通过海上贸易和海军霸权实现对海洋的控制，意味着占据世界主导地位……（而且）是国家实力和繁荣发展中最主要的物质因素"。[12]

所有旨在拆分全球海洋公地来建立主权的提议都导致了更多的混乱和冲突，使每一个意欲成为海上霸主的国家都筋疲力尽。到了20世纪末，各国普遍达成一致，希望制订一个合理标准来划分海域。1982年，联合国制定了《海洋法公约》，授予每个国家12海里宽的领海。同样重要的是，该公约还授予各国离岸高达200海里的专属经济区，为每个国家提供"勘探和开发、养护和管理"海床上覆水域、海床及其底土的生物或非生物资源的"主权权利"。这一前所未有的惠赠允许沿海国家将地球上大量海洋资源划为己有，其中涵盖专属经济区中90%的海洋渔业和87%的离岸油气储量。[13]

近几十年来，最受追捧的战利品是海底蕴藏的巨量石油和天然气资源。海底世界还是珍贵矿物和金属的宝库，有锰、铜、铝、钴、锡、锂、铀和硼。大片海床已被分配给各国，包括最后的大片海洋公地和主宰着蓝色水星球的大部分水圈。

在开阔海域捕鱼，是对海洋资源另一种惊人的掠夺。众所周知，过度捕捞已经耗尽了几乎所有地方的鱼类资源。如今的渔业使用尖端监视技术，包括卫星监测技术、雷达技术、声呐技术和海底测绘技术定位深海渔场，这使得渔业产业转变成海洋深处的"露天矿工"。主要参与者使用的是重达 14000 吨的巨型拖网渔船，船身长度相当于一个足球场。实际上，拖网渔船就是一个漂浮在水上的工厂，工人在船上捕捞、宰杀、加工和包装他们的渔获。这些拖网渔船布设超过"128 千米长的水下延绳钓或 64 千米长的漂网"展开捕捞。[14] 高科技海洋捕捞的效率之高，已经严重破坏了全球的渔业资源，以至于目前约 1/3 的渔业收入来自政府补贴，目的是维持该行业的生存。[15]

对海洋的大规模开发已经使海洋陷入苟延残喘之境。除非海洋能摆脱地缘政治剥削，否则它们会灭亡，地球上的生命也将随之消失。这个结局曾经只是一种可能性，而今已是我们可预见的未来。从更大图景上看，我们应该将大片海洋转化为海洋保护区，以增强海洋生态系统的韧性。2016 年，国际自然保护联盟通过了一项决议，呼吁各国在 2030 年前将 30% 的海洋纳入保护范围，以避免大规模的生物灭绝。越来越多的国家在其领海范围内划定了保护区，禁止商业开发，包括美国、英国、墨西哥和智利等。[16] 然而，目前正式纳入保护的海洋面积仍不足全球海洋总面积的 1/5，而受到严格保护的只占 2%。[17]

现在，这种状况可能会发生变化。2023 年，联合国提出了一个影响深远的公约，以保护公海和生物多样性，同时制订了一项建立大规模海洋保护区的全面计划。[18] 公约的目标是保护和管理 30% 的海域及沿岸地区，并指导各国进行环境影响评估，以保护海洋生态系统。

这个公约将在 60 个国家正式签署后生效，截至本书撰写时，已有欧盟及其 27 个成员国签署该公约。

各大洋沦为财产并日渐衰落，而地球上稀缺的淡水也一样，在由少数几家公司掌控的全球市场中被财产化和私有化。地球上的淡水原本一直在开放的公地上由公众共同管理，然而在过去的半个世纪里，地球上的淡水突然被跨国公司控制，并沦为市场上的商品。

这一切始于 20 世纪 80 年代初。当时，英国、美国和其他几个国家，与世界银行、国际货币基金组织、经济合作与发展组织、联合国等全球治理机构一起，开始推动将公共供水事业转为私营。世界贸易组织将水划为"可交易的商品类"，以及"商业物品"、"服务"和"投资"，并制定了规章来约束各国政府，限制它们试图阻止私营部门在市场上控制全球供水业务的行为。[19] 世界贸易组织的理由是，让私营部门接管公共供水事业可确保有效的运营，以提供理想的市场价格，从而使消费者受益。

世界银行和其他贷款机构倡导所谓的政府与社会资本合作模式（PPP），鼓励政府将其水利基础设施租赁给私营企业管理。世界银行、经济合作与发展组织、世界贸易组织和其他全球治理机构未能看到的是，私营企业几乎没有动力去升级其管理的公共基础设施和服务，或者去降低价格。哪怕是在消费者可以选择运营商，转用价格更实惠且服务更好的竞争对手的市场中，公共基础设施（如道路、机场等）也是自然垄断的，不必参与竞争。可悲的现实是，政府与社会资本合作的长期租赁关系往往会鼓励企业进行"资产剥离"，即不去改进基础设施和服务，因为它们知道，就它们提供的服务而言，用户几乎没有或根本没有其他的选择。

与公共管理的基础设施服务不同，市场主导型的公司从一开始就受到制约，难以长期维系一成不变的服务。原因很简单，尽管它们的消费者基础相对稳定，但它们必须向市场展示其收入和利润的稳步增长。换句话说，它们往往会从一开始就挖掘潜在市场。其结果是持续的资产剥离，目的是节省成本，并保证利润。这在水务系统和卫生系统方面表现得尤为突出，尤其是在最贫困的社区，他们别无选择，只能接受私营企业强加的任何条款。

在水资源被私有化的初期，世界银行通过向政府提供大额贷款，以及其私营部门——国际金融公司的业务，鼓励政府与社会资本合作。国际金融公司的部分核心业务是投资私有化项目。尽管越来越多的证据表明了水资源私有化存在缺陷，世界银行仍继续为其提供融资。水务私有化进程至今仍未平息。全球有 10 家企业主导着全球水务服务市场。[20] 这些规模庞大的跨国公司推动着水资源私有化的议程，从政府那里获取慷慨的激励和补贴，同时通过高价出售水资源而获得巨额利润，甚至还有可能降低水务服务的质量。

一项针对美国水务服务的研究发现，私营的公共事业公司通常"对供水服务的收费比地方政府公共事业公司高出 59%"，而"对污水处理服务的收费比地方政府公共事业公司高出 63%"。此外，水务私有化"可能会导致水务项目的融资成本增加 50%~150%"。该研究调查了与私营企业终止合同的 18 个城市，发现"政府提供的供水服务和污水处理服务比私营企业便宜 21%"。[21]

收获水圈

公众对全球变暖有一种由来已久的误解，认为气候变暖意味着我们的水资源正在消耗殆尽。暴雨和洪灾确实变得日益严重，但人们往往认为这些现象与旱灾不同。公众缺失的认知是，地球上的淡水并没有耗尽，只是气候变暖引发的水圈再野化正在改变雨季的时间以及降雨的强度和持续时长。问题在于，地球水利文明被困在一个如今不再存在的温和气候所导致的水循环中，因此无法在人类需要时随时随地为人类饮用、工业生产和农业灌溉提供水资源。

早在 2014 年，麻省理工学院的研究人员在《能源与气候展望》报告中就谈到了这个问题。作者在公开讨论中提出了一个颇有争议的假设，认为气候变化可能会使全球淡水资源的供应量增加 15%。麻省理工学院全球气候变化科学与政策联合项目的联合主任约翰·赖利指出，"所有气候模型都预测水循环会随着气温升高而加速"。气温升高意味着"蒸发速度加快，大气中的水分更多，降雨量也会增多"[22]。该报告预计，到 21 世纪末期，全球淡水流量将增加 15%。但研究人员警告说，全球农业、工业和生活用水需求量可能会增加 19%。[23]

问题又回到原点，那就是何时何地以及有多少水分布在地球的水圈中。通过目前的气候模型我们看到，降水带正在向两极转移，中纬度和亚热带地区则变得更加干旱。赖利说，最根本的问题是"水资源紧缺与否，很大程度上取决于降水的时间、地点、形式是否正确"[24]。例如，秋收后的大雨对农民就没有什么帮助。冬季积雪融化得太早，意味着来年春季和夏季将没有足够的水可用于农作物灌溉。科学家们提醒，积雪是大自然的储水系统，尤其是山区的积雪，在过去一万年中，积雪恰逢其时的季节性融化影响了世界各地的农业。赖利对此做了总结，"更多的雨水会以更大的暴雨形式降临，而降雨之间的间隔时间更长"[25]，这意味着未来会有更多洪水、径流和干旱。还是那句话，这不仅是一个四季更迭的降雨量问题，时间、地点也同样重要。

这道大题的答案是，我们要重塑我们与水圈的关系，从让水圈适应我们，转变为由我们去适应水圈。大量关于该主题的倡议正在涌现并在全球范围内扩展，它们都有着朗朗上口的名字，比如"慢水""海绵城市""基于自然的系统""绿色基础设施"等等。这些表述的共同点在于表达了范式的转变——从过度集中和超高效的水利运作方法，转向一种更具适应性的方法，以适应人类世的再野化水圈。或者用一种更哲学的说法，适应水圈的新方法将从对水域的管理转向对水域的看管……是顺应地球水圈的流动，而不是引导它的流动。

这种适应水圈的分布式方法较少受制于民族国家自上而下的集中式指挥和控制，也不再由国家政府和企业的官僚机构进行监督和管理，而是由当地居民亲身参与，他们采用生物区治理形式，亲身融入当地生态系统。这种对人类时间感、空间感和依恋感的重置，重新引入了古老的公地治理形式，但治理方式和技术更先进，契合我们在21世纪对所居住世界的理解。

这种治理模式的扩展并不意味着民族国家会突然消失。在学习如何适应气候变暖和水圈再野化的过程中，承担起大部分重担的最佳方式，就是人类积极融入我们和其他生物共同生活的生态系统。想想"慢水"的概念，它是从过去两代人传播到世界各地的两种运动发展而来的——慢食运动与慢城运动。这两种重塑运动都是为了摒弃对维持生命的生态系统进行超高效的索取、商业化、财产化和消费，转而重新学习如何因地制宜地适应大自然所设定的路径、模式、周期和时间表。

埃丽卡·吉斯是一名记者，也是《国家地理》杂志的探险家，她撰文讨论有关水资源问题和气候变化，并创造了"慢水"一词。她指出，水在自然状态下并不总是倾泻而下，或在地表急速流动，而是有其"缓慢的阶段"，例如水渗入土壤或稳定在湿地或地下洞穴中，她称这是"神奇之处"，因为"这为地上和地下的多种生命形式提供了栖息地和食物"。吉斯认为，"提高韧性的关键……是想办法让水成为真正的水，留出空间，让水与土地互动"[26]。问题在于，全球水利文明的运作设计就是为了快速拦蓄水资源，将其储存在人工水库并通过管道将水资源输送到目的地，灌溉农作物、通过水坝发电或供给家庭和企业使用，然后快速回收废水、重新净化并再次送回供水系统。

更复杂的是，复杂水利系统的建设导致越来越多的人口生活在密集度日益增大的城市及随后的郊区社区中。这些社区都建在以前的湿地、河流和溪流上，雨水无处可去，导致大规模的洪水流到不透水的水泥和沥青表面。水无法渗透到土壤中，又导致土壤无法提供维持地球生态系统所需的营养。吉斯举了一个在城市和郊区社区反复出现的例子，例如在中国许多人口密集的城市地带，只有不到 20% 的降水从建筑物和道路上流下，渗入土壤，更确切地说，是进入排水沟和下水道后再渗入土壤。仅在北京，长期泵取地下水供给越来越多的居民，导致地下水位每年平均下降 1 米。任由水域自然流动，是我们与地球重归于好的前进方向。[27]

世界各地都在开展实验，引入新的生态友好型方法来解放水域，但大多数是试点，鲜有大规模的实践。工程师、城市规划师和景观设计师正在引入"生态洼地"和"雨水花园"来解放水域。生态洼地的主体是一条长长的中空管道或沟渠，内部填充了生长在土壤和土壤覆盖层中的当地野生草、灌木和花，并铺设多层石头，用以让雨水"减速"并过滤掉雨水中的污染物，包括石化肥料、机油和垃圾。雨水花园功能类似生态洼地，但方式有所不同。生态洼地通过弯曲或线性的路径来给雨水减速，而雨水花园是"以碗形设计收集、储存及渗透雨水"。[28]透水的路面也开始取代城市和郊区传统的不透水路面。新路面铺有沥青、多孔混凝土、互锁砖路面和塑料格子路面砖，允许雨水和融雪渗入路面下方的土壤。

绿色屋顶花园也可以间接让水慢下来。这种高架花园能"遮阴，带走空气中的热量，并降低屋顶表面的温度"。绿色屋顶花园越来越受欢迎，它能大大降低屋顶温度。如果在城市地区推广，"可将整个城市的环境温度降低高达 2.8 摄氏度"，减缓蒸发，让水可以渗入土壤，同时减少电力需求。[29]

还有一种更综合、更规模化的方法引起了公众的好奇，它可以减缓水的流速，让水渗透到土壤中，或者储存在人口密集的城市扩张区域下方的地下蓄水池和人工含水层中。这种方法叫作"海绵城市"。这个概念由中国建筑师、城市规划专家俞孔坚首次提出，他也是北京大学建筑与景观设计学院的创始人。海绵城市的基础是将自然水体带回城市地区。景观设计师提醒我们，几千年来，世界上许多伟大的城市都兴起于湖泊、河流和湿地周边。今天，日益密集的城市环境铺就在水域之上，只能通过集中的水利基础设施（通常处于偏远地区）泵取水资源。如今，由于过度开采和气候变暖，这些古老的水域，尤其是世界各地的大河与湖泊，也在逐渐枯竭，这使得城市社区陷入生存危机。海绵城市试图通过在人口密集的城市地带引入自然景观，减缓降雨的流速，从而防止降雨导致洪水泛滥，并让雨水渗入地下，补给当地的地下水，或让雨水通过管道进入地下水箱储存，在需要时抽取出来。

土耳其城市伊兹密尔是一个不断扩张的城市，人口超过 300 万，而且还在不断增长。这座城市特别容易遭受"大暴雨"的影响。伊兹密尔也是地中海地区一座飞速发展的大都市，在过去 30 年中，人口翻了一番。该城市大部分的城市化进程超出传统城市的边界，已经扩张到城外的农田，导致大范围的"土地封闭"，广阔的城市地区因而容易发生大规模洪水，淹没人工铺设的道路和小径。新的研究表明，整个城市都处于 75%~100% 封闭的地面上，这意味着越来越强的倾盆大雨无法渗入地面并进入地下，而是滞留在城市街道上，迅速淹没居民房屋和企业，以及城市的大部分地区。[30]

伊兹密尔的城市规划者与伊兹密尔理工学院合作，共同创建了一个数字模型，详细规划了该市全方位海绵化措施的性质与类型。他们根据该模型产生的指导文件，形成了一张规划蓝图，设计出全市特定地点的自然景观，用以减缓水流，同时设置集水区，储存水资源供非降雨季节使用，从而帮助该市增强了全市基础设施的韧性。

一些批评人士认可在全市范围内配备湿地和公园来保留雨水资源确实具有价值，但他们认为这些措施可能无法应对全球变暖背景下即将面临的超级风暴。然而，俞孔坚指出，中国的城市必须有 30% 的面积用作绿地，另有 30% 用作社区空间，这足以建造更多的池塘和具有吸水能力的公园，用于拦蓄大量的降水。[31]

气候变化的核心问题在于，大气中的温暖空气会从地面吸收更多水分，而这会导致冬季降雪增加，春季暴雨成灾，夏季持续的干旱、热浪和野火，以及秋季的毁灭性飓风。降水时间、地点和数量的变化意味着雨水需要储存起来，以便在严重干旱、极端高温和灾难性野火的季节能按需取用。

收集雨水曾被认为是过时的古老做派，如今却成为一件紧要的事，特别是在全世界的干旱半干旱地区。如果你认为这种技艺只在发展中国家的贫困乡村社区中复苏，那就错了。从约旦的村庄和城镇到世界上科技最发达的城市，例如美国的拉斯维加斯，结合传统方法与物联网传感技术和算法来收集雨水的做法正逐渐成为主流。在未来一个世纪内，将有数以亿计的蓄水器投入使用，有些是独立式的，有些是分布式互联互通的，允许储存的雨水在指定地区的社区间共享。

自罗马时代和拜占庭时期以来，约旦一直使用蓄水器来收集雨水。许多蓄水器直到今天还在使用，有些长时间废弃的蓄水器正在被重新利用起来，因为在气候变化的环境中，必须在冬季和早春的雨季将宝贵的水资源收集起来，以便在夏季和初秋土地干旱时使用。许多蓄水器的形状类似陶罐，建在石灰岩集水区下方。村民将储存下来的水用于饮用和烹饪，通常还将从别处运来的水用来洗澡和灌溉。

工人们使用凿岩机挖掘出地下蓄水池，并使用水泥或黏土涂覆，后者更可取，因为水泥的碳足迹更高。对于新建筑，屋顶的雨水管会将雨水引流到地下蓄水池，蓄水池配备了一台水泵，可将收集到的雨水送到家用管道基础设施中。这种独立的雨水收集系统，能兼容更多的雨水收集建筑物。例如，约旦马达巴古城的圣乔治教堂是一座建于19世纪的希腊东正教教堂，它位于一个4世纪留存至今的雨水收集系统之上，底下有许多长期以来不断开凿的地下沟渠，这些沟渠收集着从城市公社和其他各处破损的鹅卵石街道渗透下来的雨水。[32]

2018—2020年，美国国际开发署的小型项目援助计划资助和平队志愿者和墨西哥4个州9个市镇的当地社区，为68个家庭、23个学校和社区中心安装了集雨系统，总容量为1633330升雨水。[33] 当地工程师与和平队志愿者、社区工作组合作，在居民家中安装了总容量为12000升的蓄水器，在学校安装了总容量为5万升的大型蓄水器。这些工作正在世界各地推广，各地的社区都开始在雨季收集雨水，以便在旱季使用。

在诸多雄心勃勃的努力中，有一项由联合国粮农组织（FAO）赞助的"萨赫勒地区百万蓄水器"计划。粮农组织表示，正在萨赫勒地区的7个国家安装雨水收集和储存系统，包括塞内加尔、冈比亚、佛得角、尼日尔、布基纳法索、乍得和马里。[34] 这项计划针对的是干旱半干旱地区最易受灾的农村社区。这些国家都受到大规模洪水的困扰，而洪水过后便是旱灾。粮农组织指出，水循环受气候变暖引起的越来越剧烈的波动"对最贫困的农村家庭来说是毁灭性的，他们艰难地应对这些冲击，这一切加剧了他们的脆弱性，使他们更易受灾"[35]。

这项雄心勃勃的大项目在萨赫勒地区的7个国家推广雨水收集，粮农组织表示，该项目的目标是"使萨赫勒地区数百万人能够获得安全饮用水，提高其家庭农业生产力以创造剩余产量，提升其粮食和营养安全状况，增强其抗灾能力"，并重点关注妇女。[36] 该计划旨在通过"以工代赈"的方式培训当地社区建造和管理蓄水器，尤其关注让妇女参与这个大规模蓄水器计划。这种能力的建设是该项目的重要部分，让妇女参与部署和管理这些用以适应水圈解放的分布式设施，确保这项工作的性别平等。如此一来，当地居民就能够共同监督萨赫勒地区 7 个国家共享的这块水文公地。联合国粮农组织表示：

> 当地社区接受了建设、使用和维护蓄水器方面的培训，他们由此具备从事民用建设工程和基础设施维护的资格，得以实现收入多元化、改善居住条件。他们还接受了良好的水资源管理方面的培训。此外，项目方还组织了关于农业适应气候变化和农业生态学方面的培训课程，与农民田间学校这个项目相辅相成。[37]

即使是美国这个全世界工业化程度最高且在技术上最先进的国家，也开始收集水资源。例如，罗得岛州、得克萨斯州和弗吉尼亚州为购买雨水收集设备提供税收优惠政策。不过，也有一些州对收集的雨水量和收集方式设置了限制。[38] 目前，收集雨水仍主要用于非饮用用途，如农作物灌溉、花园和庭院维护。

我们需要在降雨的时候将雨水储存起来，除了因为与气候相关的季节性水资源供应短缺，另一个迫在眉睫的原因是，越来越多的网络入侵犯罪和恐怖袭击将矛头对准了水泵站和管道，这样会破坏大城市的供水系统，导致数百万人陷入困境，面临严重脱水甚至死亡的风险。假如中央供水系统遭到破坏，广大地区的主要供水网络也随之关闭，有了雨水收集系统，就可以启动本地社区微水网，确保在主要的供水管道恢复正常前水供应不中断。

水联网具有最先进的物联网传感器，正在嵌入水库和供水管道，将淡水输送给消费者，并将废水送回处理厂进行再净化。物联网传感器能够监测管道的压力、设备的磨损程度、系统的泄漏情况、水的透明度和化学成分变化情况，利用数据和分析法来预测、干预甚至远程修复管线上故障的点位。类似地，智能仪表和传感器监测能提供关于水流的实时数据，包括使用量和使用时间，从而更有效地管理水资源——从确保清洁水资源的分配，到回收和净化废水并供给消费者重复使用，由此在一个良性水循环系统中节省水资源。根据美国土木工程师协会的数据，在美国，由于管道泄漏、计量不准确和其他错误，每天有近 2271 万立方米处理过的水被浪费。出于这种情况，在我们的水系统中嵌入水联网就变得越来越紧迫。[39] 其他国家也面临类似的水资源损失。

2021 年，巴特尔纪念研究所为美国能源部运营的西北太平洋国家实验室编制了一份详细的研究报告，探讨了在美国全境引入次级分布式备用微水网基础设施的必要性，认为只有如此才能满足本地社区甚至临近社区"迫切的水资源需求"。该报告强调，水资源储存十分必要，其作用类似于在微电网中使用电池和燃料电池储存电力。

微水网甚至可以现场对本地水源进行处理，处理过的水可用于饮用和非饮用用途。欧米茄可持续生活中心是一家讲授可持续发展与韧性力量课程的机构，它开发了早期的模仿自然净化水的现场净水系统。在欧米茄中心，该系统从地下含水层抽取水并泵入高处的蓄水器，制造出水压。然后，纯净的水通过管道往下流，进入该中心的许多教室、宿舍和餐厅，用于饮用、洗澡、清洁、烹饪和冲厕所。用过的水流回一套生态机器中进行净化，再回到原来的地下含水层。这套净水系统每天可以处理多达 196.8 立方米的水，且能耗为零，是一个尽可能接近自然循环系统的闭环系统。该系统的开发者是仿自然循环系统的先驱约翰·托德，他利用了与江河入海口相同的水净化模式——大自然的"水过滤系统"。[40]

在这个系统中，废水被泵送回"富含氧气的曝气塘……（在那里）植物、真菌、藻类、蜗牛和其他微生物……忙着将氨转化为硝酸盐，将毒素转化为基本元素"。从曝气塘出来的水被送往再循环过滤器，在那里，"沙子和微生物吸收并消化掉所有残留的颗粒和少量硝酸盐"，然后水被泵入欧米茄中心停车场下的两个场地，在那里融入地表以下的地下水，最终渗入欧米茄中心 76.2~91.4 米深的地下含水层。净化后的水被抽取、泵送到欧米茄中心的建筑物中，再次用于饮用、烹饪、清洁、洗澡和冲厕所，完成水循环的闭环。[41]

在同类系统中，欧米茄中心的现场净水系统是最早展示出"水在独立循环回路系统中反复循环"可行性的系统之一。近年来，新型的小巧的独立水资源再净化系统层出不穷，这些系统可以安装在家庭、酒店、商业建筑、工厂和科技园区的地下室。随着这些系统的面世，水资源现场循环模式开始扩大规模。这种时尚的设备与商用冰箱尺寸相当，它可接入建筑物内的管道，收集来自洗澡间、水槽、洗手池和洗衣机的"灰水"。灰水被送回地下室，通过膜过滤、紫外线和氯进行净化，然后几乎无损耗地被送回楼上，用于非饮用用途。劳伦斯伯克利国家实验室国家水创新联盟的执行董事彼得·菲斯克表示，"我们现在拥有的技术让我们可以做到在城市里、学校里甚至在独立住宅中处理和重复利用水资源"[42]。

使用太阳能和风能的去中心化分布式现场净水系统已经开始规模化，成本也经历了指数级下降。这种系统的市场巨大，而且可能会覆盖数亿座建筑物。也许在半个世纪后，去中心化分布式现场净水系统就会在建筑物中随处可见，有洗手池、洗澡间和洗衣机的地方就有它。许多地方政府迅速采取行动，要求强制安装这个系统。2015 年，旧金山开始要求"所有面积超过 9290 平方米的新建筑，必须安装现场（水）循环系统。"[43]

赛富时大厦于 2018 年竣工，集酒店、办公和住宅于一体，共 61 层，是旧金山最高的建筑。它有一个现场净水系统，每天处理约 114 立方米洗澡间、洗手池和后厨产生的污水，清洁后用于冲厕和灌溉，估计每年可节约 29526 立方米水资源，这相当于旧金山 16000 个家庭的用水量。[44] 纽约布鲁克林在建的多米诺糖厂也装有一个类似的系统，它每天预计可循环利用约 1514 立方米的水。[45]

目前，净化系统仅适用于厕所、洗碗机、厨房水槽产生的黑水，以及洗衣机、淋浴间和浴缸产生的灰水。将不适合饮用的水用于冲厕和洗衣服，可节省 40% 的用水，而循环利用淋浴用水可再节省 20% 的用水需求。[46]

旧金山市公用事业委员会估计，到 2040 年，水资源现场再净化项目将"每天节省约 4921 立方米饮用水"。水文学家估计，在分散式系统中实现大规模循环净化饮用水，仅需要 5~10 年时间。[47] 安装水循环系统会使独立住宅的建造成本增加约 6%，多住户的建筑物的成本会增加 12%。这项投资的回报期约为 7 年，此后居民将节省下可观的水费和污水处理费。[48] 随着这个行业的规模化发展，前期的成本有望大幅降低。

未来几十年，分散式水循环系统将在全球普及。谈到对未来的展望时，菲斯克说："新的建筑物和社区……也许有一天，不需要再连接下水道和供水系统。到时，人们可以不用考虑与水利基础设施连接，只需在几乎闭环的循环系统中反复使用相同的水。"他补充道："在全世界大多数地方，屋顶接收的雨水就足以供养一个家庭。"根据最近的一项研究，水资源的分散化有望节省 75% 的用水。[49] 如同目前正在全球范围内大力推广的太阳能和风能本地采集模式，居民社区数千万个屋顶上的雨水收集系统也将这种人类赖以生存的基础资源实现了分散化和大众化。

尽管这些高度分散的努力能给城市一些喘息的空间以及适应再野化水圈的利好，但它们回避了一个问题，即人类这些覆盖着庞大水利基础设施的巨型城市，是不是抵御即将到来的大气河、洪水、干旱、热浪、野火和飓风的合适栖息地。密集的城市水利文明可能是温和气候时期的首选，但并不适用于一个正在升温的星球。

或者，不客气地说，如果在 6000 年的温和气候中，密集的城市水利文明是人类组织生活的主要方式，其核心任务是使自然和地球水圈来适应我们，那怎么能指望使用相同的基础设施以及它背后的行动和世界观，帮助人类有效地摆脱这种过时的世界观所造成的地球危机呢？也许，今天这些新的环保用水倡议不过是人类在重新思考如何适应自然（而不是让自然来适应我们）过程中的一种过渡。

在人类对未来感到绝望之际，韧性时代带来了一个强大的新叙事。如果这个叙事能被广泛接受，它也许能为一个截然不同的未来奠定基础，让我们重归自然的怀抱，并给予生命第二次在地球上蓬勃发展的机会。

第八章
大迁徙与瞬时社会的兴起

　　让我们去适应水域，而不是继续强迫水域来适应我们，这可能有点难以想象，但要记住，我们有过这样的经历。人天生是游牧物种。现在，又一次伟大的气候迁徙已经到来，这标志着新游牧时代的开端，全世界的人都在寻找更宜居的气候环境。一系列新的人口统计研究和报告表明，在未来 45 年内，可能会有 1/12 的美国人逃离美国南部，前往西部和西北部的山区；还会有数百万人收拾细软离开旱灾肆虐的环境——易受热浪和火灾侵袭的西南各州，迁徙到五大湖地区。[1]

　　这些迁徙现在只是刚刚开始，很可能会在未来几十年内形成一股潮流。美国中西部的农业带有"世界粮仓"的美称，如今已经面临严重的与气候相关的春季洪水和夏季干旱。这些灾害每年都在发生，美国曾经葱郁的农田会在种植季初期被洪水淹没，而在种植季末又变得无比干旱。许多遭受重创的农民不得不申请破产。与此同时，消费者面临着日趋严重的通货膨胀，这在很大程度上是由超市食品价格上涨造成的，人们不得不缩减食品杂货开支。这一切都是因为在气候变暖的背景下水文循环发生了快速变化。

　　在过去 1 万年相对温和的气候下，我们迫使大自然的主要圈层——水圈——适应人类社会。1万年后的今天，我们将被迫进行180度的大转变，再次为人类和其他生物寻求适应地球水圈的新方法。这一次，人类对水圈运作及水圈如何影响地球其他三个主要圈层有了更为复杂的自然科学理解和人类学理解。凭着这些知识，我们可以调整策略，将角色从剥削转变为看管，找到与这个蓝色星球亲密相处的方式。

我们即将迎来5600余万年以来地球气候最为巨大的变化，许多事情仍不确定。[2]然而，我们有理由相信，人类及其许多的进化亲属，将以全新的方式生存下去并繁荣发展，尽管我们现在只能在人类旅程的这个十字路口想象这种方式。幸运的是，我们拥有非凡的适应能力。我们曾经穿越大陆，跨越海洋和广袤的土地，在冰期和气候变暖后的冰川消融中幸存下来。将未来视作一个门槛而非丧钟，可能会是助力我们到达彼岸的良方。

人类大家庭已经开始经历无疑是人类历史上最大规模迁徙的第一波浪潮。这种新游牧生活将改变我们的时空取向，因为我们长期以来一直过着代代相传的定居生活，现在被迫迁徙到更具韧性的地区，以期逃避地球异常强烈的水文循环引发的严重气候灾害。

这场即将到来的人类大迁徙将考验我们的智慧。如果说全新世的特征是长时间的定居生活和短时间的迁徙生活，那么人类世可能会缩短定居生活时间，延长迁徙生活时间，以顺应水圈设定的节奏。因此，我们可能会看到瞬时社会崛起的早期迹象。容纳数以万计甚至数十万计移民人口的快闪城市已经出现，但目前它们的运转更像难民营。随着人类迁徙成为一种生活方式，而不是为生活所迫，迁徙线路上的快闪城市将变得更为完善，更适合简朴且高质量的生活，而且有可能在公地治理模式下进行集体管理。在未来的50年内，我们有可能目睹可移动式瞬时城市的建立。这种城市可以跟上变化的迁徙模式和转移的路线，配备先进的结构，随着人流的移动进行组装、拆卸、移动和重组，以适应气候变化的影响。

我们的重启计划，即如何在这个被全球变暖和再野化水圈不时打断的瞬时社会中蓬勃发展，体现在我们从根本上重新思考了人类大家庭在时间和空间中的生活方式。这种时间和空间重新定位的最初迹象，体现在我们开始重新构想我们的栖息地和地域依恋感。将栖息地视作安全避风港的传统观念已经被抛到九霄云外，或者更确切地说，被抛到了一个气候不断变化、高度不可预测的世界之中。在有关"存在"（being）与"生成"（becoming）之间的本体论和哲学矛盾中，前者被视为真实的，后者被视为多变的，甚至是虚幻的。随着我们更加深入地踏入一个动荡不安的 21 世纪，这种矛盾正在发生逆转。

现实是由可预测的、非时间性的、被动的对象、结构和形式构成的，这种观点在哲学界甚至科学界正被迅速否定。学界对现实的讨论正在从攫取"事物"、隔离被动物质和将所有现象视为对象，转变为将现实理解为自我进化的过程、模式和流动。

瞬时艺术复兴与时空重置

在人类历史上，艺术通常是重塑人类与时空关系的先驱。在艺术领域，最后一次伟大的重塑可以追溯到中世纪和 1340—1550 年意大利文艺复兴时期，在这两个时期，时空被重构。时间观念的变化始于本笃会，这是圣本笃于 529 年在卡西诺山创立的天主教隐修院修会。本笃会坚定地致力于艰苦的体力劳动和遵守严格的会规。他们坚信的基本原则是"怠惰是灵魂的敌人"。对于本笃会来说，体力劳动是一种忏悔方式，是获得永恒救赎的途径。圣本笃告诫他的弟子："如果我们想避免地狱的痛苦，而获得永生，那就应该趁着我们尚未离开躯壳，还有生命之光的时候来完成这一切。现在我们必须奔跑，立即做有益于我们永生的事。"[3]

有学者指出，本笃会可能是最早将时间视为"稀缺资源"的群体，因为时间属于上帝，每位修士都必须充分利用每个清醒的时刻表达对上帝的敬意。为此，每一天都必须不懈地致力于有组织的活动，将时间具体分配给祷告、劳动、经文研究、进食、读书、睡眠等等。[4]甚至最枯燥的琐事，包括剃头、放血和填充床垫等，也都规定了具体的时间。没有任何一刻是计划外的。

人类学家指出，本笃会的修士可能是历史上第一批遵循"时间表"来安排活动的群体，这种做法如今已经成为一种生活方式，也是自然秩序的标志。因此，他们通常被视为"西方文明的第一批'专业人士'"。[5]尽管本笃会对准时有着执拗的狂热，但它还是面临一个问题——如何确保他们按时完成任务。他们在 1300 年前后找到了答案——机械时钟。这是靠一种名为"擒纵机构"的装置运行的自动化机器，可以"有规律地中断落锤的力"，控制能量的释放和齿轮的运动。[6]机械时钟是上天恩赐，修士们得以标准化每小时的时长，这样他们就可以准时、按计划处理他们的日常活动。

机械时钟的发明十分诱人，从修道院到公共社区，很快都知道了这台机器。各个城镇广场上都悬挂起一座巨大的时钟，成为人们日常生活的中心。不久，时钟成为中世纪晚期欧洲城市公社中原始工业经济的协调器和指挥器。当然，本笃会修士的初衷并不是让他们用以控制时间的发明成为商业生活的监工，也没有打算让它衍生出"效率"的价值取向。机械时钟是一种理想的发明，可以管理、监督和分割原始工业经济并为其降本增效。在这种经济中，无情的效率将取代小城市公社较为宽松的时间要求，以及一个以日出、正午、日落和四季更迭来衡量时间的农业经济。在工业时代，校准时间很快成了一种爱好。分针很快问世，不久，秒针也出现了。随着工业时代和资本主义市场的崛起，"时间就是金钱"成为社会、市民和商业生活的新信条。到了 18 世纪 90 年代，曾经是稀罕物和奢侈品的钟表成了每个家庭都负担得起的必需品，甚至连工人都开始随身携带怀表了。

在乔纳森·斯威夫特的小说《格列佛游记》中，小人国的智者向皇帝报告说，被他们捆住的巨人伸手从口袋里掏出一个闪闪发光的物体，巨人将"那机器放到我们耳边"，只听得它不间断地发出仿佛水车一般的噪声。他们猜想，这台机器"不是某种不知名的动物，就是他所崇拜的上帝；但我们更倾向于后一种猜测，因为他对我们说……无论做什么事，他都要向它请教"[7]。

时钟和怀表逐步使人们从遵循自然时间转向遵循工厂车间的机械时间。在工厂车间里，生产系统要求工人准确无误地与工业活动的节拍同步。时间将被视为标准的可衡量单位，它在平行宇宙中运行，不受地球节奏的影响。虽然少有人考虑到，更鲜有人想到，效率将我们带入了一个替代性的虚拟世界，这个世界完全脱离了地球在绕太阳一周过程中的每日自转及季节变化的时间节奏。

但这个故事还没完。在中世纪，地球上的时间并不重要。这个时期强调"在世界上"，而不是"从属于世界"。基督徒急切地等待升入天堂并获得永生，而尘世被视作他们的临时牢笼。

我们只消看一下当时的绘画和挂毯，那都是用一个平面来描绘上帝造物的过程，人类飘浮在空中，伸出双手，目光凝视着上方。这些画作虽然漂亮，但看起来梦幻而幼稚，缺乏深度和真实感。

1415 年，一切都改变了。那年，艺术家菲利波·布鲁内莱斯基彻底摒弃了教堂原有的画风，首次使用线性透视法，从在建的佛罗伦萨大教堂大门前的角度描绘该教堂的浸礼堂。线性透视法通过使用一个"消失点"把景深投射到地平线上，从而产生三维的视觉效果。[8] 布鲁内莱斯基的天才之举引发了一场思维的革命，改变了人类对时间和空间的认知，标志着我们看待世界的方式发生了重大的变化。米开朗琪罗、拉斐尔、多纳泰罗和达·芬奇很快就在画布上进行实践，画下了他们自己的透视法杰作。在机械时钟之后，透视艺术的引入彻底改变了一代又一代人体验时间、空间和地球存在的方式。

从此，人们欣赏到的画作都重新定位了视角，让人仿佛从窗户向外眺望，准备捕捉、屏蔽、物化并改变那片空旷的视线范围内的一切，以创造出地球上的第二个伊甸园。每个人都成为自己所注视的一切的窥视者和监督者。艺术中的透视感使后来者得以从一个独立而客观的视角来打量世界。

将透视引入艺术作品的文艺复兴时期的艺术家们经常与同时期的建筑师和数学家交流，这些建筑师和数学家利用透视原理推动了自己专业学科的进步，并与艺术家分享几何学和当时科学界的洞见。这些影响后来者如何感知存在的技法变革激发了培根式科学，并为 18 世纪的启蒙运动以及此后 19 世纪和 20 世纪的进步奠定了基础。

在后世人眼中，周围的世界成了可以攫取和利用的对象，换句话说，就是一种随时可改造和消耗的被动物质。功利主义将至少在某种程度上取代早期的宗教信仰。用超然观察者的角度来观察世界，意味着将自己从周围环境中剥离出来，扮起建筑师和经营者的角色，哪怕在我们与地球最微不足道的互动中也是如此。即使是在日常生活中最平凡之处，每个人也都成为监督者，而周围的自然世界则被视为供消耗的实用工具。

把时间塑造成效率和功利主义的必要条件，这种观念已经深入人心，以至于这几个词看上去像是同义词。效率是现代时间观念的标志，在当代生活中成为无可争议的至高美德。它作为时间价值的主导地位基本没有受到任何质疑，仿佛在暗示它就是大自然本身潜在的时间媒介。

我们已经将效率视为一种自然的力量，而不视为人类的发明。

归根结底，说到效率，我们设想的是以更快的速度和更短的时间攫取、拦蓄、商品化和消耗地球的主要圈层——水圈、岩石圈、大气圈和生物圈，以期增加人类的独有财富。难道其他物种不是这样吗？还真不是……在自然界中，时间的价值不是效率，而是适应性。至少在文明出现之前，每一种生物，甚至包括人类，都在根据地球的节律不断调整自己的生物钟——短昼夜节律、昼夜节律、季节性和近年节律。

总之，效率纯粹就是一种人类的发明，是一种在自然界并不存在的时间价值。在自然界，适应性才是广泛存在的时间价值，它内置于每种生物的基因。同样，与效率相对的"生产力"在自然界也寻不见。确切地说，是"再生力"驱动着自然系统和所有赖以生存的生命力量。自然并不由被动的资源和可商品化、可供消耗的对象组成，而是一个充满动态过程、模式和流动的丰富宝库，而这些动态过程、模式和流动在一个自组织的大舞台上不断相互作用，构成了一个生机盎然的地球。

认为自然有生命力、有互动能力，并且能随着时间推移不断自我演变，而非被动地存在于无时空边界的真空中，这种对自然的体验正是人类自古以来感知存在的方式。然而，大约在6000年前，随着第一个城市水利文明的崛起，我们开始与自然的召唤渐行渐远。这一传奇如今正被颠覆，因为气候变暖正在解放水圈，它要寻找新的路线。

坦白地说，人类对现实世界时空运转方式的认知也有过一些顿悟的时刻，最近一次是在浪漫主义时期对理性时代和启蒙时代的反思中。但直到20世纪初，物理学家才意识到，他们早前对于原子物理性质的设想——即原子是占据固定空间的固形物——"是错误的"。科学家们逐渐意识到，原子并不是物质意义上的"事物"，而是一组以某种节奏运转的关系，因此，"在给定的瞬间，原子根本不具备那些性质"。物理学家弗里乔夫·卡普拉做出了这样的解释：

> 在亚原子水平上，经典物理学中致密的物质对象化解为像波一样的概率图像……是相互关系的概率……量子论从而揭示了宇宙的一种基本的整体性。它说明，我们不能把世界分解为独立存在的最小单元。[9]

随着新物理学的诞生，将结构与功能分离的常见做法被抛弃了。科学家们意识到，"某物是什么"与"某物做什么"不可分割。一切都是纯粹的运动，没有什么是静止的。物体并不孤立存在，而是通过时间而存在。

第二次世界大战之后，"控制论之父"诺伯特·维纳和"一般系统论之父"路德维希·冯·贝塔朗菲将理论付诸实践。他们开始相信，人类长期以来对时间、空间和存在本质的设想都是错误的。1952 年，冯·贝塔朗菲写道，"我们所说的结构是长久持续的缓慢过程，我们所说的功能是短暂存在的快速过程"。1954 年，维纳采用了类似的方法来看待人类（这一方法也适用于地球上所有其他物种）的生命。他是这样描述人类生命的：

> 稳态所要保持的东西就是模式，它是我们个体的同一性的试金石。我们身体中的各种组织在我们活着的时候是变化着的：我们吃进去的食物和吸进去的空气变成我们身体中的血肉，而我们血肉中的暂时性因素则同我们的排泄物一起每日排出体外。我们无非是川流不息的江河中的漩涡。我们不是固定不变的质料，而是自身永存的模式。[10]

他们在很大程度上受到了哲学家阿尔弗雷德·诺思·怀特海的思

想的启发。怀特海是 20 世纪伟大的数学家之一。他与伯特兰·罗素合著了《数学原理》(*Principia Mathematica*)，这是一部关于数学基础知识的三卷系列丛书，在 20 世纪成为数学学科必备参考书。到了后期，怀特海转而研究哲学和物理学。他的巨著《过程与实在》(*Process and Reality*)于 1929 年出版，影响了 20 世纪许多科学和哲学领域的主要思想家。

怀特海批判了牛顿对于物质和运动与时间流逝无关的描述：

> （这种宇宙观）事先就假定有一种不以人意为转移的和不能为人所知的物质存在。这种物质也可以说是一种外形的流变下充满空间的质料。这种质料本身并没有知觉、价值或目的。它所表现的一切就是它所表现的一切，它根据外界关系加给它的固定规则来行动，这种规则并不是从它本身其所以能存在的性质中产生出来的。[11]

牛顿将存在描述为由"没有绵延性"和"无关乎其他的各瞬间"的瞬间构成，怀特海对此观点提出了异议，他认为"瞬间的速度"和"瞬间的动量"是完全荒谬的。[12] 怀特海主张，孤立物质具有"在时间和空间中的简单位置"这一特性的观点"不能给自然界以任何意义或价值"。[13]

令怀特海感到困扰的是，科学界对自然的普遍世界观"没有区分自然界的基本运动"[14]。牛津大学历史学家和哲学家罗宾·科林伍德观察到，关系和节律只存在于"足够长的时间段中，以便运动的节奏能够建立起来"。[15] 举个简单的例子，一个音符如果孤立存在，没有前后的音符，那它就什么也不是。

怀特海这样总结物理学的新观点：

旧观点使我们从变化中抽象出来，使我们认为一瞬间的自然是十足的实在。这个一瞬间的自然是从时间绵延中抽象出来的，其互相关系特征仅在于物质在空间的瞬间分布……在新观点的主张看来，过程、活动和变化才是事实。在一瞬间，是毫无所有的。每一瞬间都只是对事物进行分组的一种方式。因此，既然不存在作为单纯基本实体的瞬间，那么所谓一瞬间的自然也并不存在。[16]

假设科学家们的理解是对的，大自然的一切都是短暂存在的，我们正经历着由水圈推动的不断演变的模式、过程和流动，这一切都影响着这个自组织星球上的岩石圈、大气圈和生物圈；这个星球充满了蝴蝶效应以及每一次运动所伴随的外部效应，它们在不断地重塑我们所认为的存在。倘若如此，我们必须重新思考自然作为被动的、非时间性的对象和结构这一观点，这种观点认为组成大自然的对象和结构可被剥离其环境，可随意攫取、隔离、财产化和商品化。坦白地说，这并不是这颗星球运转的方式。

但问题是，约翰·洛克和后来的亚当·斯密，以及那些追随他们的脚步去构建资本主义理论和实践的拥趸已经严重误解了我们居住的星球。更重要的是，他们在哲学上的错误导致这个生机盎然的星球被掠夺，并将人类和其他生物一同带入地球生命的第六次大灭绝。现在，艺术正追随着新的物理学和生物学观念的脚步，帮助人类重新想象蓝色水星球上生命的意义。

就像意大利文艺复兴时期一样，艺术再次打破陈规，迫使我们重新思考对时间和空间的理解，进而重新思考我们与自然界的关系、我们的自我观念、我们对科学和技术的态度，甚至要重新思考我们教育新生代的方式，以及我们向地球主要圈层榨取经济价值并构想治理模式的方式。

瞬时艺术和人类一样古老，它借鉴了我们在地球上20多万年的存在历史。早期以采集狩猎为生的人类祖先过着稍纵即逝的纯粹生活。如前所述，他们本身信奉万物有灵。他们的世界里充斥着各种力量、模式和流动，这些力量、模式和流动密切地影响着他们的生活。湍急的大河和溪流，阴森凉爽的森林中树木在风中摇摆，积雪覆盖的山脉从高处俯瞰，呼啸的风从地平线上席卷而过，甚至是其他生物留下的新足迹，都被我们的祖先视作与我们同居于世的精灵——它们与我们并无差别。这些精灵（和恶魔）甚至伴随我们的祖先进入了冥界——一个不存在肉体的地方。

在我们远古祖先的世界里，视觉、听觉、嗅觉、味觉和触觉不断地从一个丰富的感官环境中汲取营养，这个环境无时无刻不在重组和演化，并且始终带着感官一起踏上重组和演化的旅程。狩猎采集者的世界是瞬息万变的，而且充满了即兴。将空间概念化为一个固定的地方，这对于过着游牧生活的采集狩猎者来说是无法想象的。在这个生机勃勃、瞬息万变的宇宙中，如果说有什么恒常感，那便是季节的更迭与冬至、夏至的标记。米尔恰·伊利亚德将我们那些信奉万物有灵的祖先所遵循的"生、活、死、再生"这一季节周期循环的超凡本质称为"永恒回归"。

我们祖先的迁徙生活与其他生物生、活、死和再生的季节周期循环紧密相连，他们也由此开始理解自己的人生轨迹。一个人死后，他的灵魂会在冥界徘徊，但最终会化作其他生命形式，无论是人还是其他生物，甚至可能进入无生命的世界。19世纪的人类学家爱德华·泰勒爵士第一个将这类社会归类为万物有灵文化。简而言之，我们祖先的世界瞬息万变，这符合我们对游牧式的采集狩猎文化的预期。

从采集狩猎到农业和畜牧业，再到6000年前城市水利文明的崛起，这一切导向了定居生活，并导致了意识的分岔，至少在西方世界是如此，将"位置"（place）置于"运动"（movement）之上，使"存在"与"生成"对立，柏拉图和古希腊哲学家最先阐明了这一点。

柏拉图如何将人类引入歧途

柏拉图是演绎推理的奠基人，而演绎推理是哲学的基石。这位古希腊哲学家将存在分为两个世界：第一个世界由他称为"理念或理型"（Ideas or Forms）的东西所占据，这些是宇宙的非物质存在；第二个世界是物质、物体和事物的世界。柏拉图说，我们生活的第二个世界即物质世界，只是对第一个世界的拙劣模仿；第一个世界是"非物质的、非空间的、非时间的"，而其本质是纯粹的存在。[17]

根据柏拉图的观点，我们在日常世界中所经历与互动的每一个物体都是对那些完美理型的不完美模仿。例如，人类个体、山脉、艺术作品都是它们所代表的理念的拙劣复制品。一个人对爱的体验，是"爱"的理型的拙劣体现。画一个三角形，是对三角形概念的拙劣模仿。这些例子都具有时间性，但柏拉图认为理型既不存在于时间中，也不存在于空间中，它们是不可见的。

没有人见过完美的三角形，或完美之美的表现，或者一只完美的狗。它们都是理型，只能在人们的头脑中被想象出来。没有任何人可以经历或观察到理型，只能在头脑中想象理型，然后进行模仿。我们可以"思考"一个完美三角形的样子，但永远无法"体验"它。柏拉图认为，要了解真理，只能通过纯粹思考和演绎推理来体验，而无法通过感官来体验。

柏拉图在西方哲学中引入了"身心二元论"的概念，即认知与物理世界的分离，这塑造了一代又一代学者进行本体论研究的方式，其中以科学家受影响为甚。我们都很熟悉类似的话："不要太情绪化……理性一点。相信理性好过相信经验。"在哲学中，理性主义是一种方法论，这种方法论认为人可以使用理性来获取知识，"真理不依赖感官，而依赖理智和演绎推理"。[18]

因此，在柏拉图看来，现实并不是我们通过感官所体验到的世界，而是一个非常抽象和非物质的理念或理型世界，而且它超出了我们的理解范围。最接近纯粹理性的体验应该就是数学了，它让人们得以一窥普遍真理，而无须依赖感官体验。柏拉图对几何学情有独钟——几何学在当时是最复杂的数学流派——并将其视为通往纯粹知识的窗口。他甚至在他讲学的学院门上题了一个"不懂几何者不得入内"的标牌。

这股伟大的哲学力量影响广泛，其中最甚的是以其超然的理型人性圈禁出一个没有任何能动性的、非时间性的、被动的自然界，与一个日益脱离自然世界的城市文明一道走到今天。

牛顿亲自为时间性的世界盖了棺。牛顿发现了描述万有引力的数学公式，他提出，这条单一定律可以解释行星为何以特定轨迹运动，以及苹果为何以特定方式从树上掉落。牛顿认为，自然界的现象可能"都与某些力有关，这些力以某些迄今未知的原因驱使物体的粒子相互接近，凝聚成规则形状，或者相互排斥离散"[19]。牛顿三大定律是：静止的物体会保持静止，运动的物体保持匀速直线运动，直到有外力施加于此物体；物体受到外力作用时，其加速度与作用力成正比，其运动方向与作用力的直线方向相同；对于每一道力，都存在一个大小相等、方向相反的反作用力。牛顿的三大定律解决了宇宙中所有的力如何互相作用并恢复到"平衡"的问题。

牛顿关于物质和运动的宇宙秩序井然，而且是可计算的，没有为时间性世界的自发性和不可预测性留出余地。那是一个没有特质的数量世界。牛顿将启蒙时代数学化，而数学为随后的进步时代奠定了基础。最重要的是，牛顿关于物体运动的三大定律没有时间箭头。在牛顿力学描绘的宇宙中，所有过程都是时间可逆的。然而，在真实的自然世界以及延伸而来的经济世界中，没有任何事件是时间可逆的。一代又一代的经济学家把牛顿那排除时间性的理论用作经济活动建模工具，实际上误入歧途，离现实世界越来越远。

气候的急速变暖和水循环的再野化在今天成了新常态。突然间，原先被视作不受时间影响的领域，可被任意攫取、隔离、财产化、商品化和消耗的地球主要圈层——水圈、岩石圈、大气圈和生物圈，现在又充满了能动性，这种能动性其实一直存在，只是在温和气候和温顺的自然环境中一直没有被发现。

如今艺术正在引领我们前进，它摒弃了文艺复兴时期留下的理性超然的传统，也不再将大自然视为非时间性的固形物。瞬时艺术正向我们重新引见一个生机盎然的地球，这里充满了时间性，处处都是惊喜。新一代的艺术家通过向我们呈现这个不可预测且不断演化的星球环境，使地球重焕勃勃生机。在这个星球上，相互作用的力量、过程和模式无时无刻不在闪现，又迅即消失，为这个一直充满生机的星球创造新的迂回曲折。

新一代的瞬时艺术家让我们得以窥见一个充满生命力和能动性的星球，它正试图适应不断变化的气候环境。瞬时艺术在经历了漫长的休眠之后重新出现，这有助于我们理解存在的短暂以及沉浸每个珍贵时刻的重要，也让我们知道，我们的个人经历将延续下去，影响未来的一切。

大约 20 万 ~30 万年前，我们的远古祖先走出非洲大裂谷的森林，踏上辽阔的大草原，横渡大洋并在各大洲定居，瞬时艺术从那时起就一直伴随我们左右。只是在公元前几千年城市文明兴起后，在我们与自然世界日渐分离的过程中，瞬时艺术才逐渐淡出人类的视野，但它从未真正消失。如今，一半以上的人类家庭隐藏在人工城市飞地中，大部分时候待在远离大自然的虚拟屏幕前。然而，古老的瞬时艺术仍然存在，尤其在发展中国家、宗教教派和原住民社区中较为常见，而在与自然界渐行渐远的高度城市化工业国家则不多见。

在许多国家，人们依然会举行精心准备的短暂仪式，这些仪式充满艺术元素，通常是为了向自然界的魂灵和男女神祇致敬，感恩他们慷慨地将地球赐予人类。在这种仪式上，人体会被用作暂时的艺术品，身上装饰着羽毛和毛皮，使用从碎石和土壤中提取出来的天然颜料——黄色、棕色、橙色、红色和蓝色，在脸和皮肤上绘出精美的图案。

例如，根据印度教的传说，他们敬奉穆尔塔尼米蒂黏土。他们认为这种黏土具有神奇的属性，因为"所有造物都由大地塑造，且最终都归于大地"。[20] 据说，穆尔塔尼米蒂黏土是"生命维系者——地母神的身体"，是一种"易得、易塑造之物，经火或其他神圣元素净化后，即可成为适当的导物，或可得神祇一见"。

在印度东部，每年都会举行一种古老的仪式。陶工们将黏土涂抹在用稻草和木棍精心搭建的架子上，然后一行人将架子抬到当地的河里，使黏土溶解在河中——由大地塑造的短暂存在的雕塑归还给大地，它的使命已完成，因此神灵可以返回天上。世界各地都有类似的古老短暂仪式。人体彩绘、由泥土塑造的雕塑和舞蹈仪式都是古老的瞬时艺术与表演的一部分，每一种都反映了生命的短暂性，生命的每一刻都重新融入自然之池，以另一种形式延续下去，为未来的每一刻留下印记。

了解传统艺术和瞬时艺术的区别是有启发意义的。传统艺术包括建筑、舞蹈、雕塑、音乐、绘画、诗歌、文学、戏剧、叙事、电影和摄影。虽然有些传统艺术也是瞬时的，例如舞蹈、戏剧和诗歌朗诵，但它们一旦被摄影、录制、书面记录和存档，就会在时间和空间中凝固。

与此相反，瞬时艺术活在时间和空间中，它们不会被归档，只会在人们的记忆中保留下来。它们来了又去，激起涟漪，影响其后的一切。不管瞬时艺术的贡献有多大，它们始终只是时间上稍纵即逝的体验。英文中的"瞬时"（ephemeral）一词源于希腊语"ephemeros"，意为"短生的"。沙画和冰雕都属于瞬时艺术。瞬时艺术的意义在于它即时出现又即刻消散，不被保留。这种艺术形式颂扬了存在的短暂性。相比之下，绘画、雕塑和摄影之类的传统艺术捕捉了空间中的图像，将其作为非时间性的对象进行封存，给了它一层永恒的外衣。

　　东方的宗教和哲学在其艺术表达中对存在的瞬时性比西方更加敏感。例如，东方的宗教仪式和哲学实践经常包含创作美丽而复杂的曼荼罗。这种小土台由彩色沙子砌成，仪式结束后就会随风散落，这反映了一种信念，即存在本身稍纵即逝。

　　20世纪早期的德国哲学家瓦尔特·本雅明推断，近代艺术作品中瞬时性的转变反映了人类在快速变化的全球环境中生活节奏的加快。到了20世纪六七十年代，一股新的瞬时艺术浪潮开始涌现，年青一代越来越多地意识到自然环境中正在发生一些有害的变化。长期以来，"自然是相对可预测的、由被动的对象组成的"这一观念被认为是理所当然的。它在人们脑中构建出一个非时间性的纯粹的世界，而全球变暖引发水圈激烈的再野化，使得每一个时刻都显得独一无二。一个急剧动荡的水圈深深刺痛了人类的集体意识，迫使我们每一个人去感受大自然的不可预测和不断演化。

　　现代瞬时艺术浪潮扎根于美国黑人文化。20世纪20年代的爵士时代将瞬时性带入流行文化，改变了音乐的表达方法。临时组建的乐队聚集在一起，没有乐谱，即兴创作，让音乐即时而生，每一次音乐邂逅都成为独特而不可重复的短暂体验。20世纪60年代，即兴喜剧在芝加哥第二城喜剧团的演员中兴起，其中许多演员后来成为广受欢迎的电视节目《周六夜现场》的常驻演员。即兴喜剧演员通常会从一个开放的故事情节开始，跟随一股意识流做出反应，这很像当时女性意识提升活动中相当流行的心理治疗方式。即兴喜剧演员经常会揭露生活中具有讽刺意味的、晦气的、巧合的和矛盾的、让人痛苦的故事，这些故事会引起观众的共鸣，因为他们在自己的生活中也有类似的经历。

大约在同一时期，朱利安·贝克和朱迪丝·马利纳将生活剧场的概念带到了纽约舞台，不久又传播到了世界各地。每一场生活剧场的表演都围绕着特定的主题或故事情节展开，观众有时会被邀请到舞台上与演员一起即兴表演，像是一种戏剧形式的爵士乐。

20 世纪 60 年代，即兴舞蹈也成为一种受欢迎的舞蹈流派。即兴舞蹈放弃了芭蕾舞和其他舞蹈形式中严格的固定格式，允许表演者按照当下的感受和环境即兴表演舞蹈动作，成了一种治疗性的运动和瞬时艺术形式。玛莎·葛兰姆、多莉丝·汉弗莱、保罗·泰勒和摩斯·肯宁汉等人是这种新型活力爵士舞蹈的先驱。20 世纪 70 年代，伊冯·雷奈尔的大联盟舞蹈团将即兴舞蹈推向了新的高度，他们的表演是完全随兴发挥的，没有事先排练过。

20 世纪 60 年代末期，现代环保运动兴起，蕾切尔·卡森出版《寂静的春天》一书，一场新的环境危机开始浮现。1970 年人们首次庆祝地球日，之后才有了一小群艺术家完全离开艺术博物馆和画廊，开始实践一种新型的瞬时艺术流派——"大地艺术"（land art）。19 世纪的印象派大师克劳德·莫奈曾自夸道："我的花园是最美的杰作。"当然，所有园林都是短暂存在的艺术品，它们随着季节更迭而不断变化，园丁得以享受自己作为自然生命世界的看管者，参与其中共同造物的乐趣。

大地艺术并不是一种新现象，从我们在这个星球上居住开始它就已经存在，但面对地球生命正在经历的第六次大规模灭绝，它具有了新的意义。大地艺术是对存在的令人敬畏与惊奇之处的庆祝——一个生机盎然的地球进行着无情的、自组织的演化，并带领数百万物种（包括人类）踏上跨越新地平线的旅程。

新一代的大地艺术家崇敬这个富有生机的地球的瞬时性。要欣赏瞬时大地艺术，以及明白它如何改变我们对时间和空间的理解，我们可以从两类不同的雕塑入手，这两类雕塑会使人对存在的令人敬畏之处产生截然不同的情感反应。第一类雕塑，比如美国南达科他州拉什莫尔山上的雕像，可以说是世界上最著名的雕像之一，它描绘了美国四位最受人爱戴的总统的头像：乔治·华盛顿、托马斯·杰斐逊、亚伯拉罕·林肯和西奥多·罗斯福。每座头像高达 18.3 米，矗立在风景如画的山脉上，几千米外都能看到。这几个雕像代表着美国"诞生、成长、发展、巩固"四个阶段，每年都能吸引超过 200 万名游客。[21]

这些雕像于 1927 年开凿、1941 年完工，但并非没有争议。原住民印第安苏人认为这些雕像位于神圣的苏人土地上，而此处代表着他们化身为六个方位的祖先神灵——东方、南方、西方、北方、上方（天空）和下方（大地）。他们将这些雕像称为"虚伪的神龛"。[22]

"四位美国老祖宗"的头像雕刻在拉什莫尔山的花岗岩峰上，这具有更深层次但未明说的意义——人类对自然的绝对统治。这些雕像潜意识中自然流露出的主题是人类对时间的征服和对空间的囚禁。毫无疑问，许多游客观赏完此地后都会萌生出这样的想法——这些巨大的花岗岩雕像就像古埃及金字塔，将永远存在。这是对人类的不朽和人类征服时间的赞歌——永恒的存在战胜了地球的生成演化。

大地艺术家则采取了一种截然不同的方式，他们寻求与自然的时间性互动。大地艺术的世界是一个持续生成演变的世界。艺术家们会感知地球的四大圈层——水圈、岩石圈、大气圈和生物圈，这些圈层充满活力和影响力，在地球的时间熔炉中彼此交织，不断演化出新的模式。这些模式持续存在并往外扩散，影响着外在的一切事物，无论其外部效应有多难以察觉。

安迪·高兹沃斯是一位不同凡响的英国雕塑家。他是瞬时大地艺术的先驱之一，他常使用雪、冰、落叶、鲜花、松果和石头做原料，创作出嵌入自然环境的精致美丽的艺术品。他的作品诱人而短暂地玩转光与影，只是很快会被风、水或热能拂去，或慢慢降解为地球的土壤。他的雕塑隐藏在森林中或洪泛平原和湿地的边缘，等待被人发现。他以"现代岩石平衡术之父"的美誉而闻名。这门艺术将石头摆放成精致的塔状，看起来似乎违反了重力。路过的人会被这种奇异的构造所震撼，他们的好奇心甚至是敬畏和惊奇之情会被激起。这些偶然的邂逅总会在人们的记忆中留下印记，并在与他人的分享中流传下来。

最有意思的是，瞬时大地艺术的构造回避了商品化。它们只能在短时间内被体验和欣赏，而不能用于出售和交易。虽然这些构造会随着时间的推移而退化，但构成这些瞬时雕塑的分子中的原子最终会转移到其他地方，以其他的形式留存……从这个意义上看，它们永远不会消亡。

柏拉图贬低人的生活体验，将其视为对纯粹思想的拙劣模仿。他的哲思实际上将一个充满活力、能动性、新奇和涌现的生命的物质性抛诸脑后。他认为的超然理性世界只有纯粹的思想和完美，不为生活体验和时间的流逝所影响，与天堂的意象有着密切的联系。毕竟，"永恒"就是一个没有时间的世界，那里住着永远不变的、没有肉体感官的、完美的魂灵。

至少柏拉图对此毫不避讳，他认同超然理性的永恒本质，贬低短暂存在的物性，认为短暂存在在更大图景中无足轻重。他甚至因其短暂而贬低肉体之美，认为只有"美的理念"才是永恒。诚然，人们对短暂生命的珍视并没有完全消失，但别忘了，自耶稣受难升天以来的17个世纪中，基督教信徒一直紧紧团结在一起，坚定不移地等待着，祈祷着从这个充满辛劳与动荡的堕落现实世界中被拯救，并被迎接进入永生的天国。

18世纪末期，浪漫主义开始萌芽。狂热的浪漫主义者听厌了柏拉图的哲思，他们用一句俏皮话评论道："美好的事物总是昙花一现。"20世纪60年代末，局势开始逆转，瞬时性经历了它的第二次"圣临"——一种更复杂的新万物有灵论与物理学、化学、生物学和生态科学的新发现联系在一起。瓦尔特·本雅明再一次窥见了未来时代的精神，他认为在现代，永恒的是大自然的短暂性。[23]

为什么本书要花费如此长的篇幅来讨论瞬时艺术的复苏呢？因为它正在为人类做准备，好让我们得以在一个气候剧变的星球上生存——这要求我们在一个不可预测的水圈中乘风破浪，跟随动荡的水圈进入未知的世界。过去1万年的大多数时候，气候都是可预测的、温和的。这种定居生活已经过去了。这不过是人类在地球上存在的一个短暂的插曲。今天的世界在水圈再野化的影响下持续演变，情况严峻。作为新的游牧民族，我们要学会在这样一个世界里生活和发展，重置对时间和依恋感的体验方式。这意味着，我们要放弃原本幼稚的观念——大自然是由没有能动性的被动的对象构成的，这些对象可以被随意收集和消耗，而不会产生负外部效应，也不会反噬人类。这种思维方式往好里说是幼稚，往坏里说，会危及我们生存和发展的能力。

一种更为成熟的新万物有灵论正在诞生，在我们准备迎接一种更偏向于"游牧式＋短暂定居"的生活方式时，它为我们提供了一艘驶往未来的救生艇。那个未来与我们先前在可预测的温和气候下所预料的未来大相径庭。以前，我们对地域的依恋感和定居生活占据主导，而未来不再如此。倘若说有什么希望，那就是生物学家和人类学家告诉我们的，从生物学角度看，人类很适合过这种我们古老的游牧祖先过了千万年的生活。我们的生理习性是我们的优势所在，可以让我们过得很好，甚至能让我们在一颗充满活力、以新的方式再野化的星球上长久地生存下去。重新调整我们自己，以适应存在的瞬时性，是为我们未来更具瞬时性的游牧生活做准备的第一步。

第九章

重新思考地域依恋感：
我们从哪里来，我们往何处去

人类学家仍然不确定智人是何时出现的。此前很长一段时间里，一个被广泛接受的观点是智人在大约 20 万年前出现在非洲大裂谷。最近，新发现的化石和基因分析表明，我们的远古祖先或可追溯到 30 万年前。学界普遍认同的是，从一开始，人类就是一种高度游牧化的物种，大部分时候都在追逐宜人的季节和气候，偶尔在一个地方短暂逗留。这种生活方式很难称得上是"定居生活"。因为人类过上定居生活有两个先决条件，一是最后一次冰期的冰川融化，二是过去 11700 年的气候保持温和且大部分时候可预测。我们的祖先偶尔会聚成一小撮找个地方定居下来，不再追逐季节更替、植被生长周期变化及动物迁徙路线，而是学会驯化野生植物、圈养野生动物和放牧。他们开始扭转适应自然的生活方式，转而让自然来适应人类。

最初的农业定居点都靠近海岸线或湖泊、河流和湿地，因为需要确保丰富的海洋生物和充足的水源供人类使用和原始农业灌溉。但如果认为此时定居生活开始取代迁徙生活那就错了。定居生活从未取代迁徙生活。不妨退一步，看看长期以来智人在地球上的足迹。尽管最早在村庄、后来在城市、如今在大都市的定居生活容纳了大部分人口，但再伟大的文明也会有起起落落、来来去去。

在很大程度上，定居生活的基础设施会因土壤退化、森林吞噬和水源枯竭而受损，同时它们还受到气候剧变的影响。劫掠团伙和殖民势力的入侵也导致我们在漫长的时间里不断分散和迁徙。不过，通常认为，地球主要圈层——水圈、岩石圈、大气圈和生物圈——的变化是人类在短期定居和长期游牧之间来回切换的决定性因素。

想想看，1776 年，全球人口还不到 7.8 亿。如今，全球有 80 亿人口，这是由基于化石燃料、"水–能源–粮食"关系链的工业文明带来的。这个文明正在剧烈地改变着地球的气候动态，使数亿人陷入大规模迁徙和重新安家的苦难之中。到 21 世纪末，可能会有几十亿人为了寻找更安全的气候避难所而被迫迁徙。甚至在气候急剧变暖开始影响日常生活之前，人口数量的正态分布曲线就已经达到峰值。维也纳维特根斯坦人口和全球人力资本中心预测，到 2080 年左右，全球人口将达到约 94 亿，并在接下来的一个世纪内急剧下降。[1]

人类从定居生活转向游牧生活，以及伴随气候变暖的大规模迁徙所带来的艰难困苦，将不可避免地导致人口急剧减少。这一过程已经开始了。[2] 到 24 世纪，随着我们完全过渡到使用太阳、风和水带来的新型绿色能源——这些都是支配着这个星球的原始能量——人口数量很可能会下降到与工业化之前相当的水平。

步入新游牧时代

我们在整个进步时代了解的世界是转瞬即逝的，而且进步时代很快就要结束，比我们想象的要快得多。那么，希望又在何处？现代人类从非洲草原发源起，就开始了横跨地球的漫长征途。我们的祖先先是向东方迁徙，在 6 万 ~8 万年前，横跨整个亚洲大陆，进入印度尼西亚，然后再迁徙到澳大利亚。大约在 45000 年前，我们的远古同胞穿越地中海，沿着多瑙河进入欧洲，在那里与尼安德特人共同生活，有些还与他们繁衍后代。尼安德特人的基因仍存在于我们的基因构成信息中。[3] 在距今仅 15000 年前，智人通过白令海峡，从亚洲进入美洲，一路沿着北美洲、中美洲和南美洲漂泊。

早期人类学家普遍认同的说法是，我们的祖先被吸引到了郁郁葱葱的草原上，他们在开阔的田野上可尽情捕猎。虽然这并非完全错误，但实际上，我们的远古祖先狩猎少而采集多，因为野生动物稀少，而植物易得。美国东北大学历史与非洲研究教授、《世界历史上的移民》一书的作者帕特里克·曼宁指出，新石器时代早期的跨大陆大规模人口迁徙和定居，说明人类更有可能是在近水地区开荒定居。他写道：

> 随着人类社群的增长和扩散，他们不断地面临一个选择：是继续沿着水域边缘扩散，还是穿越广袤的大草原……关于人类进化的研究，长期以来都倾向于强调狩猎和草原……我想要强调河流、湖泊和海洋在早期人类社会中的持久的重要性。食物采集者常常能在海边、河湖附近找到大量的植物和动物。[4]

困扰人类学家的问题是，我们的远古祖先究竟是如何跨越大洋，开拓新的陆地和整块大陆的？尽管亚洲和美洲之间的白令海峡宽度仅有约 85 千米，而且部分区域相对较浅，但仍然无法解释我们的祖先如何做到在广阔的大洋上航行，比如如何从印度尼西亚群岛到达澳大利亚和太平洋诸岛，其间的许多岛屿在数千年前就有了人类定居的痕迹。[5]

第一次伟大的航海行动（至少在太平洋一侧）是从波利尼西亚发起的。波利尼西亚属于大洋洲，包括横跨太平洋的 1000 多个岛屿。"波利尼西亚人的寻路之旅"可以追溯到很久以前。[6] 波利尼西亚人成为最早的海上航行者，四处登岛殖民并进行复杂的贸易活动。他们精湛的航海技能尤其令人神往。他们凭借记忆，详细记录了某些海鸟的行踪，这些海鸟会飞到海上捕鱼，在夜间返回岸边，航行的人由此能够跟随它们顺利返程。他们还通过星星来确认航线。这些精明的航海者甚至利用海浪的形状在大洋上确认方向和航线，从一个岛屿找到去往另一个岛屿的路。生活在群岛内的航海者会研究各个岛屿对海浪的形状、方向和移动的影响，并相应调整航线。[7]

历史上人类迁徙的缘由各式各样：为了逃离压迫、避开战争，为了外出殖民，为了寻找可以定居的处女地，为了传道，为了寻找新的工作地点，为了离开土地贫瘠和粮食短缺的地区，为了逃离宗教、民族、种族和政治迫害，为了逃离诸如洪水、干旱、地震和火山喷发之类的自然灾害，等等。贫困与对美好生活的期望一直是人类大规模迁徙的主要动力。1826—2013 年，7950 万人（大多数是因生活艰苦、饥饿和赤贫）迁移到了美国，获得了居留权和公民身份。[8] 还有一种大规模人口迁移，是将数百万黑人从他们的非洲故土运往美洲各地。大规模迁徙也可能源于人们对与不同生活方式和文化进行交流联系的渴望。大规模迁徙也可能出现在国家内部，在美国，1910—1970 年有 600 万黑人从南部各州迁往北部各州，以逃离白人至上主义、种族隔离制度，这次迁徙被称为"大北迁"。

在更近的年代，富裕国家的季节性劳动机会吸引了来自贫困国家的移民，他们在那里劳作，并向祖国的家人汇款。例如，许多菲律宾公民长期在阿拉伯联合酋长国工作，之后返回自己的祖国。还有一些人移居外国是为了寻求新的冒险机会，或寻求更能开阔眼界的生活方式，抑或只是为了享受离群的生活。

大多数迁徙的缘由并不明确，我们需要区分不同程度的迁徙，以界定定居生活和游牧生活。哪怕是长途通勤或在寒暑季节往返两个地区旅居，也会模糊定居生活和游牧生活之间的界限。应如何界定我们到底是处于游牧状态还是定居状态呢？例如，长时间拜访远方亲友后返回，这算什么？或者，再举个例子。根据美国人口调查局的数据，美国 18 岁以上的成年人一生平均搬家 9.1 次，而且通常是搬到相距甚远的地方。[9] 另外，值得注意的是，截至 2020 年，超过 2.81 亿人侨居他国，占全球人口的 3.6%。[10] 如果对人类漂泊的驱动力还存在任何疑问，不妨考虑这一点——1960 年，全球只有 1/3 的国家允许公民拥有双重国籍，但到 2019 年，75% 的国家允许拥有双重国籍，而且这一比例每年还在增加。[11]

智人的天性偏向游牧生活，只是偶尔会短期定居。尽管定居生活受到人类的追捧，但对未知的探索渴望也深深植根于人类的基因之中。这一说法有数据佐证。2017 年，共有约 13 亿人出境旅行。[12] 2019 年，旅游业创造了全球 1/4 的新工作岗位——共 3.3 亿个，占全球就业量的 10.3%……该行业 GDP 高达 96 万亿美元，约占全球 GDP 的 10%；旅客消费额达到 1.8 万亿美元，占总出口额的 6.8%。[13]

游牧生活方式已融入我们的基因，在整个人类历史上对我们的生存和繁荣至关紧要。为什么一定要承认这一点呢？因为我们正面临人类历史上最大规模的迁徙，同时也要面对全球变暖和地球生命第六次大灭绝。未来，可能会有数十亿人逃离气候炎热地区。寻找新的安全避难所与繁荣之地将成为人类在未来岁月中压倒一切的重点。随着地球水圈再野化，我们的后代将过上长期游牧、穿插短期定居的生活。

那么在地球气候剧烈且不可预测的变化中，我们将如何生存并以新的方式繁荣发展？要回答这个问题，我们需要认识到，人类实际上是地球上适应能力最强的物种之一，可能比我们强的只有病毒了。史密森尼学会最近进行了一项不同寻常的研究，探讨我们这个身材矮小的物种何以成功地在地球上生存下来并繁荣发展。[14] 前面说过，人类世代相传的古老故事告诉我们，大约在 11000 年前，最后一次冰期渐渐远去，一种新的温和气候取而代之。当时，采集狩猎的游牧生活被以耕种和放牧为主的定居生活所取代，随之而来的是伟大的水利文明与城市生活，并引领人类最终步入工业时代，人类几乎完全城市化并长久定居下来。然而，当研究人员仔细研究地质记录时，他们被自己的发现震撼到了——从大约 80 万年前出现的人类远古祖先，到许久之后的尼安德特人，再到最终的智人，他们都生活在历史上动荡最为剧烈的天气模式和气候变化之中。

原来，地轴在（地球）绕太阳转动时会倾斜。美国国家航空航天局解释说，地轴倾斜的角度越大，季节的气候变化就越剧烈，"倾斜角度越大，冰川融化越快"[15]。史密森尼学会和纽约大学的研究人员利用地质记录研究过去 80 万年的人类历史时发现，在人类祖先演化的这一特殊时期，地轴发生了倾斜，地球的温度和气候多次突然发生极端变化，地球周期性地经历了 10 万年的冰期与 1 万年的气候变暖和冰川消融期。这种周期性的气候剧烈变化在过去 80 万年内一次又一次出现，甚至在智人出现后的 20 万 ~30 万年间也是如此。[16]

那么，人类是如何在地球气温和气候发生剧烈变化的情况下生存下来的呢？研究人员的结论是，人类是地球上适应能力最强的物种之一。我们要牢记，人类大家庭早已证明自己是一种精明且适应能力超强的迁徙性物种。尽管在体格方面不如许多其他生物，但人类仍得以在地球气候发生剧变时生存下来并繁荣发展，靠的是非凡的智力、语言能力、知识共享能力、传承能力，使用灵巧的手指抓握、操作物体和制作工具的能力，以及植入我们神经回路、促使人类进行集体合作的共情冲动。

这项研究或许是我们这个时代最具希望的注脚。人类对地球气候剧变的适应能力或许仍然可以拯救现在的人类，让我们可以在即将到来的未知世界中以全新方式继续繁荣发展。每个孩子都应了解人类这种非凡的适应能力，因为在我们生活的这颗星球上，水圈正在经历根本性的转变，而我们需要直面和应对这一局面，并学会如何生存下去。

人类向迁徙和游牧生活方式的转变已经部分开始，定居时间在缩短，这种转变可能会在 21 世纪及之后呈指数级增长。"地域依恋感"的意义也将随之变得完全不同。这些短期的定居生活已经初步形成特点——瞬时城市和飞地成为新的叙事，瞬时空间正迅速成为生活体验的新模式，并成为城市规划师、建筑师、开发商和难民组织之间的流行词。以新叙事为主题的一众运动高举旗帜蓬勃发展，包括城市游牧主义、流动建筑、临时都市主义等。

瞬时城市与瞬时水体

我们在思考地域依恋感时，至少在西方世界，会想到持久性。而韧性一般伴随一种归属感，以及至少存在于潜意识中的一种对不受时间流逝影响的非时间性空间观念。万神殿建于公元 126 年，用于纪念统治罗马帝国的神明。这座罗马神庙强调的是永恒，而非瞬时。这座庙是地球上最古老的一座完整建筑物，于公元 609 年转为天主教教堂，至今仍是意大利最有人气的古建筑之一。

万神殿祈求"永恒存在"超越尘世的瞬时无常。两千年来，一代又一代的罗马市民参观了这座古老的神殿并得到精神上的抚慰——在地球短暂停留后，等待他们的是永恒的不朽。至少在西方世界，所有伟大的水利文明都伴随类似建筑物，让人联想到永恒和不朽。有意思的是，西方世界对待宗教和哲学的方法与东方看待永恒与瞬时的方式有诸多不同，或者用哲学术语来说，一个是"存在"，一个是"生成"。

美国建筑师杰奎琳·阿马达研究了长期以来将西方建筑与东方传统区分开来的巨大差异，她写道：

纵观历史，（西方）建筑师一直注重永恒性和纪念性，他们试图在建筑物及围绕建筑物的仪式中创造并传承意义……古代西方世界通过追求完美的纪念性建筑展示了人类对不朽与神性的追求……（而）东方建筑接纳了自然世界的瞬时性。[17]

　　美国建筑历史学家克莱·兰开斯特指出，在比较西方和东方的建筑范式时，"首先想到的一点是西方建筑的坚实性，这与东方建筑的脆弱性截然相反。西方建筑由厚厚的砖石墙构成，而东方的建筑由细长的木材搭成"[18]。

　　如果说西方的建筑理念是超脱于自然并通过隔离来实现其自主性，那么日本的传统则强调与自然的互动与融合。日本建筑界有一个术语来描述这一点——缘侧（engawa），意为建筑物与周围自然世界的边界。缘侧是房屋向庭院延伸出的一条带屋顶的走廊，被设计成半透膜形态，能够接触、吸收与释放自然世界。每个人都在不断吸收来自水圈、岩石圈、大气圈和生物圈的元素和矿物质，这些元素和矿物质在我们的细胞、组织和器官中短暂地存在一段时间。日本的建筑与之类似，也是半透膜形态。这个"边界"是自然与人类栖息地交通与共融的地方，两者在无缝的共舞中相互依存，并形成共识，即我们的星球上发生的一切都是纷繁复杂关系的体现，这些关系体现在环环相扣的无尽演化之中，共同构成了一个不可分割且具有生命力的整体。

　　剑桥大学建筑理论教授凯文·纽特指出，日本通过建筑的设计和布局来颂扬生命的适应性甚至脆弱性。其建筑结构理念与西方模式完全不同。纽特观察到，对日本建筑师来说，

　　（结构）在平面布局的人类逻辑和土地自然地形之间起着协调作用。这两种秩序密切共存，而且在协调过程中互相定义。再

者，它的建筑形式似乎实实在在地归属于此地，此地的身份非但没有被建筑破坏分毫，反而因建筑的存在而得到加强。[19]

美国建筑师弗兰克·赖特采取了类似的地域依恋感理念，设计了备受赞誉的建筑杰作——流水别墅，一座嵌入瀑布的住宅。赖特对这座建筑的设计和布局，意在反映人与自然的和谐共生。赖特也承认，他一生的工作在很大程度上受到了日本古建筑传统的影响。日本建筑师安藤忠雄参观流水别墅后表示："赖特从日本建筑中学到了最重要的一点，那就是对空间的处理。我在宾夕法尼亚州参观流水别墅时，发现了同样的空间感。不过，吸引我的还有大自然的声音。"[20]

西方和亚洲的建筑风格之间，最为生动的对比莫过于它们对待季节变化的区别。在西方，至少在 20 世纪，我们生活环境的室内温度通常会被设计成保持在 21 摄氏度上下，以此保持封闭环境中的舒适度，使之与季节性天气变化的影响相隔绝。相比之下，日本、中国、韩国和其他亚洲国家的建筑更像是半透膜，时刻紧随天气变化和季节更迭的脚步。亚洲城市规划师松田直则观察到，日本建筑师高度重视那些透过薄薄的外壳呼吸，内部与外界天气变化和季节变迁紧密相连的建筑。他解释说，"尽管极端的天气条件会带来身体上的不适，但日本人实际上更喜欢天气和植物的季节性变化。西方的观察者一直对此感到困惑"。[21]

亚洲的传统城市建筑理念确实偏爱在建筑环境中嵌入自然不断演化的过程、模式和流动，也认同人类与其他物种一样是自然的密切组成部分，必须不断寻求我们与所属的自然世界之间的和谐共生。不过在实际操作过程中，这个理念未能一以贯之。

例如，在建筑、基础设施和城市规划方面，日本总在两种理念之间摇摆不定。两种理念反映了看待韧性的不同方式。第一种理念与西方类似，强调"力量"、"抵抗力"和从气候的冲击中"反弹"，在日本，气候的冲击主要指大规模地震和海啸。第二种理念反映了东方哲学对韧性的看法，即"灵活性"、"适应性"和"再生性"，强调针对自热环境的起起落落和不断的意外进行实用性的自我调整。我们通过融入大自然的不断演化来实现这一自我调整，同时认识到，在这样一个超级活跃、充满喧嚣并始终以我们意想不到的方式不断变化的星球上，并没有确保生命安全的可靠方法。然而，我们也意识到，生存与繁荣的最佳方式便是利用我们的特殊天赋，如语言能力、技术敏锐性、神经回路中的共情冲动和亲生命意识，与自然合作，确保我们的福祉。

西方建筑传统理念强调超脱于时间性的空间，坚持着一个纯粹存在的、不受时间影响的永恒世界的观念。东方宗教则以更加微妙的方式看待建筑环境，接纳存在的无常与时间的流逝，同时坚持一种偏向万物有灵论的不朽观念。在描述东方建筑的脆弱性时，兰开斯特指出："佛教的教义充满对物理现象无常性的认识。物件损毁，个体消亡，尽管它们的组成部分继续存在，但物体本身已不复存在。"[22]

东方宗教还为另一种不朽留出了余地，这种不朽更接近物理学家、生物学家、化学家和生态学家对存在的解读。建筑师金特·尼奇克引用了日本伊势神宫的例子。这座建筑纪念生命的死亡和重生，其庆祝方式类似于我们进行狩猎采集的祖先庆祝季节更迭与年度循环的方式。每隔 20 年，他们就会在神宫旁建造新的神宫，然后拆除先前的建筑。以 20 年为间隔，标志着又一代人的新生。神宫的更新换代已持续多个世纪，但始终没有关于其最早建造时间的记录。

伊势神宫与巍然屹立在空间中似乎不受时间流逝影响的万神殿截然不同。万神殿的韧性具有不朽感。相比之下，东方哲学的韧性更能接纳变化，随风而动。后者更接近将自然视为过程、模式和流动来体验，而西方传统在很大程度上将自然视为非时间性的、被动的对象、结构与功能来体验。

瞬时建筑及其各种衍生物正在为我们做准备，迎接一个新万物有灵论的未来。然而，瞬时建筑既牢记过去，也关注当下和未来。这种新的瞬时性致敬回忆，将地域依恋感视为一种时间性体验来庆祝。例如，瞬时建筑通常会"拾遗"，将旧时的碎片纳入新的临时栖息地，通常是嵌入墙壁、天花板或地板，作为对自然短暂性的持续警示，这形成了某种文化遗产。拾遗之物可以是古老的装饰品，也可以是从以前的寺庙墙体取下的石块，甚至是地质时代的化石。拾遗是一种体验存在的方式，它将对存在的体验视作一次时间之旅，视作一个持续不断的、不断演化和变化的现实，其中没有一刻是真正消失的，每一刻都是连贯的存在，并影响着未来存在的每一刻。重点是，没有什么体验是微不足道的——一切都是不可预测的存在所设计的一部分。

不同形式的瞬时城市层出不穷。"临时都市主义"是其中一个新概念，在过去 10 年逐渐得到人们的关注。它指的是一种在传统的开发活动开始之前，利用未被利用的土地或建筑物，为城市生活注入活力的举措。通常，这些空置的空间或建筑物长期无人居住，成为"无主之地"，容易藏匿街头不法之徒，或是放任衰败。如果这些地方长期封闭和关停，社区就会贬值，成为整个城市综合体的眼中钉和负担。

临时都市主义者占领了没有土地所有权的空置建筑和空地，他们通常会改造这些场地和结构，建立有活力的临时社区，举办丰富的市民活动、文化活动和经济活动。临时都市的效能类似于传统的城市环境，只是没有了总体规划，也没有了那些为监督市场主导的开发活动而设计的各类规章制度。这种自下而上而非自上而下的城市生活方式更具自发性，通常被视为城市延伸公地，由公众共同管理，有着非正式的监督机制。这些非正式的社区会举办街头剧场、音乐会、艺术节等活动，或者作为临时活动场地，也会用作移动零售空间、公园和花园、合作用房、临时办公场所等，都是为了满足游牧式和流动性人口的需要。

当前的瞬时城市和临时社区的复苏在很大程度上借鉴了过去的人类迁徙和短暂定居的生活方式。19世纪，尤其是美国南北战争之后，数千万移民涌入美国。他们越过北美边境，在新修建的铁路沿线站点定居下来，一夜之间从零开始创造了许多全新的城市。《纽约论坛报》创始人霍勒斯·格里利在1865年率先倡导这一运动，向新一拨移民呼吁"年轻人，去西部吧"。美国政府颁布《宅地法》，规定将美国10%的公共土地分配给160万自耕农，让西部变得更诱人。这些土地主要位于密西西比河以西，条件是他们能够建立合法的居留事实，换句话说，就是独占土地并坐实居留权，这便是"对地域的依恋"。

在这些大规模迁徙活动中，在边疆地区建造房屋面临的最大问题是建筑材料非常缺乏。西尔斯·罗巴克公司是美国首家大型邮购公司，在某种程度上可比作纸质版的互联网。西尔斯公司在邮购产品目录上提供了一种巨型的预制房屋套件，客户可以通过邮件订货，随后由公司将建造房屋所需的木材、部件和结构用火车运送给他们。这种自助式房屋套件可以在几天之内组装完成。这类房屋许多是短期存在的，有不少到今天还在用，经过多年的扩建和改建，房屋的类型也在不断演变。

瞬时城市势不可挡。联合国难民事务高级专员表示，过去14年来，平均每年有2100万人因与气候相关的气象事件被迫流离失所；到2050年，可能会有高达12亿气候难民。许多难民正在逃离干旱的土地和地表温度高达38~50摄氏度的炎热土地，尤其是中东和北非地区，也包括中美洲、南美洲和其他地区。他们拖着行李，长途跋涉数百乃至数千千米寻找可生存的环境。一路上，他们辗转居住在各种临时庇护所——难民营。这些营地可以容纳数万人，其中许多已成为瞬时城市，可在数年内为气候难民提供庇护。

到 2050 年，可能会有 47 亿人居住在面临高度和极端生态威胁的国家。这个数字无疑令人痛苦——这可是占了世界总人口的一半，在气候变暖的进程中，这么多人不得不离开他们的家园。[23] 如果说我们还没准备好应对这样巨大的冲击，那就太轻描淡写了。大规模迁徙已经开始，它不可逆转，而人类确实还没有做好准备。首先，现代国家的整体概念及其主权治理的基本实践，以及长期以来各国以地缘政治的名义争夺的边境封闭走廊，都已经是漏洞百出。随着人类集体踏上征途，跨越高山、峡谷和大海，寻找气候宜居之地，所有的国家概念会很快在世界各地被打破。气候难民营已经遍布各个地理区域，尤其是在地中海地区，也包括亚洲一些地区。

尽管在政客眼中，这些瞬时城市不过是临时避难所，但在大多数情况下，它们远不止于此。我们可以假装这些蜗居在此的人迟早会收拾起他们微薄的家当，继续跋涉，前往某个未知的天堂，但现实终究是现实——一代又一代的家庭在这些住所中度过了一生……这些地方成了临时的永久家园。数百万气候难民陷入了茫然无措的困境，无国无家，无法回到故乡，也不能自由走入他乡。

可以理解，没有政府愿意将这些营地称为监狱。然而，这些营地确实具有许多类似监禁的特征。这些中转站通常被戏称为"长期的临时居所"。管理这些难民营的国际机构和人道主义组织认为自己的使命是确保这些临时居民的生存和健康，而不是赋予他们公民权利及管理事务的权力，这剥夺了他们在营地生活的能动性。这些监管者本意良好，但他们更偏向于将自己视作看守的角色。无国籍的个人和家庭没有能力改善自身的境况，也无法将营地当作家园并产生地域依恋感，只能接受长期困顿的现实。

尽管受到社会政治的束缚，但难民营的居民已经找到巧妙的方法绕过规定，绞尽脑汁地在监管之下建立了非正式的公地治理模式。他们在传统意义上是没有国籍的，而且通常被限制在偏远地区的大型围栏里面，尽管并不自由，但他们在生活方面已经越来越趋向于自治，并成功地为自己的生活和未来创造了更多的能动性。这些新型的长期临时社区带有"自己动手"（"do it yourself"）的公地治理特征——为了容纳其大家庭和开展社交活动，他们会建设而不是局限于过度拥挤的营地，还会建立企业、市场、学校、医疗诊所，以及举办体育赛事和节日活动。

研究人员对约旦扎阿塔里难民营的生活进行了详细研究。扎阿塔里难民营是约旦同类难民营中最大的一个，也是世界上最大的难民营之一。约旦政府于 2012 年向叙利亚难民开放了这个营地，预计接收大约 2 万人。到 2015 年，难民人数已经增加到超过 83000 人，分布在 12 个区域。[24] 每个区域都建设有基本的街道、社区和住所。难民中男女性别比例持平，年轻人占总人口的 57%，而 19% 的人口年龄在 5 岁以下。[25]

该难民营有 32 所学校、58 个社区中心、8 个医疗诊所，以及 26000 座预制的避难所，这一切都具有城市环境的基本特征。该营地还有 3000 个由难民经营的非正式商店，以及超过 1200 名为营地非政府组织工作的劳工。水资源通过卡车输入营地，整个水务设施都通了电，尽管电力供应并不稳定，而且下水道时常处于破损失修的状态。[26]

虽然这些设施构成了足以维持社区运行所必需的基本的公共基础设施，但官方的监管还缺少一些激励措施和相应的行为准则，允许契约劳工自由地共创公共生活，虽然一开始只是萌芽。而我们通常会将这种公共生活与充满活力的公民社会以及地域依恋感联系在一起。可惜，难民营的居民非但不被鼓励共创公共生活，反倒被制止，甚至被完全剥夺了为环境创造归属感的能动性——

这是地域依恋感的基本特征。这是因为所有难民营的目的都是提供"临时"庇护，而实际情况是，许多难民好几代人都生活在这些营地中。

然而有趣的是，难民通过非正式途径将扎阿塔里难民营变成了一个他们自创的充满活力的社区，尽管采用了具有监狱特征的方法并签署了正式的协议。例如，扎阿塔里难民营跟其他营地一样，原本是按平面几何网格布局建造的。但是，慢慢地，难民之间的社交互动已经非正式地改变了这种网格布局，他们通过社交、购物、走亲戚、游玩等方式改变了这个营地。哪怕是一些小小的附加变动，比如给街道改名、种植树木、照料小花园或是建造一个公共广场给街坊邻里闲聊、散步、听音乐，也能培养出非正式的社交媒介。由此，还能创造出新的方法，将空间塑造成一个充满活力的、具备公民社会许多特征的生活环境，并随之发展为一种非正式的公地治理。这些充满活力的社交空间的价值不容小觑。这些环境对于培养人际关系和塑造共同记忆至关重要。哪怕是细微的改变（例如给街道改名）也是有意义的，这样可以创造出一种将人们汇聚在一起的媒介。例如，在扎阿塔里难民营，难民们将常去聚会、相互问候和闲聊的最热闹的街道改名为"香榭丽舍大道"，使之成为他们的公共广场。

我们来明确一下这场危机的性质和未来时间表。根据联合国人权理事会的一份内部报告，"难民在难民营中平均居留时间为17年"，他们不能返回家乡，也不能被东道国接纳，也不允许被重新安置到其他地方。总而言之，他们没有国籍。随着气候变暖导致流离失所的人口逐年增加，据估计，到2050年，"将有30亿人无法获得适当的住所"，即在30年内增长200%。[27] 想象一下，数以百万计的人逃离大气河、洪水、干旱、热浪、野火、飓风和台风摧毁的土地，穿越整个地球，寻觅未知的安全避难所。目前的气候形势正迫使无家可归的人收拾细软上路或出海求生，但所有人都同意，为避免世界末日来临，我们需要采取的行动的规模是此前无法想象的。这一切表明，我们需要重新思考如何为未来长期游牧、短期定居的大规模迁徙生活做准备。

显然，难民营应该被重新定位为瞬时城市。而且，尽管人道主义监管是有价值的，但这些准社区不应再被视作难民营，而应被视为瞬时城市，作为治理公地的中转站，应将大部分权力让渡给数以千计的个人和家庭。他们可能在这些地方度过一生，也可能出于适应不断再野化的水圈的需要而被迫再次迁徙，寻求更宜居之地。

气候难民营这个现实告诉我们，人类的新游牧生活将遵循一个如今尚且难以预测的水文循环。然而，我们尚未完全意识到的是，随着整个地球上有大片区域变得不宜居住，迫使数亿人甚至数十亿人离家谋求生路，那些将我们与特定地理区域联系在一起的政治边界、民族忠诚和公民身份证件将变得越来越没有价值。气候科学家正在描绘这一趟迁徙旅程的方向：从亚热带和中纬度地区向北极方向行进。这不是一个猜测，也不是对遥远未来的预测，而是已经真切发生在眼下的现实。到 21 世纪末，以前那套将我们禁锢在政治边界内的观念，将成为人类遥远的记忆。

在谈论瞬时艺术、瞬时城市和瞬时生物区时，如果不考虑瞬时水体在全球范围内的决定性影响，尤其是它们对人类栖息地和城市生活的影响，那是不全面的。

"瞬时水体"这个术语有点晦涩难懂，在学界之外鲜少被引用，但它是激活地球生命的水圈的关键组成部分。如前面所述，虽然有大量的水被锁在地幔和地核中，但我们赖以生存的水资源是永远流动着的。地球上许多河流、溪流、池塘和湖泊都是间歇性、暂时性的，也就是说，它们时涨时落，甚至会在某个时候干涸。当然，也有一些长期流动的河流，至少最近还是有的，但这个情况正在改变，因为世界上的主要河流——幼发拉底河、底格里斯河、尼罗河、亚马孙河、密西西比河、莱茵河、波河、卢瓦尔河和多瑙河等，这些自人类文明开端就在流淌的河流，如今正在随时间流逝一点一滴地干涸。

瞬时水体一旦短暂重生，就会使长期休眠的植物焕发生机，展现出绚丽的色彩和神采，但一旦干涸，这些光彩也会随即消失。短暂存在的溪流、池塘、河流和湖泊通常出现在干旱半干旱地区。突如其来的暴雨倾盆而下，毫无预警，滋润干旱的土地，形成短暂存在的河流和湖泊，淹没了水流途经的一切，然后，在几天或几个星期、几个月内消失得无影无踪。

我们来看一下加利福尼亚州的死亡谷，这里可以说是地球上最炎热的地方。没有人会想到，地球上最干旱的地区会出现洪水。然而，随着气候变暖，这种情况越来越频繁。水循环异常引起的暴雨猛烈袭击该地区。2015 年，一场倾盆大雨骤然落在干燥的沙漠上，短短几天内，就在死亡谷公园里形成了一个长达 16 千米的瞬时水体。死亡谷干燥的土壤被夯实，无法吸收水分，水体长时间停留在地表，导致了所谓的"超级绽放"现象——沙漠野花突然绽放。死亡谷变成生命谷，长出一片盛开的花田，有黄色和白色的报春花、橙色的虞美人和紫色的沙地马鞭草。可惜，绽放的生命同那个突然涌现的湖泊一样，只是短暂地存在了一下，惊鸿一现。

在未来数十年里，瞬时水体将逐渐成为常态，不再是稀罕事，这提醒着我们生命本身的短暂性。[28] 间歇性短暂存在的溪流、池塘、河流和湖泊，在生态系统动态中扮演着重要角色，它们的出现既是一种令人担忧的警示，也是地球滋养新生命的希望之兆。在死亡谷的贫瘠沙漠之上意外绽放出一座壮丽的花园，这展示了水圈作为地球生命主宰的威力。

意识到我们生活的世界正被颠覆，我们赖以判断地域依恋感的标记大多是短暂存在的，是相当痛苦的一件事——我们还有什么可坚持的呢？无疑，从我们习以为常的定居生活到游牧生活的伟大重启确实令人恐惧和不安，但倘若能认识到我们先前对存在本质的错误认知，那也具有启迪性和确定性；尤其是知道我们个体的旅程的每一刻都会产生涟漪效应并影响之后的一切，其中的启迪性与确定性则更甚。这便是存在的本质之所在。这一切的重点是，现在就是水圈说了算，其实地球自诞生以来就一直是它说了算，不管我们承认与否。地球上所有生命的存在以及其间的每个时刻都是短暂的。存在的本质是短暂而有条件的，受约束却也有力量，而地球水圈在每一个转折点都发挥着重要作用。

瞬时城市与瞬时水体有其相通之处。瞬时城市已经开始崛起，到 21 世纪末，它们将散布在每个大洲。这将改变我们对这个不可预测星球上时间和空间的看法，以及对何时何地停留或移动这一问题的思考。有意思的是，瞬时城市的剧本源自一些不寻常的领域——传统宗教集会、音乐节或艺术节。这些集体"朝圣"活动吸引了数十万甚至数百万人，他们在几天到几周的短暂时间里，构成了一个功能齐全的城市。

最著名、规模最大的瞬时城市是每隔 12 年举办一次的大壶节（Kumbh Mela）所在地。这个瞬时城市位于印度安拉阿巴德城的郊区，毗邻两条河流——恒河与亚穆纳河的交汇处。在大壶节期间，数百万人前往这里朝拜，去沐浴圣水。这座瞬时城市位于两条河流的洪泛平原上，每次存在 55 天。该区域拥有超过 700 万长期居民，在大壶节期间，还会接待额外的 1000 万~2000 万名临时居民。这座瞬时城市通常会在几周内以制作时钟般的精度搭建起来，内有道路、电力、自来水、桥梁和各种尺寸的帐篷，这是多年规划的成果。一个复杂的管理机构监管着整个设施，以及一系列旨在营造出一个"公地"的丰富文化活动。这一切都是为了将数百万朝觐者汇聚一堂，共同享用恒河与亚穆纳河的圣水。在大壶节结束后的几周内，基础设施会被拆除、打包并送往印度各地翻新，然后在仓库存放 12 年，静待下一届集会。

据说，大壶节与其他许多类似的短期集会一样，无论是宗教集会还是世俗化的集会，比如每年劳动节周末在美国内华达州西北部沙漠举行的著名的"火人节"，都带有另一个潜在主题。这些短暂存在的大规模集会为数百万人奉上美好的时光，人们得以在"公地"相聚。这里没有将人与人阻隔开的肤浅与差异，他们彼此交流，深切体会着将人类与地球生命力紧紧联系起来的存在的短暂本质。

一种新商业模式：增材制造与供应商–用户网络

瞬时城市依赖于可以拆卸、仓储和重复使用的传统建筑材料，熟悉数字技术的新一代建筑师和城市规划师正在利用一种增材制造的新技术——3D 打印，来建造住宅、办公室和其他商业建筑，耗时比传统建筑施工时间缩短了很多。由于我们越来越偏向游牧式生活而非定居生活，这些建筑还可以进行部分拆卸，短期内在其他地方重复使用。3D 打印在精度和种类上与建筑师所称的"减材制造"有所不同。后者是 19 世纪和 20 世纪工业生产的主要模式。"减材制造过程是通过去除材料来创造零件"，而"增材制造是通过逐层叠加材料来构建出物体"[29]。使用 3D 打印来建造房屋，首先要用计算机程序开发出房屋的数字模型，"然后，用 3D 打印机（即机器人）依照模型设计，按顺序打印出混凝土层。打印过程持续进行，直到房屋的所有房间、墙壁和其他混凝土部分建造完成"。[30]

2021 年，专为中低收入家庭建造房屋的人类家园国际组织与阿尔奎斯特 3D 打印公司合作，建造了一座 3D 打印的房屋，这是弗吉尼亚州首座业主自住的 3D 打印房屋。这座房屋拥有三间卧室、两间浴室，所有外墙都是在 28 小时内逐层打印而成，若采用传统建筑方式，至少需要一个月时间。由于增材制造不需要像使用木材、砖块、瓷砖等材料那样对材料进行刨削或切割，因此从总体的建造成本方面看，该项目平均每平方英尺的成本节省了约15%。[31] 这座房屋甚至配备了个人3D打印机，业主能够用它打印橱柜把手、电源插座和其他各种需要更换的零件或功能组件。[32] 该房屋项目还获得了"地球工艺屋"（Earthcraft）绿色建筑认证，这意味着它在建造过程中较少产生废物，使用较少能源调节室内温度，在节约用水方面较高效，节省了公用事业成本，并且更具抗灾能力。[33]

开发商阿尔奎斯特3D打印公司宣布将在弗吉尼亚州建造200多栋价格适中的3D打印房屋，价格从17.5万美元到35万美元不等。[34] 该公司首席执行官扎卡里·曼海默指出，能够快速组装且价格低廉、节能高效的3D打印房屋将逐渐成为家庭建设标准模式，在"由疫情、气候和经济问题引发的人口迁徙模式下"尤其如此。[35]

3D打印建筑物的兴起是建筑模式彻底改变的开始。通用电气公司建造了世界上最大的增材制造设备，用于3D打印风力涡轮机的基座。[36] 在荷兰，3D打印技术已被应用于建造桥梁；在其他地方，3D打印技术也被应用于打印公交车站候车亭、公共洗手间、火箭发动机部件和燃料箱等等。[37] 西班牙的伊比德罗拉公司与芬兰的许珀里翁机器人公司合作，使用3D打印技术建设电网基础。与传统的减材制造相比，3D打印地基块节省了75%的混凝土材料。[38]

其他全球企业巨头，如墨西哥西麦斯集团、瑞士化学巨头西卡集团以及巴黎的圣戈班集团，也已经涉足3D打印建筑市场。中东地区已经开始推动3D打印增材建筑的发展，阿联酋发布了政府愿景"我们阿联酋2031"计划，沙特阿拉伯也推出了"新未来城"项目。迪拜计划到2030年有25%的建筑实现3D打印的目标，而沙特阿拉伯已宣布将投入5000亿美元用于3D打印建筑的规划与建设。[39]

尽管用3D打印制作的各类建筑结构使用的水泥要少得多，但水泥行业的二氧化碳排放量仍占据了全球二氧化碳排放量的 8%。[40] 斯特凡 · 曼苏尔等 3D 打印领域的早期使用者表示，更加环保的替代基材即将问世，包括“偏高岭土、土砾砖、石灰石、可回收建筑废料、矿渣、页岩等等。新的加固材料，包括石墨烯、嵌入式纤维和玻璃骨料等也在探索中”，而且这些材料很可能在不久的将来变得更实用，逐步淘汰掉水泥这种传统材料。甚至土壤也在一些实验中被当作潜在的原材料来研究。[41]

2021 年，意大利建筑师马里奥 · 库奇内拉利用 3D 打印技术造出一栋房屋，使用的材料全部是当地供应的黏土。这座生态可持续建筑由 3D 打印机在 200 小时内制作完成，施工过程中几乎没有产生任何垃圾或边角料。建筑师从气候适应性强的古代建筑中发现了今天依然适用的设计原则并加以运用，结合高端的数字打印技术，打造出这个作品。除了使用当地供应的黏土外，建筑的蜂窝式围护结构配有两个圆形天窗，几乎是零排放的结构，这个举措大大降低了建筑成本，房屋也相当低碳。

据库奇内拉介绍，建筑内起居室、厨房和夜间活动区的家具“部分被设计成可回收和重复使用”，而且设计的每个功能都有机地契合了当地的气候条件，“以平衡储热、隔热和通风”。至于这种突破性的气候适应型建筑的价值，库奇内拉表示，推动该公司这么做的原因是“对可持续住房的需求……以及我们将不得不面对住房危机这一重大全球性问题，特别是在由大规模迁徙或自然灾害引发危机的背景下”。[42]

建筑 3D 打印软件可以通过“供应商–用户网络”而非传统的“卖方–买方市场”模式授权出去，以接近零的边际成本将软件指令上传并即时发送到世界上任何地方，允许施工现场的开发者准时、按需打印出建筑结构，并为其下载的每栋建筑物软件向供应商支付费用。这是新兴的瞬时社会实现经济交流新范式的一个例子，将经济从全球化转向本地化，有利于高科技中小企业在各行业间进行丰富的经济交流，同时避免了海运或空运及物流的高昂成本。

3D 打印行业正持续寻找更环保的原材料，用于建造更具韧性的建筑，以及制造在气候恶化的世界中组装临时快闪城市所需的所有其他材料。与此同时，人们也开始关注实现具有气候韧性的快闪城市的另一个方面——可行的临时社区。行业需要更关注建筑物大部分组件的拆卸、翻新、回收、运输和重复利用的便捷性，这样，在新的地方，3D 打印建筑——商业建筑和住宅——可以快速成形，创造出新的城市，从而在不断演变的大迁徙世界中容纳更多的流动人口。

宜家是全球最大的家居、办公和工业家具零售商，它在行业中率先将瞬时性引入了它的 9500 多条产品线。宜家的目标是制造出易于拆卸、翻新、修复、回收和转售的产品，通过最小程度的浪费创造出一个完全循环的经济模式。在这种新的经济模式中，宜家甚至开始从传统的"卖方–买方市场"转向"供应商–用户网络"。这家跨国公司正在改变经济的运作方式。在供应商–用户网络中，市场在商品和服务的交易活动中部分让位于共享"公地"。[43] 宜家这个模式允许家庭、办公室和工厂中的几乎任何物品都具有临时性和机动性，可以轻松拆卸、改装，便于越来越多的游牧人口在新的地点重新使用。这些人会不断迁徙到新的地区，以适应急剧变暖的气候导致的地球水循环变化。

存在的短暂性并不是一种理论，而是自 138 亿年前宇宙大爆炸以来宇宙运作的方式。热力学第一定律和第二定律统辖着宇宙中的存在，包括地球上的小绿洲。从柏拉图与他所有哲学思考的注解，到康德和欧洲启蒙运动时期的哲学家和科学家，都让我们相信存在的短暂性只是一种幻觉，或者充其量是对超现实世界纯粹存在的更高状态的一种拙劣模仿。在那个世界，理性高于物质，而且有一股由不具备物性面孔的数学和纯粹理性主宰的不朽力量。这就是大多数西方哲学家对存在本质的定义。

然而，在地球上居住的漫长岁月所积累的常识告诉我们，这些哲学怪论是反常的，甚至是诡异的。从某种意义上说，尤其是在西方哲学和宗教传统中，有一股强有力的潮流围绕着一个虚构的现实持续萦绕在我们周围。那是一种乌托邦式超凡世界的存在，它贬低生活体验的物性和短暂性，害怕地球生命力的开始、消逝、结束和再生。但无论他们如何努力提出更加深奥的解释，我们的日常经验告诉我们，生命的一切都是短暂的。

回到现实中来，新一代物理学家、化学家、生物学家、生态学家、艺术家、社会学家、心理学家和人类学家正在重新发掘存在的短暂本质，并且开始重新审视我们的远古祖先感知世界的方式，但他们是通过一种更加复杂的万物有灵论新视角，这种视角与水利文明的崩溃和瞬时社会的兴起是同步发展起来的。在地球上，与在宇宙中一样，一切都是短暂存在的，每一次体验都会留下不可磨灭的印记，并通过某种媒介延续下去，影响其后的每一个现象，这可以被视作一种短暂存在的不朽。

现在，地球生命第六次大规模灭绝迫使地球四大主要圈层进入短暂的超速运转状态，以寻求新的前进方向，好让生命得以延续并以不同的方式蓬勃发展。我们与其他生物一样，正在觉醒并跟上四大圈层的步调，使地球的存在充满活力，并步入一段新的短暂旅程。我们正在回归人类的生物根源——我们的游牧基因，并且对地球的水如何孕育和维持我们以及所有其他生命的存在有了更加深刻的理解。这种新万物有灵论以一种有意识的、敏锐的、受科学驱动的新形态复苏，并且已在艺术、瞬时建筑和城市规划领域中有所体现。

这种重生使我们重新认识了人类与地球水圈相互交织的关系。瞬时城市将成为新游牧主义的核心。这场伟大的短暂重启行动已经带领我们进入了新的治理模式和经济生活框架。总的来说，我们正更加深刻地理解应如何看管地球，而不是将地球上的其他强大力量视为"全球公共资源"，一味简单地利用和提取。在这一场重启行动中，我们在治理本地生态系统时，需要运用我们神经回路中根深蒂固的共情冲动和亲生命意识。要描绘我们与地球生物群落和生态系统的新关系，第一步就是要重新思考我们在地球上与其他物种共存的方方面面。

第十章
将高科技农业引入室内

　　水域解放影响最大的，莫过于养活我们的体系。联合国基金会警告称，到2050年，全球粮食产量可能会下降多达30%，引发大规模饥饿、饥荒和死亡，并伴随历史性的人口大迁徙。[1]

　　美国、中国、印度、澳大利亚和西班牙等国家生产了世界上大部分粮食，这些国家由于可用水资源减少，已经达到或接近粮食生产的极限。有一个例子可以很形象地说明：中亚的咸海曾是世界上第四大湖，但由于大部分水资源被用于灌溉和发电，在30年内失去的水量相当于一个密歇根湖。随着咸海萎缩，它留下了被污染的土地和困在该地区的人口，这些人面临着严重的粮食短缺，婴儿死亡率增高，人均寿命减少。[2]

　　不幸的是，美国对发生在咸海的悲剧视而不见，结果导致了更大的灾难。为美国西部大部分地区供水接近一个世纪的科罗拉多河径流已经下降了3/4，而密德湖也有部分正在干涸，露出几十年来沉底的可怕人类尸体和撞毁的汽车残骸。前面提到过，科罗拉多河的河水流入密德湖，之后流经胡佛水坝。[3]胡佛水坝即将被淘汰。科罗拉多河和密德湖都陷入垂死挣扎，威胁着美国西部4000多万人口的生存。

非营利调查机构 ProPublica 的高级环境记者亚伯拉罕·勒斯特加滕报道称：

> 联邦政府的建议是，各州按约定在 2023 年削减约 24.67 亿 ~
> 49.34 亿立方米的用水量。这是什么规模呢？这么说吧，目前
> 科罗拉多河的年径流量大概是 111.01 亿 ~ 123.35 亿立方米，最
> 多的时候也只有约 148.02 亿 ~ 160.35 亿立方米。所以我们
> 真正讨论的是……削减的用水量相当于科罗拉多河径流量的
> 40% ~ 50%。[4]

若联邦政府开始强制实施这个法令，[5] 意味着要么大幅减少加利福尼亚州和美国西部地区的农业生产，要么大幅减少工业用水和人类用水，抑或两者兼施，这将造成美国历史上最大规模的人口迁移。

尽管出现了这些严峻的迹象，但随着退休人员甚至来自全美各地年青一代的涌入并在沙漠中新开发的公寓社区定居，西部地区的人口仍在持续增加。这些社区的名称颇具意味，比如"沙漠海岸""湖滨居"。《纽约时报》专栏作家蒂莫西·伊根说，如果我们"将密德湖看作世界上最大的心脏监护仪……它显示的是目前心脏正处在极端的痛苦之中"[6]。随着气候变化在干旱的西部地区引发破纪录的气温，不可避免的惩罚已经来临。但我们显然还未完全接受这个事实，因为我们仍在不断铺设新的高尔夫球场。

一些居民和企业已强烈要求建立一个陆上管道系统，从地球上最大的淡水水体五大湖抽取淡水，并通过管道将淡水运送到美国西部，以维持各州的生存。如果眼下这种事态还不足以引起人们对气候变化、地球变暖和水圈动荡的反思，那么到底什么才能唤醒公众的意识，让人们心甘情愿地在水文循环的引导下，从北美大陆西部地区开始向上、向东进行大规模迁移呢？人类的超凡能力让我们集体相信可

以控制地球水圈，但这可能只是痴人说梦。

为方便理解水资源如何被滥用，我们来看一个例子：美国有约4046.86万公顷的草坪每7天需要消耗约10亿立方米水资源。这个水量足以供全球78亿人一周洗4次澡。[7] 随着地表土壤流失、可耕种土地减少、水资源短缺以及水文循环导致水在地球上的分布发生根本性变化，我们需要重新思考如何保障和利用水资源。

垂直农业

要适应水域的解放，使其能够自由流动并再野化陆地，以促进土壤活力的恢复、森林的再生和生命的繁荣，这可能意味着我们要在室内种植越来越多的粮食，但消耗的水量仅占传统户外农业用水量的一小部分。不久前，室内农业的概念还可能被认为不切实际，但现在不会了。

过去10年，粮食的室内种植取得了惊人的技术突破，将人类带入了一个新时代，重新定义了我们保障食品安全的方式。这种技术被称为垂直农业或室内农业，植物被垂直分层堆叠在配有大型货架的巨型仓库设施中。关于垂直农业，我们要知道的第一件事是，它不需要土壤，而是将化学物质混合在水中来刺激植物生长。第二件事是，这些植物从头到尾都不暴露在阳光下。室内LED照明取代了太阳，帮助植物进行光合作用，并且通过人工智能、数字化监控和算法管理来确定植物的营养需求，以确保植物的正常生长和成熟。这种系统旨在通过控制温度、湿度、二氧化碳和光照，创造出最佳的植物生长环境。由于作物是在室内种植的，不需要使用杀虫剂。而且，这种技术的回报相当可观。室内种植使用的水量最多只相当于传统户外农业用水量的2%，而且富含营养的水在内部灌溉系统中可以持续地循环使用，这意味着在作物的整个生长过程中，真正消耗的水量更少。[8]

由于垂直农场将植物垂直地种植在多层设备中，而不是在农田中水平排列，植物占用的空间要比传统农业少得多，亩产也就相应提高。此外，由于垂直农场使用的是类似货仓的结构，它可以设在人口密集的地区附近，这可以降低运输成本，而且农产品可以在几小时内送达超市和餐馆，而不是几天、几周甚至几个月，节省了时间和燃料。垂直农场每年可以有多达 15 次收成，而传统的户外农场每个季节只能收割一到两次。⁹ 垂直农场的另一个价值在于它不需要现场管理和检查。由算法控制的远程监控系统不间断地监控着现场的作物，实时调整参数以适应环境的变化，对植物的生长发挥影响。这样的设施可能是室内农业的未来。

室内垂直农业正迅速扩展到植物基肉制品领域。植物基肉制品最早可以追溯到 19 世纪。今天主要的植物基肉制品，包括牛肉、鸡肉、猪肉等，最早于 20 世纪 70 年代推出，而且越来越受欢迎。素食汉堡现在十分常见，诸如泰森公司、雀巢公司之类的全球领先农业巨头都在推广。

年青一代越来越关注食用牛肉、猪肉、鸡肉和其他动物产品所带来的巨量碳足迹和水足迹，更不必说以肉类为基础的饮食习惯造成的动物虐待和公共健康方面的危害，尤其是较富裕国家和国际都市的年轻人，他们逐渐开始向素食主义饮食习惯倾斜。新的素食烹饪方法乍看之下很简单，但实际上相当复杂，需要细致了解用来制作植物基汉堡、热狗、鸡柳等食品的原料。植物基肉制品中的常见原料有传统谷物，如小麦、大米等，它们会产生较高的碳足迹。而诸如鹰嘴豆、黑眼豆、斑豆和毛豆等豆类同样富含蛋白质，但碳足迹和虚拟水足迹较少，是更健康、更气候友好型的替代原料。但即使是在这一领域，消费者也需要注意植物基肉制品中惯常添加的所有其他成分，比如玉米葡萄糖和反式脂肪酸。室内垂直农业的市场份额在不断增加，植物基肉制品理当得到全球各地年轻人的青睐。

虽然利用室内高科技实验室制造的传统食品的市场正在成倍增长，并将在未来几十年内在全球范围内扩张，但随着地球水圈的再野化，我们需要关注食物供应的一个新变化，这可能会改变人类几千年来的饮食习惯。2021 年 7 月，全球主要平台、智库和新思想的孵化器——世界经济论坛选择发表由伊恩赛特公司总裁兼首席执行官安托万·埃贝尔撰写的文章。他的公司提倡饮食转型，以满足 2050 年可能高达 97 亿人口的需求，尽管"地球表面仅剩下 4% 的可耕种土地"[10]。他提出的新菜单是昆虫类食物——不是偶尔品尝，而是作为人类饮食方案的核心……这并不是一个全新的想法。"食虫性"（entomophagy）概念可用以描述人类食用昆虫的特性。全球有 20 亿人已将昆虫纳入他们的饮食，主要集中在亚洲、拉丁美洲和非洲。这种做法可以追溯到人类在地球上生存的早期。

不过，直到现在，昆虫对人类饮食的贡献顶多只是作为补充食物，而不是主要食物，因为其他的食物来源更为丰富、更易获得，而且更容易收获、储存并形成足够数量的库存，以满足人们的饮食需求。现在，这一切都发生了改变，原因有两个：第一，我们正在耗尽全球的可耕种土地；第二，我们正处在一场灭绝事件之中，这场灾难已经消灭了许多陆生动物和水生动物，而这些动物一直是我们饮食的核心。

很长一段时间以来，昆虫养殖一直处在食品生产领域的边缘，不为人所注意。不说不知道，每年有超过一万亿只昆虫被养殖，用于人类消费和动物饲料。问题是，养殖过程是人工完成的，非常缓慢，而且无法以低成本扩大养殖规模，因此也无法成为人类饮食的核心。现在，这种情况正在迅速改变。引入人工智能和物联网技术，可以"在封闭环境中工业化养殖昆虫"，就跟农业开始引入精准物联网技术，以及最近又开始培育室内高科技农作物一样。[11]

安托万·埃贝尔领导的伊恩赛特公司已经拥有超过 300 项专

利，覆盖了由人工智能驱动的全自动生产流程，每年能够生产 10 万吨昆虫产品。他解释了这一生产过程的工作原理：

> 每天有超过 10 亿个数据点（视野、体重、温度、发育、速度、天气、成分）被收集并输入专门的预测模型，用以优化昆虫的繁殖和饲养条件。借助人工智能技术，只需要在适当的时候拍摄一张照片，就可以获得粉虫 80% 的日常饲养质量控制信息。（例如，）黄粉虫的处理完全由程控机器人完成。重活都由机器完成：从垂直农场取出各种培育箱，将其带到一个区域进行喂养，或者带到另一个区域收集卵和幼虫，待卵和幼虫成熟后便将其送去加工处理。

北美昆虫农业联盟很快指出了将昆虫作为人类饮食核心的好处。该联盟指出，超过 2000 种昆虫曾经或正在被用作食物来源，与全球食品清单上非常有限的饮食选项相比，这提供了大量的食物新品种。这些昆虫类食物来源包括蟋蟀、甲虫、蛾、蜜蜂、蚂蚁、黄蜂、蚱蜢和蜻蜓。针对可食用昆虫营养价值进行的一项评估发现，蚱蜢、蟋蟀、粉虫和水牛蠕虫单位产品所含的铁、铜、镁、锰和锌比牛肉更多，并且天然不含麸质，与"原始人饮食法"兼容。至于蛋白质，事实证明，光是蟋蟀的蛋白质含量就"比牛、鸡和猪更高"。为了讲得更明白一点，我们来看一组数字。研究表明，"1 克可食用鸡肉蛋白质用到的土壤和消耗的水分别是粉虫的 2~3 倍和 1.5 倍"，而"牛肉中的 1 克可食用蛋白质用到的土壤和消耗的水分别是粉虫的 8~14 倍和 5 倍。"[12]

昆虫排放的温室气体也比大多数家畜少。简而言之，研究表明，"从动物的可食用和可消化蛋白质方面看，蟋蟀将饲料转化为肉的效率是鸡的 2 倍，是猪的 4 倍以上，是牛的 12 倍"。如果这些统计数据还不足以引起重视，那看看这个，昆虫是冷血动物，这意味着人类在将它们转化为热量的过程中无须浪费能量。[13]

昆虫长时间以来一直是中美洲、南美洲、澳大利亚、非洲和亚洲人民饮食习惯的重要组成部分，但将这些食物引入欧洲、美国、加拿大和其他地区，效果并不理想。不过，现在有一些世界知名的厨师正在将昆虫食品引入他们的菜单，开拓这方面的市场。世界知名的丹麦厨师勒内·雷哲皮率先在伦敦的快闪餐厅推出一些菜品，比如缀有活蚂蚁的鲜奶油；在日本，他推出了一道法式寿司，上面爬满了黑色的小虫；而在墨西哥，他推出了一道加入了熏烤青豆和奶油蚂蚁蛋的墨西哥玉米饼。[14]尽管食用昆虫对西方中产阶级来说是新鲜事，但在亚洲饮食中早已司空见惯。油炸昆虫在柬埔寨是一种常见的小吃，包有蚂蚁的春卷、青木瓜沙拉配烤腌蝎子和泰国青柠也很常见。[15]

未来几十年，规模化昆虫室内养殖很可能会迅猛发展起来。随着连续几代人在年幼时期就开始接触这种新型菜肴，我们的饮食习惯将发生改变，以适应全球变暖的气候和瞬时性的游牧生活方式。规模化昆虫养殖也会部分取代牛肉、鸡肉、猪肉和其他以肉类为基础的食品。毕竟，昆虫无处不在。因此这种在临时室内垂直实验室中培育的食物非常适合不断迁徙的人群。如果你觉得这种饮食上的巨大变化有些令人作呕，不妨想想寿司——1966年洛杉矶一家寿司店首次将包有生食鳗鱼、鱿鱼、海胆和扇贝的寿司引入美国。[16]而如今，美国的寿司市场价值高达266亿美元，尤其受到数百万年轻人的青睐。

高科技室内垂直农业还有另外两个优势。其一，一旦发生严重的气候事件，导致输电线瘫痪，破坏了跨地区、跨大陆甚至跨洋的远程物流和供应链，位于人口聚居中心附近而且现场或附近有太阳能和风能发电设施的垂直农场，无论是使用大型集中式电网还是微电网，都能继续保持室内作物如期生长。其二，一旦不断恶化的气候灾难迫使人口大规模迁移，临时室内垂直农场设施可以随时拆卸并沿着迁徙路线重新组装，从而为迁徙群体长期提供应急食品。

在垂直农业领域，没有人认为室内农业能够全面取代室外农业，但毫无疑问的是，在这个气候灾害日益多发的地球上，垂直农业将发挥越来越重要的辅助作用，为人类生存提升韧性。

第十一章

主权民族国家的陨落与
生物区治理的萌芽

全球气候变暖迫使人们重新思考政治边界、国家主权和公民身份。至少从 20 世纪 80 年代末气候变暖开始显现以来，我们就应该看出这一点。当时，气候变暖开始产生影响，洪水、干旱、热浪、野火、飓风和台风等气候灾难陡增。这一切撼动了整个生态系统的稳定，严重破坏了大量基础设施，不仅夺走了人类的生命，也夺走了许多其他生物的生命。

大规模迁徙与气候护照

警钟已经敲响，我们知道这一点是因为世界各地的人们突然有兴趣重新考虑护照的意义，之前除了规划出国度假和商务出行，大多数人都很少关注护照。护照突然变成了一条重要的生命线，无论是消极意义上还是积极意义上，这取决于护照的主人身处地球的哪个部分。护照曾被认为是某种令人愉快的奢侈品，它让我们能够拜访国外的亲朋好友，沉浸在不同的文化和体验中，包括享受大自然丰富的馈赠。而如今，护照正逐渐成为安全避难所或险恶新环境的信号。

未来几十年里，向北方气候带的大规模人口迁移潮将使亚热带和中纬度地区的国家政府瓦解。[1] 社会动荡与流动性游牧生活都将势不可当。这并不意味着随着人类不再长久聚居并大规模向北方迁徙，现有的治理模式将一夜之间灰飞烟灭，但是政治动荡的迹象已经无处不在。我们只需看看护照——曾是民族国家主权的标志之一，也是大部分人据以定义自身存在的主要方式——签发情况的巨大变化就够了。

一个世纪前，在第一次世界大战结束后紧接着发生的一些事情，某种程度上预示了未来几十年的走向——全球变暖加剧，国家政治边界被推翻，气候难民被迫向北迁移。1918 年第一次世界大战结束，罗曼诺夫王朝的崩溃引发了多米诺骨牌效应，德国、奥匈帝国和奥斯曼帝国也出现了类似的崩溃，留下了政治真空。一时间，数百万人被剥夺了政治身份。新的民族国家和随之建立的新政治边界迅速填补了这一真空，进一步引发了新的危机，因为少数族裔群体归属于不太受欢迎的统治实体。数百万家庭孤立无援、没有国籍，他们被逼入绝境、被剥夺民族身份。他们无法留居，也无法离开，因为他们不再拥有正式的政治身份，不再拥有自己的国家。用法律术语来说，他们成了"无形的他者"。

正是在那个时候，著名挪威极地探险家弗里乔夫·南森走马上任成为国际联盟（League of Nations，联合国的前身）难民事务高级专员公署的新任负责人，负责援助欧洲各地的无国籍难民。南森在位于日内瓦的国际联盟总部召开了一次会议，获得国际联盟成员国的同意，准许他签发所谓的"南森许可证"（也称"南森护照"）。该许可证最早是签发给俄国难民的，后来也签发给了亚美尼亚难民，欧洲的无国籍人士大多数来自这两个地方。该护照有效期是 12 个月，可以续期，允许持有人跨越国界，在国际联盟的成员国中寻求欢迎他们加入的家园。

截至 1942 年，共有超过 45 万难民使用过这本护照。1951 年通过的《关于难民地位的公约》进一步确认了南森护照的有效性。该公约允许南森护照持有人合法进入任何承认该证件的国家（共有 52 个国家承认），由此该护照被纳入国际难民法。南森护照的主要受益者是俄国难民和亚美尼亚难民，而巴尔干半岛和其他地方的难民不曾获得这种合法权利。尽管如此，南森护照仍开了先河，在国际法中划出一条界线，将无国籍人士寻求新家园并被接纳的权利合法化。[2] 南森护照为重新思考护照的意义以及改变"护照只属于单一国家"的观念打开了一扇大门。

我们开始告别旧世界，未来的道路充满挑战。在旧世界中，每个人一生都应该属于一个主权国家保护下的单一固定地理空间，尽管人们可以获准到国外出差或旅游，或者放弃原国籍移民到另一个国家定居。在这个全球变暖的地球上，某些地区越来越不适宜居住，定居生活难以为继，游牧式生活将逐渐成为常态。

英国环境记者盖亚·文斯是《游牧世纪》（*Nomad Century*）一书的作者，她对我们未来的迁徙之旅进行了鲜明突出而又充满希望的描绘。她写道：

> 然而，至少同样具有挑战性的，是克服我们属于特定土地以及土地属于我们的观念。到时候，我们居住在新的极地城市，需要融入全球多元化社会。必要时，我们要做好再次搬迁的准备。气温每升高 1 摄氏度，就会有大约 10 亿人被迫离开人类已生活了数千年的地区。我们已经没有时间应对这场即将到来的动荡了，只能任其演变成致命而又势不可当的局面。[3]

乍一看，人们可能会认为护照的意义仍然很明确，它被限定在一个过时的地缘政治框架中，旨在把公民局限于某个地区，但事实并非如此。至少自贸易全球化以来，伴随着由跨国公司和高度流动的全球劳动力组成的密集互联的经济活动网络的形成，护照变得更加灵活，限制也更少了，企业和劳动力由此得以在全球范围内流动。伴随经济和商业全球化而来的是新型全球治理机构，包括联合国、世界银行、国际货币基金组织和经济合作与发展组织，这些机构改变了我们的经济生活，并使之成为一种全球性的现象。此外，航空全球化也打开了旅游产业的大门，将地球变成一个半数人口能负担得起的巨型游乐场。

护照会随着经济风向而变化。每年，世界各国的护照都会按其免签国的数量进行灵活度排名，如果没有免签政策，可能需要几周甚至几个月才能获得签证。日本名列榜首，其护照持有人可以在无须目的地国批准的情况下访问 193 个国家。阿富汗目前排名垫底，只有 27 个国家免签。[4]

更能说明问题的是越来越多的国家承认双重国籍，允许个人同时拥有两个甚至更多国家的公民身份。双重公民身份意味着个人拥有这两个国家公民的所有权利，包括投票权、工作权、购房权以及接受所有标准公共服务的权利，包括医疗保健和公共教育。当然，双重国籍也伴随着义务，包括缴税和在征兵制度下服兵役。

随着各族裔群体越来越多地通过互联网、视频会议软件和廉价国际航班保持来往，双重国籍更加方便地将分散在世界各地的人们聚集在一起。在多个地方度过人生——无论是虚拟的还是现实的——是全球化、商业和贸易以及廉价旅行所引发的新型半游牧主义的一个标志。

放宽旅行签证的签发以及授予双重公民身份这两个举措为扩展公民权利提供了基础。气候变化加速了这场前所未有的人口大规模迁徙，关注点迅速转向签发全球气候护照这一思路。气候护照允许气候移民沿着指定的迁徙路线跨越国界，在移民中转站临时居留，然后到气候更友好的地区旅行（这一过程有时需要数千英里）。[5]从更大的

蓝色水星球

范围看，欧盟拥有 27 个成员国和 4.47 亿人口，在欧盟居民眼中，欧盟是他们的家园，他们各自的国家也是他们的家园。所有的欧盟公民都持有欧盟护照。

自 1945 年成立以来，联合国一直将解决难民困境问题作为一个核心工作，发表了大量研究成果和报告，并制定了具有法律效力的公约以保障难民的权利。尽管如此，直到最近，联合国在气候难民这一敏感问题上仍如履薄冰——数亿人（很快将达到数十亿人）有可能冲破主权国家的政治边界，绝望出走，以寻找气候宜居且愿意接纳他们的友好国家或地区。

2021 年，德国联邦政府科学咨询机构——德国全球环境变化咨询委员会冒险发布了一份报告，提出如何解决日益严重的难民危机，其中包括为气候难民提供合法化方案，并且提到了早些年的南森护照。

该委员会提出了一项大胆的建议，呼吁世界各国通过签发气候护照来保障气候难民的权利。这项提议可能是颠覆性的，倘若付诸实施，将对地缘政治产生深远的影响，至少会削弱民族国家对政治国界的控制。该项提议内容如下：

> 因此，本委员会提议为移民签发气候护照，以此作为人道主义气候政策的一个重要工具。根据南森早年的报告，这份证件能为因全球气候变暖而受到生命威胁的人们提供选择，使他们获得与相对安全国家的公民基本相当的权利。在早期，气候护照能为一些较小岛国的人口开辟自愿和人道主义的移民途径，这些国家的领土很可能会因气候变化而变得不宜居。到了中期，这种护照还应签发给其他国家面临巨大生存威胁的人，包括流离失所的难民。历史上和现今温室气体排放量较为可观的国家，由于对气候变化负有相当大的责任，应当作为难民接收国为

他们提供服务。[6]

令人难以置信的是，尽管已有数百万气候移民逃离家园去寻找其他宜居的气候友好地区，但现有的联合国公约和协议仍不承认气候难民。联合国公约只保护人们免受侵害，比如政府对宗教教派、少数民族和政治党派的迫害，但不保护那些因全球气候变暖而逃离家园的难民。

1951年颁布的《关于难民地位的公约》是一项联合国多边公约，它界定了难民的定义，确立了个人向祖国以外的国家寻求庇护的权利。该公约第一条这样定义"难民"：

> 由于1951年1月1日以前发生的事情并因有正当理由畏惧由于种族、宗教、国籍、属于其一社会团体或具有某种政治见解的原因留在其本国之外，并且由于此项畏惧而不能或不愿受该国保护的人；或者不具有国籍并由于上述事情留在他以前经常居住国家以外而现在不能或者由于上述畏惧不愿返回该国的人。[7]

不幸的是，德国全球环境变化咨询委员会提出的签发气候护照的建议至今无人理会，被联合国搁置一旁。联合国担忧的问题是，这份证件将导致大量难民逃离祖国，数亿气候难民将跨越大陆和海洋，寻求气候环境更宜居的接收国。联合国回避了这一日益加剧的危机，主张向受到气候变化严重影响的国家提供贷款援助，以增强其内部应对气候影响的韧性——这些都是必要的，但掩盖了一个现实，那就是世界许多地区的环境已经开始变得不宜居，而且已有数百万气候难民开始踏上旅途去寻找更宜居的地方。

虽然德国全球环境变化咨询委员会关于气候护照的提议基本上在抵达联合国时就胎死腹中，但联合国也明确提出了《安全、有序和正常移民全球契约》以供考虑。该契约将气候变化列为人们逃离家园的一种原因，并呼吁成员国间合作，但这一试水仍搁浅了，因为主权国家担心，倘若气候护照成为该契约一揽子计划的一部分，将导致世界各地的气候难民大规模迁徙。就连德国政府也否决了德国全球环境变化咨询委员会的提议，这使得联合国成员国确信《安全、有序和正常移民全球契约》不应成为具有法律约束力的协议，只能是一项"理想协议"，或可委婉地称为"软法律"。[8]

但真实情况完全不同。气候大迁徙已经来临，而且其规模每一天都在扩大。看看两个热点地区，就能感受到这场大规模悲剧的严重性：数百万气候难民涌出干旱的中东地区，冒着生命危险乘坐破旧的船只，只希望能顺利抵达欧盟的海岸；与他们同病相怜的中美洲和南美洲难民全家出动，父母背着孩子，步行数百英里，穿越危险的地形，希望能够悄悄越过美国边境。

新的气候研究结果并不乐观。据估计，"诸如撒哈拉之类的极热地区目前仅占地球表面积的 1%，到 2070 年，极热气候将会覆盖 20% 的陆地面积，这将迫使 1/3 的人口生活在人类生活了数千年的气候生态位之外"[9]。一项 2020 年的研究警告说，"这一气候生态位的地理位置预计在未来 50 年的变化将超过过去 6000 年的变化"，这将导致有史以来最大规模的人类气候迁移。[10] 发表在《科学》期刊上的另一项研究报告称，到 2100 年，世界上部分地区——包括印度和中国的人口密集地区——的温度"可能会变得极高，到时哪怕是最健壮的人，在室外待几个小时也有可能热死"。[11]

在热带和中纬度的大片地区，"大迁徙"已经开始了。如果说 30 年前的气候难民只是一股细流，那么如今它已成了海啸。数百万气候难民——在未来几十年内甚至可能会有数亿难民——在世界各地寻求安全的气候避难所。但选择是有限的……要么提前规划，要么面临彻底大乱的风险。如果要提前规划，联合国各成员国要迎难而上，发放正式的气候护照，附带规章、规范、标准和协议，使难民得以有序、安全地通行。如今热带和中纬度地区许多国家面临的情况是，要么慢慢衰落，要么完全消失。我们已经看到这种情况正发生在太平洋岛国上，很快将在其他地方看到同样的情况。在接下来的150年里，一些国家会延续，另一些国家则会萎缩、衰落甚至消失。这是一个很短的时间线，从曾祖辈出生到曾孙辈死亡也不过150年。

今天的气候移民如何知道该往哪里走呢？我们的气候预测已经指明了方向，可行路线从中纬度地区和热带地区一直延伸到遥远的北方那些无人居住的广阔土地——加拿大、北极地区、北欧国家、俄罗斯的西伯利亚地区。这些尚未开发的土地大部分被永久冻土覆盖，而今冻土正在融化，它占了北半球陆地表面的25%，可以容纳大量人口。[12] 尽管这些北方地区也在迅速变暖，气候科学家告诉我们，如果我们能够在21世纪中叶将地球的温度增长稳定在1.5摄氏度内而不是2摄氏度内，同时在未来几个世纪内让地球陆地和海洋完成1/3~1/2的再野化，人类和许多其他生物就有可能以新的方式幸存，甚至再度繁荣。但是随着时间的推移，这一可能性正在逐步收窄。

准备好气候护照至关重要，只有这样，中高风险国家才可以在气候变化的阵痛中缩小人口规模，减少生态足迹，使其生态空间再野化，并更新生态系统。这将使大量人口向北迁移到人烟稀少的生态系统，将人类的生态足迹分散开来，减轻我们对地球造成的重负。这可以为地球充满挑战的未来指明方向。

气候移民面临的问题是如何规划最佳环境路线，以确保能安全到达环境更宜居、能为大量人口提供生存空间的接收国。科学家已经在绘制气候难民所需要的路线，以便他们在旅途中得到强大的生态系统服务的支持，在前往新生物区的途中停留，从而维持人口数量。事实证明，这趟旅途的向导是地球上其他的生物——哺乳动物、鸟类、爬行动物、鱼类等等。这些生物和我们一样，也被卷入了这场严重破坏当地生态系统的水圈再野化进程中。它们也迅速成为气候移民，也在寻找更宜居、与它们所习惯的生存条件类似的环境。

科学家已开始追踪各种生物的迁徙路线，而且正在绘制它们穿越野生动物廊道到达新目的地、让它们得以生存繁衍的路线。2018 年发表在《全球变化生物学》(Global Change Biology) 期刊上的一项研究采用了高性能计算方法，是同类研究中首次"通过描绘当前气候类型与未来类似气候之间的路径，划定了整个北美的气候连通区域——这些路径避开了（与旧家园）不相似的气候，并使用中心性指标对每个位置的贡献进行排名，以便于分散路径"[13]。

虽然目前大部分关注点集中在拯救和恢复最危急的生态系统上，但现实是，正在再野化的水圈已将濒危物种习以为常的气候转移到了北方地区，因此，我们的首要任务就是寻找与旧家园气候相似的新家园。这并不意味着我们要放弃应对急剧变暖的气候，只是表明这些如今深陷险境的生态系统的再野化、生存和繁荣，将更多地取决于地球的水圈。研究人员重点强调的是，"任何种群的持续存在，都取决于它们在符合生存需求的新栖息地上分散定居的能力"[14]。

这项研究以及随后的其他研究将能够划定各物种采用的最具可行性的野生动物廊道，这将允许政府机构和科学家精确找出沿途的"问题点"，即迁徙路线上的障碍物，例如道路、围栏、人工水库或其他人类基础设施，以便实现安全通行。对野生动物廊道的测绘需要确保沿途有配套的生态系统服务，以帮助各物种加快它们的旅程，例如，在必要的地方重新造林，以提供荫凉和遮挡，帮助降温。这项研究还讨论了在野生动物迁徙廊道引入其他功能来增强生态系统服务，从而增强安全通行的可能性，例如，引入海狸，它们可以建造小水坝，连接洪泛区，降低水流速度，这将最大限度地减少干旱的影响，对于确保沿动物廊道迁往新栖息地的物种的繁殖至关重要。[15]

2023 年 3 月 21 日，美国总统行政办公室环境质量委员会向所有联邦部门和机构的负责人发了一份备忘录，强调"由于人类发展使栖息地退化和消失，气候变化改变了环境条件，有必要认识到生态连通性和野生动物廊道的重要性"。白宫的备忘录重点对"连通性"概念做了解释：

> ……是地景、水景和海景允许物种自由移动和生态过程不受阻碍地运行的程度。廊道是地景、水景和海景的独特组成部分，提供了连通性。廊道具有重要的意义，因为它促进了不同栖息地之间物种的流动，特别是在季节性迁徙活动或环境条件不断变化的时候。[16]

生态连通性允许野生动物获取所需的资源，并促进生态过程。此外，"连通性通过使野生动物调整、分散以适应栖息地的质量变化和分布变化，包括气候驱动的物种地理范围的变化，促进了物种对气候的适应力和韧性"[17]。这份总统指导文件呼吁所有联邦机构"确定已经采取或将要采取的行动，以推进本指导方针所设定的目标"[18]。绘制野生动物迁徙廊道的新科学研究和美国总统的详细指导文件的特别重要之处在于，美国以及其他国家将拥有一种复杂的科学的新方法，用以绘制各物种（包括我们自己）大规模前往宜居生态区域的迁徙路线。

各物种穿越迁徙廊道奉行的就是新游牧主义，跟我们祖先在地球上生活的 95% 的时间里所做的一样。但需要注意的是，人类与动物迁徙的路线需要互相错开，沿途保持一定的距离，以免干扰动物中途停留和前往新的小气候区的安全旅程。沿途跟随它们一起走，但保持一定的距离，这是最新的准则。为了加快旅程，我们要使用复杂的科学测绘技术和物联网基础设施来制定迁徙路线，包括在距离迁徙路线不太远的地方建立快闪城市。

至少在未来一段时间内，穿越广阔迁徙廊道的共同旅程以及在更宜居的生态系统中定居，是一种新的政治动态。但是，我们还没有认识到，人口大规模迁徙和持续移居会留下什么问题。曾经处于民族国家主权治理下的地区，整片区域的人口会大大缩减并最终无人居住，这些地区甚至会逐渐消失。曾经处于民族国家主权治理下的地区将有可能不复存在。我们熟知的许多文明，尤其是热带和中纬度地区的文明，将被抛弃，并以一种新的至高权力——水圈——所决定的新方式进行再野化。这听起来也许有些耸人听闻，但你不妨回想一下所有文明在过去 6000 年里的起起落落，以及熵坍缩和气候剧变的受害者。尽管如此，在每一次起落之后，我们都会分散、迁移到其他地方，再在一段时间后回到故地，重新定居，重建家园。

只是这一次，时间线不同了。全球温室气体排放导致的气候变暖至少在某种程度上将我们带入一场灭绝事件，规模多大暂且不论，随之而来的新气候状况可能会持续几千年。气候变暖导致人类难以在地中海地区和中美洲地区居住，那里的民族国家已经开始流失大量人口。气候指标表明，到 22 世纪末，许多目前处于主权政权统治下的地区，要么慢慢衰落，要么完全消失——这已经是数百个太平洋岛国即将遭遇的现实。

今后的人口大规模迁移和重新定居与区域生态系统的联系可能会越来越紧密，这些区域生态系统会部分作为公地加以管理，以生物区治理的形式受到监管。这种转变已经开始了。前面提到过，欧盟将西班牙加泰罗尼亚自治区、巴利阿里群岛和法国奥克西塔尼亚地区联合起来，尝试建立了首个生物区治理——比利牛斯地中海欧洲跨境生物区。

1991 年，美国西北太平洋地区的 5 个州和 5 个与之毗邻的加拿大省份成立了西北太平洋经济区，以共同治理当地的生态系统。

1983—2015 年，共享五大湖生态系统的美国 8 个州和加拿大的两个省成立了五大湖与圣劳伦斯河州 / 省长会议，共同看管它们的生物区。这两处生物区治理的合作各方都通过立法促成合作，确保促进生态系统的举措能催生出新的商业、就业和发展机会。这两个生物区并不是特例，它们只是先行者。在未来几十年里，民族国家政府将变得越来越开放，它们会共同看管地区之间共享的生物区。它们的生存取决于此。

军事防御让位于气候韧性

我们回到"水-能源"关系链上。这是一个鲜为人知的现象，它是进步时代的命脉，是工业革命的全部，也是资本主义崛起、国家治理和贸易全球化的基石。别忘了前面提到过，发电厂使用煤炭、石油和天然气来加热大量的水，从而产生蒸汽，驱动涡轮机并产生电力。还有，光是在美国，火力发电就占了总取水量很大的比例。

要确保"水-能源"关系链的稳定，需要庞大的军事力量来保护和捍卫煤炭矿藏、油气田，监管水坝和水库，为运河和海上航线提供安全保障，并保护维持整个系统运转的管道。但鲜有人提及的是，在建造这些庞大基础设施的过程中，需要付出惨重的生命代价。挖掘苏伊士运河（连接地中海和印度洋）的 11 年中，大约 12 万名劳工死于痢疾、天花、肝炎和结核病，而在挖掘巴拿马运河（连接大西洋和太平洋）的过程中，大约 3 万人死于黄热病和疟疾。[19]

欧洲历史学家提醒我们，第二次世界大战全少在某种程度上是由德国和法国长期争夺鲁尔河谷丰富的煤炭资源引发的。同样，1941年 7 月，美国全面禁止向日本出口石油，不久之后，英国和荷属东印度群岛也采取了同样的举措，切断了日本获取石油的途径。没有了石油，日本无法确保其在中国、东南亚和太平洋地区的军事扩张，甚至无法维持国内的经济运转。[20] 石油禁令 4 个月后，日本轰炸了珍珠港。整个二战有 7000 万人丧生，占当时全球总人口的 3%。[21] 毫不夸张地说，在过去的两个世纪中，上亿人为了确保工业时代的安全，为了建设基于"水-能源"关系链的基础设施、捍卫化石燃料资产而牺牲了自己的生命。

现在，水力与化石燃料基础设施这一关系链正将社会引向两条不同的道路。燃烧化石燃料导致全球变暖、地球水循环加速，改变了水在地球上的分布，这影响了生态系统和人类的基础设施，不利于人类文明的塑造和管理。同时，前面已提到过，2019 年，大规模太阳能和风能发电的平准化度电成本已经低于所有其他传统燃料的成本——核能、煤炭、石油和天然气，并且固定成本还在持续下降，为快速跨越化石燃料时代打开了一扇机遇之门。市场自能见分晓。

然而，世界上的超级军事强国，以及其他国家的军队，仍将国家安全建立于传统的"水-能源"基础设施，即以化石燃料为基础的工业文明之上，尽管它将不可逆转地退出世界舞台。不过，在过去的几年里，人们开始意识到，以化石燃料为基础的"水-能源"关系链已经失去了动力，一种新的叙事正在浮出水面，将我们从进步时代引领到韧性时代，即从高度集中和垂直整合的"水-能源"基础设施，转向由本地和区域水源地与太阳能和风能组成的高度分布式"水-能源"平台，而后者的成本如今比核能、煤炭、石油和天然气都要低。此外，化石燃料和铀只在少数地区被大规模发现，而且勘探、开采、提炼、运输、消耗和处理的成本高昂。与化石燃料和铀不同的是，太阳能和风能无处不在，而且如今其成本比工业时代的所有传统燃料都要便宜。

前面已经提到过，已有数百万房屋业主和数十万企业、社区协会以及城市和农村社区在其工作和生活的地方利用太阳能和风能发电。他们用不完的多余电力通过越来越数字化的电力网络进行回收，和不同地区、时区甚至大陆共享，而且有望在接下来的 10 年内实现跨洋共享，让数十亿人用上可再生能源。从进步时代向韧性时代的转型，伴随着我们对安全本质的全面重新思考——从攫取和拦蓄水源、开采和捍卫化石燃料，到适应水圈再野化、占用和共享太阳能与风能。

这一现实已成为摆在世界各国军队面前的日益紧迫的课题。2018 年 10 月 10 日，位于佛罗里达州狭长地带的廷德尔空军基地受到五级飓风"迈克尔"的袭击（时速 241 千米），基地 95% 的建筑物严重受损或被摧毁。廷德尔空军基地是空军 F–22 "猛禽"隐形战斗机的大本营，这些战斗机在飓风中严重受损。仅这一个空军基地所遭受的伤亡和经济损失，就超过了美国在中东因伊朗导弹轰炸所造成的全部损失。[22]

2019 年，五角大楼的一份报告总结道，目前美国国内有 79 个军事基地面临干旱、水资源匮乏、野火、洪水和飓风的威胁，此外，美国在全球还有超过 1700 个位于沿海地区的军事设施面临着海平面上升的威胁。[23] 讽刺的是，美国国防部是全世界温室气体排放量最大的机构。[24] 据估计，2001—2007 年，美国军方产生的二氧化碳达到了 7.66 亿吨，比许多小国家的排放量还要多。[25] 更糟糕的是，美国国防部和其他超级大国的军事机构捍卫的是一个以化石燃料为基础的黄昏文明，其搁浅资产，包括勘探权、石油钻塔、管道、炼油厂、储油设施、建筑存量、输电线路、电信网络、物流基础设施、水坝和人工水库等，估值达数万亿美元。[26]

2021 年 6 月，国际气候与安全军事委员会调查了全球主要机构对未来社会风险的看法。他们几乎一致认为，安全问题的重点正从领土防御转变为救治民众、恢复社会秩序以及重建由气候相关的破坏和灾害损坏的基础设施。该调查报告总结道："受访者们认为，大多数

（气候）风险将造成高等级甚至灾难性的安全隐患。据他们估计，在今后十几二十年内，几乎每一种气象灾害都会面临很高的风险水平。"[27]

2021 年秋，美国国防部发表了两份开创性的报告，表明其对军事任务优先级的看法可能有所转变。在其中一份报告中，国防部列出了一份安全风险分析，结果令人担忧。报告得出的结论是：

> 随着这些（气象灾害）频率和强度的增加，灾害的影响可能会扩大各国对地区和资源的竞争，影响军事行动的需求和功能，并且增加人道主义危机发生的数量和严重性，甚至有时还会威胁到社会稳定和安全……在最坏的情况下，与气候变化相关的影响可能会加重经济和社会压力，导致大规模移民事件或政治危机、民间动乱、地区权力失衡，甚至国家崩溃。这可能会直接或间接影响美国的国家利益，而美国的盟友或伙伴可能会请求美国的援助。[28]

在第二份报告中，国防部发布了一份备受期待的气候适应计划，并由此调整了部分军事任务——通过"尽早发现气候导致的问题"，以便"更好地为人道主义援助和救灾做准备"，并"调整或加强军事参与计划，让合作伙伴做好应对潜在气候冲突的准备"。遗憾的是，美国国防部虽合理化了部分军事任务，但主要是从地缘政治的角度，而不是生物圈的角度出发，认为这些规划将"使国防部比对手和竞争者更具优势，能在未来的环境中更好地生存和运作"[29]。

美国国防部和各国军队完全没有准备好应对气候变化所引发的地球水文循环转型的挑战。虽然它们投入了救援、恢复和重建工作的个案，但仍几乎完全将国家安全与地缘政治问题绑定。关键是，军方在考虑气候风险时相当狭隘，它们局限于自身的设施以及如何增强韧性以应对可能影响其行动的气象灾害，却未能抓住任务变化本身带来的更大挑战，即帮助民众灾前预防、灾中存活、灾后恢复和适应地球急剧演化的水文循环，从捍卫地缘政治安全转向增强生物圈韧性。

如果说需求是发明之母，那么按此逻辑，应对气候变化和水文循环转型对生态系统和社会造成日益严重的破坏的责任，就完全落在了各国军队的肩上。在美国，联邦军队和各州的国民警卫队越来越多地被派往国内前线，担任应急先遣队的角色：扑灭野火，在洪灾和飓风中营救民众，为灾民提供水、食物、药品和临时安置居所，甚至重建基础设施。以 2017 年为例，这一年的飓风季是美国历史上最为致命的，需要大规模的军事救援和恢复工作，"涉及 43 个州，动员了超过 5 万名国民警卫队成员"。[30]

美国国防部那些历史悠久的机构也许可以从美国武装部队的一个最新分支——太空部队那儿得到启示。太空部队成立于 2019 年，它的任务是组织、训练和装备太空部队，以保护美国和其盟友的利益，并为联合部队提供太空助力。不过，太空部队的任务不止于此，它至少需要安排部分力量专注于监测气候热点，目标是预测气象灾害事件，并与其他国家分享数据，让各国为气候韧性做准备，而不仅仅是灾后救援和恢复工作。[31]

第四部分

崇高水域与地球生命的新本体论

第十二章
倾听水的两种方式

　　学会在蓝色水星球上生活，是对重新思考人类与水圈长期纠缠关系的注解。1757 年，埃德蒙·伯克出版了著作《关于我们崇高与美观念之根源的哲学探讨》，这一著作对欧洲启蒙运动、随后的浪漫主义思潮以及之后的进步时代乃至今日的文化叙事都产生了本体论层面的影响。今天，气候变化这一幽灵时时刻刻威胁着我们，"崇高"的概念在学术界再次出现，但这一次的风险要大得多，因为灭绝事件迫在眉睫。灾难正降临在地球及其所有生命形式的头上，而这些灾难的核心就是以意想不到的方式暴发的水文循环。

　　伯克描述了人类在突然面对压倒性存在的自然力量时的极度脆弱感，无论是静止模式——如矗立在陆地上的巍峨山脉或由水流雕刻而成的深谷，还是更为常见的活跃模式——包括磅礴的瀑布、突如其来的雪崩、恐怖的飓风、奔流的洪水、干旱和热浪引发的炽热野火、呼啸的龙卷风、火山爆发、触目惊心的地震和汹涌澎湃的海啸等等。近距离体验这些现象可能会引发恐惧，但如果从安全距离观察，也可能引发对地球能动性的力量和壮美景象的纯粹敬畏。这种敬畏通常使人们对大自然感到惊奇，从而激发人们的想象力。而就在这种时刻，想象力可以沿着两条截然不同的道路前行。

哲学家康德勾画出了第一条道路。他认为，这种崇高的体验不仅会触发无助感，还会触发对自然力量的敬畏、惊奇和想象，但"理性思维"会适时出现，这是一种非物质力量，不受物理世界的暴风雨的影响，甚至比自然力量更加强大。它将以其固有的理性来衡量崇高的体验，控制它，驯服它，强化人类在地球上的存在感。

康德的劲敌哲学家叔本华，以及其他一些哲学家则提出了对崇高体验截然不同的反应。他赞同伯克的观点，认为人类在面对自然力量时，崇高的体验会即刻引起无助感甚至畏缩感，使观察者顿时蒙圈。但是，当观察者恢复理智并体会到对大自然的敬畏和惊奇时，叔本华想象了一种人类面对崇高时完全不同的反应，这种反应引导我们以一种不同的方式构建与地球家园的关系。

叔本华认为，由崇高体验所引发的敬畏、惊奇和想象，有可能释放出人类对自然壮美景象的感受，并引发一种基于情感与同理心的归属感——这是一种对地球自然世界的超验性认同感，而在这个热爱生命的星球上，我们与我们的亲属物种不过是旅行者。叔本华对崇高体验激发的感受有两种看法。一方面，当面对自然力量的压倒性存在时，个体会感到自己渺小而无足轻重，自己的存在几乎没有或完全没有意义。他写道："他觉得自己一面是个体，是偶然的意志现象；那些自然力轻轻一击就能毁灭这个现象，在强大的自然之前他只能束手无策，不能自主，（生命）全系于偶然，而对着可怕的暴力，他是近乎消逝的零。""与此同时，他又是永远宁静的认识的主体；作为这个主体，他是客体的条件，也正是这整个世界的肩负人……这就是完整的崇高印象。"[1] 在叔本华看来，对崇高体验的感受点燃了人类对孕育生命的更高力量的亲密归属感，使人因每个个体都与生机盎然的地球融为一体而感到欣慰。

两个世纪前康德和叔本华之间关于崇高的本质和人类反应的这场伟大辩论，如今看来比以往任何时候都更合时宜，因为人类集体正在以两种不同的方式抵抗着眼下的地球生命大灭绝。由于温室气体导致地球变暖，水圈剧烈动荡，地球的水文循环陷入疯狂。我们的未来取决于选择如何与孕育了生命的水圈相处。

康德会希望我们运用理性，迫使水圈来适应我们的奇思妙想，而叔本华会希望我们共情存在的亲生命本质，找到方法去适应剧变的水文循环。人类需要在这两种通往蓝色大星球未来的不同道路之间做出选择。不管我们决定追随哪一种叙事，我们的决定都将不仅影响人类的命运，还将影响地球生命的未来。

是征服水域，还是顺水行舟？

要倾听水的声音并在水星球上感到如在自家一般自在，这个转变并不轻松，尤其是在西方世界。在西方世界，我们将地方感知为空间（space），而将我们纤细的身躯牢牢扎根的坚实大地感知为地方（place）。虽然我们确实是一种能踩水甚至能穿越广阔海洋的哺乳动物，但我们认为自己属于大地母亲。我们的表亲鲸鱼更有本事。它们起初是类似小鹿的陆地哺乳动物，但在演化史上的某个时刻，出于某种原因，它们决定离开大地母亲，并且慢慢演化成鲸鱼，在海洋中繁衍后代。[2] 我们则没有那么灵活，留在了陆地上，开始将水视为"伟大的他者"，至少在西方世界是如此。

在更深的文化层面上，西方的思维模式习惯于将水域视为外来力量、黑暗虚空、混沌剧场。我们对水的原始恐惧在很大程度上潜藏在我们的无意识中，很少受到审视，除非我们受困于海洋之上或被深海包围，或是遭遇猛烈的飓风或海啸，突然之间感到无助、漂泊无依，并且因感觉自己即将被虚空吞噬、永远迷失而惊恐万状。

有意思的是，随着水利文明和随后伟大的轴心时代诸宗教的出现，西方文明和东方文明在与水的关系上开始分道扬镳。

尽管西方和亚洲的地理学都热衷于控制和疏导地球的水圈，让水适应我们的渴望和奇思妙想，但轴心时代的西方宗教——犹太教以及后来的基督教和伊斯兰教——在看待水的方式上与轴心时代的亚洲宗教有所不同：这种本体论层面的分歧后来定义了东西方心理的不同文化演变。前面提到过，《圣经》开篇对创世的描述始于创世前已存在的水。神先是创造了光，将白昼与黑夜分开，然后在水面上造了地，接着创造出伊甸园，并用地上的泥土造出亚当。崇敬亚伯拉罕的轴心时代西方诸教将土地看得比水域更重要，将后者视为深渊，把目光投向人们的身体所牢牢扎根的大地，并寄望在来世升入天堂。

《圣经·启示录》第21章第1节中，先知描述了末世后新伊甸园的来临："我又看见一个新天新地，因为先前的天地已经过去了。海也不再有了。"[3] 征服海洋被视为光明对抗黑暗的最终胜利，是秩序战胜混乱的保证，是永恒生命的胜利。

为避免过多归咎于亚伯拉罕对天、地和黑暗深海之间史诗般斗争的想象，我们只需指出，类似的创世故事早在古代美索不达米亚的第一个水利文明时期就已存在。人类学家米尔恰·伊利亚德指出，在不同的文化中，驯服水域都被认为是混沌与秩序、虚空与结构之间的一场伟大斗争，这在每一个水利文明的崛起过程中都有所体现。然而，亚伯拉罕系宗教的传统独树一帜，它将土地与水之间的斗争作为其世界观的核心问题。加利福尼亚大学圣克鲁斯分校的历史学家克里斯托弗·康纳利观察到，在这方面，西方和亚洲的水利文明分道扬镳。他写道，在中国：

> 不管是象征意义上还是宇宙起源上，海洋并不具备其在西方那样的地位。无论是在中国身居海上霸主时期，还是在15世纪退出海洋活动期间，封建帝国制度下的中国对海洋的论述都没有像西方那样将海洋拟人化或抽象为自然力量……在封建帝制史上

的任何时期，中国的统治从未将水利功能作为其统治存在的理由：防洪是政府的职责，但不是政府的决定性功能。在封建帝制时期，中国没有航海文学的传统，没有关于大海的重要诗词作品，尽管拥有最发达和最古老的山水绘画传统，但没有海景画的传统。简而言之，作为古代伟大的海上强国，中国并没有强大的海洋形象传统。[4]

道教、佛教、印度教、神道教、儒家思想等宗教和哲学与自然的关系也与西方大相径庭。它们并没有人类对整个自然界享有特权的观念。尽管在践行信仰方面，印度、韩国、日本等国家显然采取了一种与西方非常相似的方法来束缚水域，强行使其适应人类的需求，而不是人类去适应水域。然而，这些国家的人对此有着复杂的情感。在东方宗教和哲学的传统中，与自然和谐共处的概念紧密交织，由此缓和了西方神学中对征服深海的狂热渴望。虽然亚洲文化在实践中常偏离其传统理念，但从未将水域视作必须征服的巨大虚空。中国、印度、韩国、日本以及亚洲大部分地区向来寻求与水圈和谐共处，它们在从进步时代转向韧性时代、从地缘政治转向生物圈政治方面可能具有一定的优势。

2012 年的中国共产党第十八次全国代表大会提出，要大力推进生态文明建设，把生态文明建设放在突出地位，融入经济与社会发展的各方面和全过程——中国是世界上第一个这样做的国家，开启了人类下一个伟大时代。2017 年的中国共产党第十九次全国代表大会，修改并加强了国家引领生态文明建设的承诺。

2019 年，中国国家主席习近平撰写并发表了一篇具有里程碑意义的文章《推动我国生态文明建设迈上新台阶》。这是一个全新的愿景，呼吁中国在与自然的历史交汇中发挥领导作用。所谓的新台阶，即寻求和谐，使我们适应自然，而不是强求自然来适应我们对地球丰富资源进行商品化、财产化和消费的狭隘而局限的做法——以损害地球为代价获得短期利益。这一哲学宏文标志着中国与西方传统的主导和统治方式的根本性文化差异。习近平主席在文中写道[①]:

> 同时,必须清醒看到,我国生态文明建设挑战重重、压力巨大、矛盾突出,推进生态文明建设还有不少难关要过,还有不少硬骨头要啃,还有不少顽瘴痼疾要治,形势仍然十分严峻……保护生态环境是全球面临的共同挑战和共同责任……在整个发展过程中,我们都要坚持节约优先、保护优先、自然恢复为主的方针。[5]

2022 年,中国宣布了《国家适应气候变化战略 2035》。这一战略由生态环境部发起,另有 16 个部门参与,对中国经济与社会发展的优先事项提出系统性的转变。这份大力推进的新计划认识到,应对气候变化战略与现有的减缓温室气体排放承诺相结合能助力生态文明建设,因而强调了两者的重要性。[6]

中国这一项战略既全面又成熟,它引入了经济、社会和政治实践的新格局,包括制定 8 个生态区的分级治理模式,与美国和加拿大的生物区治理模式相对应。[②] 中国也是少数几个引入"复杂适应性社会–生态系统建模"这一新型科学探究方法的国家之一。该方法为生态文明量身定制,其中文化与自然的鸿沟被消弭,我们开始将自己视为构成自组织和不断演化的地球上众多物种和行动者之一。

中国官方支持生态文明建设的举措,要求社会来适应自然,而不是让自然适应社会,这是我们与自然关系第二次伟大重置的风向标。

---

① 习近平 . 推动我国生态文明建设迈上新台阶 [J]. 求是,2019(03).
② 根据我国自然资源部 2023 年 5 月印发的《中国陆域生态基础分区(试行)》,我国陆域生态系统在不同区域尺度上划分为 6 个一级生态、47 个二级生态区和 233 个三级生态区。——编者注

希望在未来几十年内，世界各国和地区也能在法律和政策部署上正式采纳这一愿景。

适应自然，让水圈自由流动——这一说法乍看似乎无比诱人，许多人也许会毫不犹豫地说："是啊，为什么不这么干呢？"但人们未必会去思考这一前景的全部含义。这种浪漫情怀确实令人神往，但是，水依然会找到方法回流到旧的洪泛平原，长期隐匿的溪流和河流将在曾是它们领地的广大城市和郊区中重新涌现。到那时，我们就别无选择了。水圈正在制定地球未来演化的条件——暴雪、洪水、干旱、热浪、火灾和飓风的加剧已经迫使我们必须开始采取行动了。数亿甚至数十亿人口将被迫迁移到更安全的地方，寻求宜居的、适应水圈的栖息地。

如果真的想摆脱我们有能力控制地球四大主要圈层这一陈旧观念，不妨想想由水圈再野化在岩石圈激起的肆虐野火。2022 年初秋，《华盛顿邮报》专栏作家冯·德雷勒撰写了一篇引人深思的文章《如何防止致命野火？停止对抗野火！》，这篇文章多少有些出乎读者意料。他引起了读者对诺曼·麦克林恩的一本书的注意，该书出版于 1992 年，名为《年轻人与火》。麦克林恩在书中讲述了一起发生在 1949 年 8 月 5 日的事件，当时美国国家森林局的 15 名精英空降战士——空降森林消防员——跳入蒙大拿州一个偏远的峡谷去灭火，那里有茂密的松树林和摇曳起伏的大片草地。几小时后，风向突然改变，15 名消防员中有 12 人被大火吞噬。[7]

我们从这一场悲剧中吸取了深刻的教训，但这涉及一个更大的问题——假如一些野火不对人口中心构成威胁，那我们是否应该任由野火自生自灭？就算到了那种时候，倘若紧邻或位于茂密的森林地区的整个居民区，提前做好规划并且将整个社区搬迁到更安全的地方，从而远离不可避免的火灾，岂不是更好吗？换句话说，我们应该主动适应自然的再野化，而不是试图去打一场不可能赢的战斗。

冯·德雷勒指出，大多数人不愿意直面人类能动性的局限，他写道：

> 一个多世纪以来，我们一直追求的理念是，唯一好的火是灭掉的火。而在这一过程中，我们的荒野里到处都是易燃材料。可燃物多了，火势就会变大，蔓延得更快……其实，火（往往）是大自然通过清除过度生长植物和燃尽可燃物从而使荒野复苏的方式。

如果我们让大自然控制火灾，或者至少接纳消防人员所说的"计划烧除"，不但能在社会层面限制损失范围，还能帮助大自然完成自我净化。我们必须接受这样一个事实——人为阻挠野火的必要活动只会留下更多可燃物，使未来的火灾变本加厉。[8]

理论上来说，大多数人可能会认为这看上去挺有道理，但在日常生活中，我们还是太过习惯于控制自然，强行使其适应我们的需求和生活方式——例如，在洪泛平原上用不透水材料铺路，在古老的森林周围建立新社区，抑或在干旱的沙漠中建立城市中心以满足我们的审美欲望，却很少关注周围水圈、岩石圈、大气圈和生物圈的生态系统动态。

让自然适应我们的奢靡生活已经永远结束了。如今，气候变化和水圈再野化掌握着生杀大权。关键的问题是——水圈及其他圈层的再野化正在迅速改变地球生命的生态，我们是否能从长久的沉睡中醒来并重新学习如何适应它们？

停用水坝，让溪流和河流自由流动，让海洋浸没沿海地区，将人口迁移到更宜居的新地区，这一切已经开始，而且会在未来几十年和几百年内快速发展。我们需要抢占先机，为半游牧式的新型瞬时生活方式做好准备。我们拥有预估未来的认知能力，以及根植于我们神经回路中的共情能力，我们可以作为一个物种团结合作。而且，我们还具有一种生物敏感性，会为地球上其他生物——从我们自身向外延展演化的大家庭——的利益采取行动，从而带领它们迈出重要的一步并重启我们的旅程。利用我们所掌握的所有复杂思维能力来重新学习如何适应自然的召唤，这是新兴的韧性时代的标志，它正将一个濒死的进步时代抛诸脑后。

在流动的时空中重新定位自我

古希腊哲学家赫拉克利特说过，"人不能两次踏进同一条河流"。大地倾向于"存在"而非"生成"，而水的倾向则相反——这是区分时间、空间和存在意义的两种非常不同的方式。

我们对时间和空间的观念是所有哲学辩论的核心，它们还塑造了我们对现实的看法。这些观念在某种程度上取决于我们接纳哪一种思维方式——以土地为中心，还是以水为中心。在整个工业时代，甚至更早之前，以土地为中心就是将地球想象成一个被动资源的集合——这些资源存在于一个非时间性的真空中，是可以被任意商品化、私有化，而且可供开发和消耗的独特对象和结构。以水为中心，则将水看作过程、模式和流动。水并非存在于某个瞬间，也不能被随意驯服、束缚和禁锢。毋庸置疑的是，水圈拥有这个星球上最强大的力量，但是在整个水利文明的漫长历史中，我们一直生活在错觉之中，以为这个蓝色水星球上的水都可以被驯服。这种天真的想法一次又一次地导致所有水利帝国不可避免地步向衰亡，这在很大程度上是人类私有化水资源必然带来的熵增效应所导致的。

如果说有什么决定性时刻影响了我们与空间、时间和水域之间的关系，并且导致了工业时代的来临和商业贸易全球化，那大抵就是历史上大约同一时期出现的两项发明。在 15 世纪晚期，西班牙和葡萄牙签订了一份协议，将世界的海洋进行了分割，两国分别声称对地球约一半的海洋拥有主权。它们的协议相当狂妄，但海洋与陆地不同，海洋比陆地更加不稳定，而且会不间断地流动，永远都在扩张和收缩，而且经常变换路线，洋流相当复杂，本就难以航行，更别说控制了——这一切都使得海洋几乎不可能被拦蓄、控制和私有化。早期的航海者在海上漫游，寻找新的大陆，但他们几乎没有什么导航指引，仅仅依靠一些图例、传闻和其他探险队的记载，这些信源都是不可靠的。随着两项发明的出现，这一切都改变了。这两项发明改变了历史的进程，并导致构成这个蓝色大星球的广阔海洋被私有化。

第一个发明是大约在 15 世纪 40 年代出现的谷登堡活字印刷机，这项技术彻底改变了人类的沟通方式。而在航海领域，它改变了海洋探险者组织空间的方式。有了印刷术，新发现的海岸线就可以进行对比、整合、标准化并印刷出来，航海者能够获得更精准的导航地图，消除了先前导航方式的主观偏见和不准确。

地图的标准化极大地推进了人类的海上旅行和对新大陆的探索。然而，在大海上无法计算经度的问题仍然存在。经度的计算涉及时间。1492 年，哥伦布横渡大西洋时，他能够通过观测北极星来测量纬度，但仍无法测量经度。没有经度数据，海上航行和新大陆的探索与开发就只是一项不切实际的事业，而印刷地图的价值也相当有限。

无法测量经度意味着船只无法确定最直接的航行路线，或者最顺风向、洋流的航线，这会导致航行时间延长数天甚至数周。航期的延长往往会耗尽给养，最终危及船员的生命。船只位置的判断错误也会导致致命的海难。为了解决这个问题，英国政府在 1714 年成立了经度委员会，向能够解决经度问题的人悬赏。当时的解决方案是携带一枚机械钟表上船，这样就可以在一个参考位置给出正确的时间。但问题是没有一款钟表能够在摇摆和颠簸的船上准确走时。最终，约翰·哈里森经过反复试验，成功制造出一个航海天文钟，并因此于1773 年获得了一笔丰厚的奖金。

标准化印刷的地图与能够在海上计算经度的有效计时器的结合，开启了探索海洋、殖民新大陆、开展全球贸易以及系统性圈占海洋和陆地的时代。今天，一场新的技术革命再次改变了我们测量和导航时间、空间的方式——这是激励早期探险家横越海洋、占领新大陆并私有化水域的动力的另一面。这项技术名为重力场恢复与气候实验（GRACE）。美国国家航空航天局、喷气推进实验室和德国航空航天中心于 2002 年发射了两颗卫星，用于测量地球的重力场异常。GRACE 卫星的任务目标是记录重力场异常，以确定地球质量在地表的分布情况及其随时间的变化。GRACE 卫星每月测绘的全球重力场分布地图比以往任何地图都精确 1000 倍以上，水文学家、海洋学家、冰川学家和气候科学家得以实时研究气候变化对水圈、岩石圈、大气圈和生物圈的影响。这些数据记录了冰川变薄、含水层中水的流动、干旱状况，以及地核中岩浆的流动。这项测绘甚至包括海底压力和深海洋流的变化检测。

GRACE 卫星的测绘提供了海平面上升的实时数据，以及海平面上升是否由冰川融化、海水变暖的热膨胀甚至海洋盐度变化引起的信息。GRACE 卫星探测水域的分类非常精细，它可以精确检测格陵兰群岛和南极等地每年损失的冰量，还可以实时检测印度等地的水量枯竭情况。GRACE 卫星的制图技术甚至提供了堆叠数据。2003—2013 年，加州大学尔湾分校利用 GRACE 卫星的跟踪技术和数据，对全球 37 个最大的含水层进行了研究，发现其中有 21 个含水层"已超过可持续临界点并正在枯竭"。[9] GRACE 卫星收集的数据信息量很大，为人类提供了宝贵的洞见，帮助我们了解气候变化如何影响水文循环以及地球上每一寸土地的情况，这样我们就可以预见、准备并适应地球上快速变化的水圈。

加拿大萨斯喀彻温大学全球水安全研究所利用 GRACE 卫星数据进行的一项为期 10 年的全面研究有着重要意义。数据指出，包括美国在内的高纬度地区和低纬度地区的空气湿度越来越大，而干旱半干旱的中纬度地区变得更加干燥，这证实了联合国政府间气候变化专门委员会（IPCC）自 1990 年以来发布的大量科学报告中的集体数据。据 IPCC 研究预测，到 21 世纪末将出现更明显的变化。不同的是，GRACE 卫星的数据显示，这些变化现在已经发生了。更严重的是，数据还显示，到 2050 年，全球超过 50% 的人口将居住在水资源匮乏的地区。

其他研究显示，北极和南极地区的气温上升速度更快，11000 年前最后一个冰期残留的冰川正在融化，这将改变历史。[10] 通过对地球水文循环的时间和空间变化及其实时和长期影响进行测绘制图，科学家、政府、工业界和民间社会得以预见、准备并适应持续发生的气候灾害。我们可以在当地和迁徙走廊上实施短期和长期的气候适应计划，甚至包括重新安置人口等举措，这样，我们才能及时做好准备，确保社区的安全，并在韧性时代繁荣发展。

GRACE 卫星的数据、分析和算法代表了我们对时间和空间体验的技术重置。GRACE 卫星每月测绘出全球气候变暖如何导致地球水圈地貌发生前所未有的变化，这正在重新定义我们看待地球历史的方式，以及我们按历法储存记忆的方式，尤其是一些重大的气候事件——那些不仅重塑了地球，还重塑了人类对地球的适应方式的历史事件。

回想一下，对于狩猎采集者来说，需要特别纪念的重要日期是冬至和夏至，这是一年中白昼最短和最长的日子。冬至标志着一年的结束和新年的开端，以及生命的周期性重生。有说法认为，诸如英国的巨石阵、爱尔兰的纽格莱奇墓和苏格兰的梅肖韦古墓之类的新石器时代遗迹，其作用是在一年中白昼最短的一天里捕捉太阳，以确保太阳在来年新的周期中随着生命的重生再次点亮世界。[11] 新石器时代的人们——斯拉夫人、日耳曼人和凯尔特人——还会在夏至举行歌颂和舞蹈仪式，点燃篝火，并祈求"加强剩余农忙季节的日照，以确保丰收"[12]。

6000 年前，伟大的水利帝国的出现标志着"文明"的开始，也正是在这个时期，人们从举行季节更替纪念仪式转向用象形文字及后来的楔形文字按历法标记事件。苏美尔文明是中东地区第一个已知的水利文明，位于底格里斯河与幼发拉底河流域，不仅拥有最早的城市定居点和书面语言，还培养出了早期的科学家——神庙祭司。这些科学家会研究一年中夜空中不断变化的星座，以期更好地确定春季洪水的时间，这对水利文明的运转至关重要。这些社会的生存能力取决于对一年中水文循环变化的准确预测，如此才能在这些早期的城市文明中组织对水利基础设施各阶段的管理。

在所有的文化中，时间及由其延展的空间的历法架构的共同点是，它们要么以地球每年绕太阳运行一周为标志（阳历），要么以月球每月运行一周为标志（阴历），要么以两者组合为标志（阴阳合历）。但无一例外，这些历法在很大程度上不过是用来塑造统治文化的宗教、政治和经济叙事的框架。

例如，象形符号历法纳入了与天神事迹相关的历史事件。世界各地的其他水利文明也以类似的方式运作，包括类似的历法。轴心时代的宗教的成形及其与历法文化的联系也一直是组织经济活动、社会生活和治理模式的核心，在有记载的历史中大多如此。每一个轴心时代的宗教都划出了特殊的圣日，用以忏悔、感恩、坚振和礼拜，这使得人口密集的水利文明社会有机体的民众能够遵守他们对周围世界的共同理解，以及满足周围世界在时间和空间上对他们的期望。历法常因服务于统治者的政治目的而重新排列历史时刻，这一点让人反感。

在基督历法出现之前，12 月 25 日至 1 月 6 日这段时间是举办冬至庆祝仪式的日子。教会决心对抗这些异教徒仪式，将耶稣诞生日和主显节放在这段时间庆祝。[13] 同样，教会的神父们对复活节（基督复活的日子，是基督历法中最神圣的节日）碰巧在犹太人的逾越节（犹太教历最神圣的节日之一，在月圆期间庆祝）期间而感到不满。教会担心两个宗教事件关联太过密切可能会破坏将基督教确立为独立宗教的努力，于是在 325 年于尼西亚召开的基督教大公会议上通过了一项决议，规定复活节以"春分后第一次满月后的星期日"为节庆日。这一项日历改革确保这两个圣日不会出现交叉。这位将基督教定为罗马帝国官方宗教的皇帝君士坦丁在历法改革通过后致信基督教会，他在信中对此评论道："在庆祝这一圣日时，由我们遵循犹太人的惯例似乎并不值当……倘若我们摒弃他们的习俗，我们便有能力将这一节庆延长到未来……因此我们最好不要与可憎的犹太人群有任何共同之处。"[14]

在整个文明史上，历法总被视作理所当然，但它是社会组织活动的核心。历法建立了人们重新构想集体记忆的新方式，以期适应治理社会的新观念、规范、行为和实践。罗格斯大学社会学教授伊维塔·泽鲁巴维尔指出，"历法有助于巩固群体内部的情感，从而构成群体机械连带（mechanical solidarity）的强大基础。同时，它还有助于建立群体的界限，将群体成员与外来者区分开来"[15]。

新历法改革适得其反的情况并不少见。例如，法国大革命的缔造者致力于为西方文明消除他们眼中所认为的宗教迷信、不公、无知，以及推翻上一时代的教会和国家统治对人民的压迫。他们对未来抱有新的构想，在这种构想中，理性是一种基本美德，并且引领着一种乌托邦式的未来愿景。为此，1793 年 11 月 24 日法国大革命国民公会正式实施了一个反映法国启蒙运动科学原则的新历法体系。

新历法弃用了基督时间，以消除教会对法国人民的影响。基督历法将整个历史划分为两个时代——"主前"（Before Christ，即公元前）和"主后"（Anno Domini，即公元纪年），并将耶稣的诞生定为第一年。新历法取消了这个做法，并将法兰西共和国诞生的1792年定为第一年。这符合他们对新历法的期望——理性、科学且与时代新精神相一致。

为了让法国公众朝着更理性和科学的生活方式迈进，融入新兴的进步时代，法兰西共和国政府采用了一种十进制历法，一年12个月，一个月30天。每个月划分为三个为期10天的周期，一个周期称为"一旬"；每天划分为10小时，每个小时划分为100分钟，每分钟又划分为100秒。这些计时方法都与新设计的度量衡系统一致。[16] 1799年，法兰西共和国正式引入度量衡制度，作为一种更加科学实用的商业和贸易管理手段。

如果这还不足以激起法国公众的愤怒，那还有这个——新历法取消了所有基督历法的假期，包括52个星期日、90个休息日和38个节日，这让法国人面临高强度的工作日程，几乎没有喘息之机。对于这个问题，新历法新设了一些休息日，如"人类种族日""自由与平等日""法国人民日""人类恩主日""爱国日""正义日""共和日""夫妻忠诚日""孝行日""友谊日"。总的来说，新历法将节假日数量减至36个，这激起了法国公众的愤怒。新历法仅仅持续了13年。1806年，拿破仑恢复了基督历法，以安抚法国公众和教皇。[17]

这个历法的影响颇为深远，甚至深入潜意识，不知不觉成了建立人民组织的一种工具。政治学家汤姆·达比观察到，法兰西共和国的新历法被设计成"一套巧妙的方法，旨在根除大众与以前的所有联系及忠诚意识和习惯想法，并代之以强调革命意识形态的新意识。这将产生双重效果，首先是建立起'集体遗忘'的状态，其次是开创一种大众记忆的新基石"[18]。历史上的历法都是如此。

尽管法兰西共和国的历法实践很快被废除，但在接下来的19世纪前几十年中，随着工业革命、资本主义市场的兴起和民族国家治理模式的崛起，新的纪念日开始出现。新的历法标记越来越多是为了致敬著名的战役、政治殉难者、技术发现，以及最重要的一类——商业活动日。历法中保留下来的少数宗教节日向公众表明，他们可以维持从前的宗教信仰，同时适应新兴的商业时代。历法中仅包含极少数与自然世界和环境标记相关的内容，这表明，对于我们如何在时间和空间中定位自己、如何理解我们在地球上的存在意义，意识形态和商业联系明显优于我们与自然和环境的联系。

但是，既然地球上的历史是关于"生命"体验的历史，那为什么我们对孕育生命的水圈知之甚少呢？要知道，这可是一种可能只存在于地球上的特殊礼物。如果我们的科学家是对的，水圈及附属的岩石圈、大气圈和生物圈是所有生命的主要动力，那为什么我们在试图构想它们的时空历史时会一无所获呢？在我们的历法记录中引入水圈及其附属圈层的历史，包括纳入里程碑式历史事件、重新梳理历史事件，甚至是水圈被我们拦蓄和掳掠的历史，对于我们重新思考我们在蓝色水星球上的旅途而言，是可喜的第一步。

到了最近的几十年，随着全球变暖和地球水圈剧烈的再野化，跨学科研究者才开始深入探索水圈的历史和人类学领域。（现代对全球气候的记录始于 1880 年。）研究人员的发现相当令人着迷，这是了解我们栖息的水星球的第一步。如果我们要重新学习如何在蓝色水星球上生活和繁荣发展，那就要重视这些新的水文数据，因为这对建立全新的历法标记非常重要。

例如，科学家最近发现了每一个水分子在时间和空间中的实际生命周期，不过只有少数科学家、技术人员、环境学家和知识分子知道此事。首先，一滴水中有超过 15 万亿亿个水分子，有 50 万亿亿个原子。[19] 除了极少数的例外，几乎所有的水在地球历史时间线的早期阶段就已经存在了。别看水分子小，它非常了不起——在它的生命历程中，它孕育了岩石圈的生命周期，改变了大气圈的氧气含量，同时还保障了生物圈的生存能力。

科学家用两个术语来描述水分子在给定系统中停留的时长——停留时间和通过时间。一个水分子在大气中能停留大约 9 天，当它降落到地球上时，会在地面停留 1~2 个月。一些水分子会渗入浅层地下水中，并停留 200~300 年。深层地下水的水分子可以停留长达 1 万年。从大气中降落到地面形成雪的水分子可以停留 2~6 个月，直到春季冰雪融化。而从大气中降落并受困于冰川的水分子可以停留 20~100 年。如果一个水分子从大气中落入海洋，它可以在海里停留 3000 多年。而如果一个水分子从大气中落到南极的冰盖上，它可能会在那里停留 90 万年以上。[20]

在其生命历程中，水分子通过蒸腾作用，从海洋、湖泊、河流以及植物叶子中蒸发到大气中，聚集成云朵。然后，它再次降落到地表和世界各地的河流、湖泊和海洋中，并不停往返于水文循环之中，使得土壤、植物和森林焕发生机，并为地球上所有物种提供营养，孕育着各种形式的生命。

蓝色水星球的运转原理需要嵌入我们的教育体系、文化传统、治理方式、经济方针、自我认知以及我们对生命本身的体验方式之中。我们是蓝色水星球的一部分——它定义了我们，然而我们对这个孕育了所有生命的力量几乎一无所知。重新思考我们对时间、空间和能动性的概念的最佳途径，就是将水这一主题融入我们的历法生活。这意味着我们要超越那些肤浅的观念——此前，水是神明赐予人类的礼物；到了近代，水又成了被资本主义体系占用的一种被动商业资源。

对大多数没有密切参与水资源研究和管理的人来说，科学界存在"水文年"这一正式概念可能会让他们感到惊讶。"水文年"不是一场公共关系活动，而是一种系统性的概念工具，用于追踪每年的水文循环周期。美国地质勘探局在其官方报告中将"水文年"定为连续的 12 个月，从 10 月 1 日开始，到次年 9 月 30 日结束。虽然该局定下的这一概念是一个通用标准，但水文年的确切日期根据每个生态区域的实际情况而有所不同。例如，佛罗里达州的水文年始于 5 月 1 日，持续到次年 4 月 30 日。对美国大部分地区来说，10 月 1 日通常是一年中水位的最低点，直到随后的春季到来，冰雪融化，水又流动起来。这正如每个美国学童耳熟能详的谚语所言：四月雨催开五月花。

将经由 GRACE 卫星分析和计算得出的水文数据与水文年数据相结合，可以评估地球上每个地区受水文循环的影响。这些数据以及来自世界气象组织和其他机构——如美国地质勘探局及其他国家的类似机构——的数据输入应被纳入全球和各地区的水文历法体系，实时更新并支持随时在线浏览。这样一来，公众所能实时了解的就不仅仅是 10 日天气预报的数据了，还可以了解到他们所在地区的水文循环和生态系统的实时变化和长期变化，以及地球上其他地方发生的事。

早在 1993 年，联合国就在其国际日历中纳入了一项有关水文循环的内容，将"世界水日"定在 3 月 22 日，以便所有国家都能庆祝、纪念并重申我们人类对蓝色星球水资源的看管义务。很快，其他水文纪念日也出现在各地区日历和全球日历中，包括"全国地下水周""全国河流月""世界海洋日""赏湖月""清洁水周"等等。

第十三章

是让元宇宙吞噬，
还是在蓝色宇宙中浮沉？

回归自然并不是一趟轻松的旅程。截至 2022 年，美国人平均每天有 92% 的时间待在室内，平均每天盯着屏幕的时间超过 7 小时。而全球平均每人每天要花 6 小时 57 分钟盯着屏幕，包括智能手机、平板电脑、台式电脑和电视，显然美国人在这件事上不是例外。有些国家的人更加沉迷于屏幕，南非高居榜首，该国每天人均花费 10 小时 46 分钟浏览屏幕。美国研究人员发现，在新冠肺炎流行期间，12~13 岁的孩子花费的"与学习无关的屏幕时间增加了一倍，达到 7.7 小时"。[1]

自从脸书将公司品牌重塑为 Meta，科技界也急于创建虚拟世界，让全人类可以在其中进行社交生活、商业活动，甚至实现虚拟的治理形式，我们似乎有意无意地蜷缩在一个虚拟的技术世界里，与我们和自然世界重建亲密关系的前景背道而驰。在漫长的人类历史长河中，这一现象前所未有。与我们密切相关的自然世界，如今反而成了陌生的他者。或者换个角度说，人类正在成为陌生的他者。我们选择紧闭家门，远离地球，沉浸在多个虚拟世界中，与数字化身的另一个自我进行互动，甚至扩展我们的虚拟感官——除了视觉和听觉外，还包括触觉和嗅觉。

在户外时，我们越来越多地配备了AR（增强现实）设备，将数据、趣闻和消息叠加到现实环境中，使其变成一个充满虚拟图像和流动数据的舞台——这便是无意识地迫使整个外部世界来适应我们自己的功利欲望的表现。在这样一个舞台上，我们或多或少地将自然环境视为舞台背景，可改善也可丢弃——这取决于我们的看法。

生态愿景抑或反乌托邦噩梦：通往未来的两条路

元宇宙只不过是一个由计算机生成的宇宙，却被吹捧为终极乌托邦之梦，一个以奇点为终极目标的另类世界，一个由科技大师构想的超越实体存在的不朽空间——它的缔造者称之为"虚拟现实"（VR）。谷歌公司前工程总监雷·库兹韦尔认为，人类将超越"肉体和大脑的局限，未来的机器就是人类，尽管它们不是生物"。[2] 什么时候呢？他说："我认为奇点将在2045年到来。"[3]

为什么会突然出现一场逃往虚拟世界、幻想奇点来临的热潮？大概跟我们正陷入地球生命的第六次灭绝事件，而且正绝望地寻求生路有关，只不过这一次我们寻找的是偏技术化的救赎。地球水圈的再野化吓退了人类。水圈的巨大力量唤起了人类的无限恐惧。我们每个人都在见证刺骨的冬季雨雪，肆虐的春季洪水，难以忍受的夏季干旱、热浪和野火，以及毁灭性的秋季飓风。地球的生态系统正在崩溃，我们建造的环境正在崩溃，越来越多的人类家庭正在死去。我们被告知，情况会变得更糟，而且不只是一阵子，可能要持续数千年。

如果说崇高就是在近距离面对地球主要圈层释放出压倒性力量时产生的恐惧，那么释放恐惧并使其他圈层屈服的就是水圈。但我们很难接受这样一个事实——正是我们人类点燃了这把火，我们挖掘了3.5亿年前石炭纪时期的坟墓，挖出了早已转化成煤炭、石油和天然气的动植物遗体，用这些燃料驱动了工业时代。如今，这场大

蓝色水星球

挖掘正将我们带往一个气候急速变暖的未来，让我们直面伴随着水圈再野化而来的生物大灭绝。那么，我们应该如何回应水星球的水圈再野化呢？

如果康德今天还活着，毫无疑问，他会将水圈的再野化视为一个可憎之事，极力倡导将其封锁，还可能会赞扬元宇宙作为"超然理性"力压崇高的终极胜利。他会认为，元宇宙是一股力量，既独立于这个充满情感和瞬时性的世界，又优于这个世界。他的拥趸——元宇宙的技术奇才们邀请我们所有人沉浸在一个虚拟的乌托邦里，摆脱尘世存在的短暂性。他们将奇点视为超越我们悲惨的物理束缚的质变，认为它能使我们摆脱死亡的痛苦。另一方面，如果叔本华在这个时候重临人间，他很可能会将此时视为另一种胜利，也就是说，尽管我们的肉体只是短暂地存在过，但通过认识到我们的物性是永恒嵌入自然世界的，我们得以与崇高达成一致。我们每个人都是宇宙的一部分。

我们的每一次呼吸都永远改变了宇宙的状态，哪怕这改变小到微不足道。数学家、气象学家爱德华·诺顿·洛伦茨是最早认识到蝴蝶效应的科学家之一，他告诉我们，即使是最轻微的波动，如几周前一只蝴蝶拍打翅膀，无论它的扰动多小，都会影响龙卷风形成的确切时间及其随后的路径。

洛伦茨在 1972 年所描述的蝴蝶效应触发了公众的想象，但此前已有其他物理学家和数学家就这个问题发表过意见。约翰·戈特利布·费希特在他发表于 1799 年的著作《人的使命》中指出："如果你不通过这不可度量的整体的所有部分去改变……某种东西，你就绝不可能移动任何一粒沙的位置。"1950 年，人工智能先驱艾伦·图灵的开创性工作确立了信息理论和计算的操作规范，这些工作是如今虚拟现实得以实现的基础。他指出："一个电子在某个时刻的十亿分之一厘米的位移，可能会决定一个人在一年后的雪崩中死去还是幸存。"[4]

我们生活体验中的每一刻——我们的生活方式、我们所做的事情、我们的行为，甚至我们分享的思想——与其他生物的行为一样，都会产生涟漪效应，影响到这个自组织和不断演化的星球上的所有现象。我们个人生活体验的总和会被永远地铭刻在地球的生命中。这是一种不同的永恒存在，它将在一个生机盎然的星球上持续下去，并影响着我们之后所有的生命。

或者说得更温馨一些，我们的基因和个人生活体验都是由我们所有祖先的生命印记预先设定的，无论是时空上与我们相隔久远的祖先，还是与我们的家谱直接相关的近代先人。更直观地说，进入我们体内的大部分氧和氢来自大气圈、水圈和岩石圈，这些圈层共同构成了所有生命存在的生物圈。当这些分子返回生物圈时，它们通过气流和水流在地球上轻松传播。每个人的身体都有超过 4×10^{27} 个氢原子和 2×10^{27} 个氧原子，可以肯定的是，其中一些原子曾在某个时候存在于其他人或我们之前的生物体内。同样，曾经存在于我们体内的一些氢原子和氧原子也将很有可能以某种途径进入在我们之后出现的人和其他生物的体内。[5]

从科学的角度来看，我们的身体并不是相对封闭的自主系统，而是开放的耗散系统。每个人的身体都包裹在一个半透膜中，这个半透膜选择性地允许来自生物圈的化学元素进入其内部，包括氧、氢、氮、碳、钙、磷、钾、硫、钠、氯等等。[6] 因此，我们的身体是承载地球基本元素和矿物质的众多媒介之一。

亚伯拉罕系宗教和古典西方哲学对永生的理解非常不同，认为永生是一种非物质现象，存在于一个与现实生活的物性迥然不同的非时间性的世界。到了现代，康德继承柏拉图和其他希腊哲学家的理念，主张纯粹思想和理性不受日常生活中的情感、情绪、感知和生活体验的干扰。

今天的元宇宙是一个日益脱离生命存在原始物性的虚拟世界，而它的建造者们只不过是长久以来的宗教和哲学传统的最新化身。这些传统信奉某种独立于任何可被称为自然世界事物的非物质存在。所有这些都是为了通过规避在实时和物理空间中的生活现象，以及体验活着的脆弱、苦难、偶然性和快乐，从而逃避死亡。

怀特海与过去的哲学家和数学家所见不同，他认为存在并不是在天堂或是在头脑中的超脱理性中寻得的，而是在生活体验中寻得的。天堂和纯粹理性都不认可生活体验，而且它们仅存在于非时间性的世界中。想想看，既然天堂是永恒的，为何天堂会有时间的流逝？回想一下，牛顿三大定律是不是没有时间箭头？成为不朽的、神一般的存在能完全超越时间和空间的束缚，这是每个奇点信徒的梦想。把上帝想象成具有空间性或时间性的存在是荒谬的。

在所有关于奇点和超人类主义的讨论中，如何对待共情冲动总是被忽略。克服时间、空间和生活体验的现象学，跟人类神经回路中的共情冲动有什么关系？神经科学家开始怀疑共情冲动是驱使我们成为最强适应性物种的一个关键特征。想要超越物质世界，即在时间和空间中的生活体验，意味着要抛弃同理心。神经生物学家开始从复杂生理学的角度去了解共情冲动，并试图了解它在我们的社会性以及我们对这个不断演化和自我实现的地球的非凡适应能力方面所发挥的关键作用。

1837 年，丹麦皇家科学院为纪念康德诞辰，针对以下问题发起了有奖征文：

> 道德的来源和基础可否在直接蕴含于意识（或良心）之中的德行的理念中和在对其他由此生发的道德基本概念的分析中探得，抑或可否在另一个认识根据中探得？[7]

1839 年，叔本华提交了他的论文。他是唯一的参赛者。但是，丹麦皇家科学院拒绝给他奖励，并表示他未能理解题目。不过这只是托词。他们拒绝授予叔本华奖励的真正原因在后来的解释中浮出水面。叔本华大胆地提出，道德的基础是同情心，而不是纯粹的理性，而情绪和情感激发了同情心的本能。他的说法与当时所有的传统智慧相悖，完全就是异端邪说。评委们最后一次严厉反驳叔本华时，对他不得体地言及"几位近代杰出哲学家"[8] 表达了不满。他们没有提到具体的名字，但他们的所指当中有一位就是康德。叔本华猛烈抨击康德，贬低他基于纯粹理性的规范性伦理学，认为那是知识分子的幻想，与现实世界中道德的行事方式严重脱节。叔本华和大卫·休谟一样，相信理性是激情的奴隶。

叔本华认为，康德没有任何根据地将道德法则设定为一个"先天可知的，不依任何内在或外在的经验为转移的法则；它完全建立于'纯粹理性的概念'上"。[9] 他指出，康德否认道德可能是意识的基本方面，否认道德与"人性独具的"自然感情相联系——而这种自然感情能为道德法则提供根据。康德在这一点上非常明确。他在《道德形而上学的奠基》一书中写道，道德法则：

> 必须不是在人的（主观）本性中或者在人被置于其中的（客观）世界里面的种种状态中去寻找……它并不从关于人的知识（人类学）借取丝毫东西……千万不要妄生念头，要从人类本性的特殊属性中导出这个原则的实在性。[10]

叔本华指出，按康德所指的这种先天可知的、不依任何人类经验为转移的伦理，是"完全抽象、完全非实体的概念，和我们自己完全一样地在空中游荡"[11]。

如此，既然道德不是人性内在固有的，而是先天可知并独立于人性之外的法则，那到底是什么迫使一个人有道德呢？康德主张，服从道德法则，"一个人感到义不容辞……是建立在一种义务感上，而不是建立在自发的爱好上……"康德彻底否定了感情作为道德基础的说法：

> 怜悯的感情与温柔的同情，实际上会使思想正确的人感到繁难，因为这些情绪扰乱了他们审虑中的格律，所以意欲逐渐发展以摆脱它们，而只服从能立法度的理性。[12]

那么，问题就变成了——人类自身是否有其他的来源有可能是道德的基础？

叔本华对此进行了驳斥，他详细描述了他所主张的深植于人性中的道德行为。其条件是，需要社会的引导和培育才能得以充分实现。他认为，"同情"是人性的基本特征。他这样来解释这一现象，在对他人的同情方面，他写道：

> 我深切体会他的痛苦与不幸，正如大多数情况下我自己所感受的痛苦与不幸，所以便急切地希望他能幸福，正如别的时候我急切地想望自己的一样……他是受苦者，不是我们，这一信念一会儿也没有动摇过；确切地说，是他亲身，而不是我们亲身感受到这种使我们痛苦的不幸或危难。我们同他一起受苦，所以我们是和他一致的；我们感知他的困难是他的，并不误以为那是我们的。[13]

凭借这一段声明，叔本华成为历史上第一个明确定义共情过程的人。唯一缺少的是这个术语本身。但他更进一步，不仅描述了共情意识延展所涉及的心理活动，还描述了由此自然而然产生的道德框架和行动。叔本华说，当同情倾向于集中在他人眼前的困境上时，会导致"不以一切隐秘不明的考虑为转移，直接分担另一人的患难痛苦，遂为努力阻止或排除这些痛苦而给予同情支援；这是一切满足和一切幸福与快乐所依赖的最后手段"[14]。

在更深的层次上，我们与他人共情的时候，我们体验他人的痛苦甚至他们的喜悦，如同我们自己正在灵魂深处经历这些苦乐一样，这就是我们超越了时间和空间并在另一全然不同的领域中存在的特殊时刻。在这些插曲中，我们摆脱了自己的肉体，感受到对存在的敬畏之情。共情的时刻消除了"他者"。在这短暂的时间里，我们与他人融为一体，脆弱而单薄，并努力支持彼此对生存、繁荣、蓬勃和存在的追求。在这些时刻，不存在主体和客体，只有彼此交织的生命，作为一个整体体验着彼此的体验，从而与整个存在融为一体。毫无疑问，这些超验的共情时刻是我们生活中最生动的体验。在晚年回顾自己的一生时，我们可能会将这样的插曲视为最珍贵、最持久且情感最充沛的经历。这便是叔本华所说的崇高体验。

那我们创造的其他世界——天堂、乌托邦和奇点——又是什么呢？这些想象出来的存在都没有容纳共情冲动的空间。毕竟这些世界都是虚构的，脆弱、痛苦和喜悦都不存在，又何须共情呢？在这些虚构的世界里，存在的脆弱性和局限都已经被消除，悲伤和愉悦的时刻以及安慰和同情行为的表达也被一并消除，而这些都与活着息息相关。在天堂、乌托邦和奇点中，这些体验都毫无意义。既然是永恒无瑕的完美世界，又何须有敬畏心、惊奇感、想象力的高峰或超验性体验呢？

至于人工智能，即使是最坚定的支持者也无法解释，一个由0和1、无尽的像素和数据计算、算法代理和机器人反馈构成的世界如何容纳同理心。反倒是，这些另类世界会消弭敬畏心，扼杀惊奇感，遏制想象力，消除超验性体验，压抑崇高体验，使人类感受存在的壮美。

那么，康德对崇高的看法有多愚钝呢？我们身处崇高的阴影之下，沉浸于存在的恐怖之中，同时充满敬畏之心，康德竟然认为我们应该依靠一个脱离生活体验现象的超然理性来驾驭、驯服和控制地球的力量，使之屈服于我们的利益。这一想法似乎太天真了。

如果这还不足以说明问题，看看俗话怎么说的——天下没有免费的午餐。人工智能也有自己的熵债，而且可能是一笔巨债。挖掘比特币会形成巨量的碳足迹，最近的研究发现，人工智能同样具有地区性的水足迹，这将使全球水资源的枯竭雪上加霜，所有关于人工智能将带领我们到达奇点的想法都已经被气候科学家针对水足迹提出的危险信号所冲淡，这些信号可能会对人工智能计算所引领的乌托邦之旅踩下刹车板，无论是旅程的速度还是距离。

2023 年，加州大学尔湾分校科学家进行了一项研究，研究结果令人瞠目。众所周知，大型数据中心的人工智能服务器是"能耗大户"，必须使用大量的能源来为计算机供电，其占全球的电力用量已经超过 2%，而该行业目前才刚刚起步。伴随着人工智能的发展，以前一直被忽视的水足迹现在获得了关注。例如，谷歌公司的数据中心"在 2022 年提取了 250 亿升水，其中近 200 亿升水用于现场冷却，碳排放为范围 1[①]，而其中大部分是可饮用水"。同年，微软公司的总用水量（包括提取和消耗）较 2021 年增加了 34%。[15]

这项研究预测，到 2027 年，全球人工智能的总运营用水量将达到 42 亿 ~ 66 亿立方米，这相当于英国总取水量的一半，而英国正年复一年地经历日益严重的干旱问题——英国可是世界第六大经济体！这些数据甚至不包括用于制造计算机芯片的取水量。[16]

制造一块芯片需要消耗约 30 升的水。这让我们陷入两难。2021

---

① 世界资源研究所和世界可持续发展工商理事会自 1998 年起逐步制定了企业温室气体排放核算标准——《温室气体核算体系》，针对温室气体核算与报告设定了三个范围。范围 1 指的是直接温室气体排放。——编者注

年，全球产出了 1.5 万亿块芯片，而我们还只是处在人工智能革命的早期阶段，这引出了一个没有人愿意谈论的问题——淡水资源已经在急剧减少，我们究竟还要拿出多少，以进一步减少人类和其他生物已经非常稀缺的可用水资源为代价来发展元宇宙？[17]

将这些预测换算成个人水平，相当于 ChatGPT-3 在会话中每回答 10~15 次就会消耗一瓶 500 毫升的水。想象一下，数以亿计的人，而且最终可能发展到大部分人类，每天 24 小时不间断地连接他们最喜欢的聊天机器人，就如同他们现在每天都连接互联网一样，尤其在一个人均可用淡水量只有 50 年前一半的世界里，这有多可怕。[18]

这并不意味着人工智能的发展必败无疑，只是在韧性时代，基础设施的部署和管理工作会更加普遍和低耗能地使用人工智能，将其用于监控和管理通信、能源、交通与物流、水联网和物联网，这样做能使我们更好地适应地球水圈、岩石圈、大气圈和生物圈日益不可预测的变化。

至于元宇宙，这个最新款的乌托邦式幸福化身……多么悲哀啊。将人类带离自然世界，进入虚拟现实的副本，这简直令人费解。远离存在的生命律动，到头来注定会失败。我们的身体与地球上所有主要圈层——水圈、岩石圈、大气圈和生物圈——密切相连。前面提到过，我们体内每个细胞、组织和器官内部的无数生物钟都在时间上与地球的昼夜、潮汐、季节和年周节律同步。此外，地球无处不在的电磁场贯穿我们身体的每个细胞、组织和器官，帮助我们建立 DNA（脱氧核糖核酸）排序和表达的过程和模式。

这并不是说，我们应该完全放弃虚拟世界，而是说我们不应该让它成为我们世界的全部。虚拟世界仍有许多用途，可作为游乐场和试验站，有时还可用作避风港，以应对再野化地球上将至的风暴、干旱、热浪、野火和飓风。但是，如果元宇宙成为我们的替代世界，我们就相当于亲手制造了监狱将自我囚禁，陷入孤立无援的境地，最终自我被流放，不再有能力在一个不断变化的星球上生存，更别说繁荣发展了。

毫无疑问，气候还会继续变暖，地球的主要圈层将继续以水文循环驱动的全新方式变化，带领我们进入一个新时代。而放弃自然世界并躲藏起来，就等于放弃了我们自己。我们属于这个星球，是水圈、岩石圈、大气圈、生物圈以及生物群落和生态系统的延伸，是蓝色水星球上赋予生命以活力的时空节奏。

在最近几十年里，生物学家和医学界才后知后觉地开始有限地关注起这一问题——缺乏与自然环境的实际接触可能会损害身体和心理健康。即便如此，许多研究及其含义往往会被忽视，甚至被完全否认。我们居住在城市封闭环境中，常常会不自觉地忽略一点——我们的生理与环境的关系会无意识地影响我们的情绪、行为和身体功能，特别是我们的心理和身体健康。举个例子，不妨想一想在森林中散步与在城市环境中散步的区别。平均来讲，在森林中散步可以降低唾液皮质醇水平（一种压力测量指标），观赏森林时降低 13.4%，散步后降低 15.8%；脉率也有所降低，观赏森林时降低 6%，散步后降低 3.9%，并且还降低了收缩压。副交感神经活动，即放松感，在散步后增加 102%；而散步后压力感会减少 19.4%。只消在树林里散个步，就能引起这些变化。[19]

一项发表于《环境与资源评论年刊》（*Annual Review of Environment and Resources*）上的关于自然与幸福之间关系的大型研究发现，总的来说，更深入地沉浸在自然中与以下情况呈相关关系：压力减轻，身心健康状况改善，注意力持续时间延长，学习能力提高，想象力增强，归属感增强。[20]哈佛大学著名生物学家威尔逊是最早普及"亲生命意识"这一术语的人，他用这个术语来描述人类与演化大家族中其他物种的内在生物联系，并将这种联系追溯到我们神经回路中一种遗传的生物特征——对所有生命的共情，以及父母与子女之间的依恋行为。[21]

遗憾的是，今天的年幼孩童，特别是住在城市和郊区社区的孩童，往往与其他生物和自然环境隔离开来。父母常常教导他们要警惕甚至害怕其他生物，要与它们保持距离，他们从小就学会将自然视为陌生的他者。《林间最后的小孩》一书的作者理查德·洛夫曾与一名年幼男孩对话，他问这个孩子为什么喜欢在室内而不喜欢在户外玩耍，男孩回答说："因为所有插座都在室内啊。"[22]

我们需要非常明确，虚拟世界在一个热爱生命的星球上应该扮演什么角色。虚拟世界可以帮助我们更好地了解如何适应再野化的水文循环，而关键在于我们是继续强迫地球来适应我们，还是我们抱有某种程度的同理心素养、正念和批判性思维，重新学习如何适应大自然的需求，并最终得以与其他生物持续共存。

从这一点看，虚拟世界还有另一面，这一面鲜少被大力宣传，但它最终能在保卫人类未来方面发挥重要作用。比如，我们需要利用智能数字基础设施（其中一部分是虚拟设施）来收集实时数据，使用分析算法、GPS技术和物联网监测技术来监测、建模和适应地球水圈、岩石圈、大气圈和生物圈的再野化过程，并评估它们对地球上无数生物的影响。这些智能数字技术和相关的基础设施将大量采用一种新型科学探究方法——传统的归纳和演绎推理法旨在攫取自然并强行使自然适应人类，取而代之的是与新的复杂适应性社会–生态系统建模相结合的溯因推理科学探究，后者旨在驱使人类去适应大自然的召唤。如果我们这样做，也许我们有机会在一个再野化的地球上生存下来并以新的方式去适应它。

如果我们想要在地球气候剧烈变化期间确保人类的福祉，我们必须认识到，在一段漫长的时间内，我们的日常生活将需要在室内进行，而且至少部分时间要待在虚拟世界中。这已经是板上钉钉的了。但同样现实的是，我们还需要保持钢铁般的坚定意志以及懂得如何融入自然环境的亲生命意识，勇敢面对外部世界的新常态。

那么，我们从这里出发，要去往何处呢？我们是陷入康德式的超然理性兔子洞去驯服地球，还是选择叔本华、歌德和其他哲学家所信奉的道路——一种对所有生命怀有同理心和同情的亲生命依恋，从而使生命得以再生？人类有众多的特征，其中有一条就是天生倾向于游牧生活。在漫长的历史长河中，人类有95%的时间都是这样生活的，而且在此期间，我们一直在极端天气条件下持续生存。学会部分地生活在虚拟世界中，同时将人类再次融入地球的圈层、生物群落和生态系统尤其是水圈中，将决定我们在蓝色水星球上能否生存和繁荣，以及在什么状况下生存和繁荣。我们生活在蓝色水星球上，现实就这么简单。水文循环是调节地球上所有其他圈层的主要动力。所有生命都起源于水，每一个生物都依赖于水，这是地球上存在的不可动摇的现实。承认这一事实是一种救赎，使我们有望在遥远的未来蓬勃发展。

蓝色水星球：重塑我们的家园

将我们的星球重命名为"蓝色水星球"并非只是舞文弄墨，而是我们对这个星球的定位的一种改变。认识到水是地球上生命活力的源泉，这就提出了其法律地位的问题。如果我们不再把水看作"商业资源"，而将它看作这个星球的"生命源泉"，那就需要彻底重新思考水的法律地位。而这已经开始了。一场民间运动正在全球范围内兴起，旨在将河流、湖泊、海洋甚至大洋认证为法人主体，使其拥有存在的法定权利，不受人类干预。

这也许听起来有些夸张，但我们都应该知道，早在19世纪，美国根据宪法第14修正案赋予企业以"准法人"的法律主体地位。美国并非唯一这样做的国家。英国和加拿大也授予企业许多与人类相同的权利。

厄瓜多尔在 2008 年成为第一个将自然权利纳入宪法的国家。随后，墨西哥、哥伦比亚和玻利维亚也跟上了厄瓜多尔的脚步。孟加拉国、澳大利亚和新西兰在保护河流的法律权利方面甚至走得更远。根据它们的法律，如果自然水体受损，人类监护人有权向法庭寻求救济。2017 年，新西兰授予旺阿努伊河作为独立实体的权利，保障其作为"从源头到海洋不可分割的整体"存在的权利，这标志着河流的管理方式与以往通过截流、改道和阻挡改变其自然流向的做法相比出现了非同寻常的改变。他们甚至为该河流任命了监护人，由其代表该河流上法庭打官司，保障其自由流动的权利。[23]

2017 年，印度一个邦高等法院试图授予恒河与亚穆纳河法人地位，但该裁决很快被最高法院驳回。2021 年，加拿大魁北克地方当局授予马格佩河法人地位，包括"流动的权利、免受污染的安全权利以及在法庭上起诉的权利"。澳大利亚在水的法律地位问题上又迈进了一步，将亚拉河认定为"有生命的综合实体"。这些都是有道理的，因为水是生成和维持地球上所有生命的原动力，这已成为科学界越来越普遍的共识。[24]

将法律权利扩展到水域，颠覆了现代文明和资本主义制度的根基——它们将霸占、商品化和消耗大自然的一切视作最基本的权利，并认为亚伯拉罕系宗教的上帝已经将地球上所有生物和整个自然界的统治权赐予了亚当及其后裔。

承认水是生命的缔造者，并在宪法、法律、规范、规章层面，在各个治理管辖区的日常活动中予以认可，这标志着自文明发端以来我们与地球的关系最为重大的变化。在最后一次冰期结束、温和气候到来之际，我们的祖先找到了无数方法迫使水不断地适应人类的需求。这一切从 6000 年前伟大的水利文明兴起开始，在以化石燃料为基础的工业时代和进步时代达到顶峰。现在，水域受地球气候变化的触发，正在摆脱人类的束缚，摧毁文明的结构，迫使我们改变航向，要求我们通过重新学习如何适应蓝色水星球来实现大转型。重塑社会意味着要重新神圣化我们与生命之水的亲密联系。需要明确的是，在我们的星球上，以及很可能在整个宇宙中，水都是所有生命的缔造者。

然而，时间紧迫。我们的星球已经命悬一线。人类能幸存下来，还是会消失在化石记录中，取决于我们对生命之水的认识和认同。不管我们喜欢与否，地球的水圈正在寻求一种新的常态，每个物种都被卷入这一场动荡之中。如果说有哪一项改变可以为我们重新创造出生存机会，那就是动员起所有人的意志，将我们的家园重新命名为"蓝色水星球"，并帮助水圈寻找新的循环周期。我们只有坚定不移地认识到人类和其他生物都是"水之物种"，我们才有可能在未来的漫长旅程中保持稳定。认识到我们在蓝色水星球上生活并繁荣发展，将改变人类在各个领域的元叙事，并使我们做好准备，适应这个蓝色大星球上生命的第二次降临。每一个治理管辖区都应被督促在其宪法、盟约和法规中正式将我们的星球重命名为"蓝色水星球"。我们的教育系统也需要沉浸在构成这个生机盎然的地球的崇高水域中，并找到有利于我们的位置，在教学方法和课程中纳入我们生活在蓝色水星球的概念。

我们正在靠近人类和地球生命延续这一游戏的终局。我们所能遭遇的最坏的情形是沉睡不醒，最好的情形是在迷雾之中期待奇迹发生，比如某一种我们的气候科学家在大量研究和报告中从未考量过的戏剧性和奇迹般的气候转变。这种盲目的乐观会导致无所作为。我们也不能再躲在那些隔靴搔痒的半吊子气候倡议背后，它们已被证明不足以应对我们所面临的地球浩劫。

今天，直到遥远的将来，气候变化都将主宰游戏规则。气候变化每时每刻都可能以各种方式唤起极端事件，我们和其他生物都不得不继续适应这些变化。在我们面临的每一个十字路口，水圈都会影响我们的选择。我们是怀着敬畏、好奇、想象力和共情依恋去拥抱崇高，重新适应水圈，还是蜷缩在恐惧和封闭之中，将决定我们的命运，很有可能也将决定构成演化大家族的其他生物的命运。是抗拒和退缩，还是无论蓝色水星球驶往何方，我们都勇敢地乘风破浪，这是摆在人类面前的历史性选择。

致　谢

感谢克劳迪娅·萨尔瓦多尔和丹尼尔·克里斯坦森对本书的精心编辑。他们二人充满智慧的见解、对文字的驾驭能力以及对这份工作的执着，于我都是无价之宝。

我还要感谢我们团队的研究总监迈克尔·里恰尔迪，他核校了本书的大量数据，以确保我们始终走在正确的轨道上……我们是一个伟大而敬业的团队。

特别感谢波利蒂出版社（Polity Press）的约翰·汤普森和埃莉斯·赫斯林加，他们一收到通知即全身心投入，推进本书终稿付梓。他们的热情、专业的编辑意见以及对项目由衷的奉献精神，使我们一直奋发昂扬。

注 释

引言

1. "Biologists Think 50% of Species Will Be Facing Extinction by the End of the Century," *Guardian*, February 25, 2017. https://www.theguardian.com/environment/2017/feb/25/half-all-species-extinct-end-century-vatican-conference.
2. Kevin E. Trenberth, "Changes in Precipitation with Climate Change," *Climate Research* 47 (1), 2011: 123–38. https://doi.org/10.3354/cr00953.
3. "Ecological Threat Register 2020: Understanding Ecological Threats, Resilience, and Peace," Sydney: The Institute for Economics & Peace, September 2020: 38. https://reliefweb.int/report/world/ecological-threat-register-2020-understanding-ecological-threats-resilience-and-peace.
4. Ibid.,2.
5. Ibid.,4.
6. Ibid.,2.
7. Ibid.,3–52.
8. "State of the Climate: Monthly Drought Report for May 2022," National Centers for Environmental Information, June 2022. https://www.ncei.noaa.gov/access/monitoring/monthly-report/drought/202205.
9. "International Drought Resilience Alliance: UNCCD." IDRA. https://idralliance.global/. Sengupta, Somini. "Drought Touches a Quarter of Humanity, U.N. Says, Disrupting Lives Globally." *New York Times*, January 11, 2024. https://www.nytimes.com/2024/01/11/climate/global-drought-food-hunger.html.
10. Jeff Masters, "Death Valley, California, Breaks the All-Time World Heat Record

for the Second Year in a Row," Yale Climate Connections, July 12, 2021. https://yaleclimateconnections.org/2021/07/death-valley-california-breaks-the-all-time-world-heat-record-for-the-second-year-in-a-row.

11. "Eight Climate Change Records the World Smashed in 2021," World Economic Forum, May 18, 2022. https://www.weforum.org/agenda/2022/05/8-climate-change-records-world-2021/.

12. Margaret Osborne, "Earth Faces Hottest Day Ever Recorded – Three Days in a Row," Smithsonian.com, July 6, 2023. https://www.smithsonianmag.com/smart-news/earth-faces-hottest-day-ever-recorded-three-days-in-a-row-180982493/.

13. "National Fire News," National Interagency Fire Center, September 2023. https://www.nifc.gov/fire-information/nfn.

14. Falconer, Rebecca. "Canada's Historic Wildfire Season Abates after 45.7 Million Acres Razed." Axios, October 20, 2023. https://www.axios.com/2023/10/20/canada-record-2023-wildfire-season-end.

15. "Wildfire Graphs," CIFFC Canadian Interagency Forest Fire Center. https://ciffc.net/statistics; "Giant Carbon Shield," Boreal Conservation. https://www.borealconservation.org/giant-carbon-shield.

16. "Ecological Threat Register 2020," op. cit. p. 13.

17. "Ecological Threat Report 2021: Understanding Ecological Threats, Resilience, and Peace," Sydney: The Institute for Economics & Peace, October 2021: 4. https://www.economicsandpeace.org/wp-content/uploads/2021/10/ETR-2021-web.pdf.

18. Aylin Woodward and Marianne Guenot, "The Earth Has Tilted on its Axis Differently over the Last Few Decades Due to Melting Ice Caps." *Business Insider*, March 21, 2023. https://www.businessinsider.com/earth-axis-shifted-melting-ice-climate-change-2021-4.

19. Laura Poppick, "The Ocean Is Running out of Breath, Scientists Warn," *Scientific American*, March 20, 2019. https://www.scientificamerican.com/article/the-ocean-is-running-out-of-breath-scientists-warn/.

20. "New Study: U.S. Hydropower Threatened by Increasing Droughts Due to Climate Change," WWF, February 24, 2022. https://www.worldwildlife.org/press-releases/new-study-us-hydropower-threatened-by-increasing-droughts-due-to-climate-change#:~:text=The%20study%20finds%20that%20by,from%20%201%20in%2025%20today.

21. "Learn about Our Great Lakes," SOM – State of Michigan. https://www.michigan.gov/egle/public/learn/great-lakes#:~:text=The%20combined%20lakes%20contain%20the,economy%2C%20society%2C%20and%20environment.

22. Antonio Zapata-Sierra, Mila Cascajares, Alfredo Alcayde, and Francisco Manzano-Agugliaro, "Worldwide Research Trends on Desalination," *Desalination*. 2021. https://doi.org/10.1016/j.desal.2021.115305.

23. Stephanie Rost, "Navigating the Ancient Tigris – Insights into Water Management in an Early State," *Journal of Anthropological Archaeology* 54, 2019: 31–47. SSN 0278–4165; also "Water Management in Mesopotamia from the Sixth till the First Millennium

BCE," WIREs Water e1230, 2017. Doi:10.1002/wat2.1230; S. Mantellini, V. Picotti, A. Al-Hussainy, N. Marchett, F. Zaina, "Development of Water Management Strategies in Southern Mesopotamia during the Fourth and Third Millennium BCE," *Geoarchaeology* 2024: 1–32. https://doi.org/10.1002/gea.21992.

24. Karl W. Butzer, "Early Hydraulic Civilization in Egypt: A Study in Cultural Ecology." University of Chicago, 1976. https://isac.uchicago.edu/sites/default/files/uploads/shared/docs/early_hydraulic.pdf.

25. Pushpendra Kumar Singh, Pankaj Dey, Sharad Kumar Jain, and Pradeep P. Mujumdar, "Hydrology and Water Resources Management in Ancient India," *Hydrology and Earth System Sciences* 24, 2020: 4691–4707. https://doi.org/10.5194/hess-24-4691-2020.

26. Bin Liu, et al., "Earliest Hydraulic Enterprise in China, 5100 Years Ago," *Proceedings of the National Academy of Sciences of the United States of America*114 (52), 2017: 13637–13642. https://doi.org/10.1073/pnas.1710516114.

27. Andrew Wilson, "Water, Power and Culture in the Roman and Byzantine Worlds: An Introduction," *Water History* 4 (1), 2012: 1–9. https://doi.org/10.1007/s12685-012-0050-2; Christer Bruun, "Roman Emperors and Legislation on Public Water Use in the Roman Empire: Clarifications and Problems," *Water History* 4 (1), 2012: 11–33. https://doi.org/10.1007/s12685-012-0051-1; Edmund Thomas, "Water and the Display of Power in Augustan Rome: The So-Called 'Villa Claudia' at Anguillara Sabazia," *Water History* 4 (1), 2012: 57–78. https://doi.org/10.1007/s12685-012-0055-x.

28. Alessandro F. Rotta Loria, "The Silent Impact of Underground Climate Change on Civil Infrastructure," *Communications Engineering* 2 (44), 2023. https://doi.org/10.1038/s44172-023-00092-1.

29. Adam Zewe, "From Seawater to Drinking Water, with the Push of a Button," *MIT News*, Massachusetts Institute of Technology. https://news.mit.edu/2022/portable-desalination-drinking-water-0428.

第一章

1. Harvey, Warren Zev. "Creation from Primordial Matter: Did Rashi Read Plato's Timaeus?" Thetorah.com, 2019. https://www.thetorah.com/article/creation-from-primordial-matter-did-rashi-read-platos-timaeus.

2. Ibid.

3. Damien Carrington, "Climate Crisis Has Shifted the Earth's Axis, Study Shows," *Guardian*, Guardian News and Media, April 23, 2021. https://www.theguardian.com/environment/2021/apr/23/climate-crisis-has-shifted-the-earths-axis-study-shows.

4. Aylin Woodward, "The Earth Has Tilted on its Axis Differently over the Last Few Decades Due to Melting Ice Caps." March 23, 2023. https://africa.businessinsider.com/science/the-earth-has-tilted-on-its-axis-differently-over-the-last-few-decades-due-to-melting/jntq86j.

5. Stephanie Pappas, "Climate Change Has Been Altering Earth's Axis for at Least 30 Years," *LiveScience*. Future U.S. Inc, April 28, 2021. https://www.livescience.com/climate-change-shifts-poles.html.

6. Hoai-Tran Bui, "Water Discovered Deep beneath Earth's Surface," *USA Today*, June 12, 2014. https://www.usatoday.com/story/news/nation/2014/06/12/water-earth-reservoir-science-geology-magma-mantle/10368943/.

7. Juan Siliezar, "Harvard Scientists Determine Early Earth May Have Been a Water World." Harvard Gazette, November 9, 2023. https://news.harvard.edu/gazette/story/2021/04/harvard-scientists-determine-early-earth-may-have-been-a-water-world/.

8. Water Science School, "The Water in You: Water and the Human Body," U.S. Geological Survey, May 22, 2019, https://www.usgs.gov/special-topic/water-science-school/science/water-you-water-and-human-body?qt-science_center_objects=0#qt-science_center_objects.

9. H. H. Mitchell, T. S. Hamilton, F. R. Steggerda, and H. W. Bean, "The Chemical Composition of the Adult Human Body and Its Bearing on the Biochemistry of Growth," *Journal of Biological Chemistry* 158 (3), 1945: 625–637. https://www.jbc.org/article/S0021-9258(19)51339-4/pdf.

10. "What Does Blood Do?" Institute for Quality and Efficiency in Health Care, InformedHealth.org, U.S. National Library of Medicine, August 29, 2019. https://www.ncbi.nlm.nih.gov/books/NBK279392/.

11. Ibid., "The Water in You," *Water Science School*. 参见第 8 条。

12. "Biologists Think 50% of Species Will Be Facing Extinction by the End of the Century," *Guardian*, February 25, 2017. https://www.theguardian.com/environment/2017/feb/25/half-all-species-extinct-end-century-vatican-conference.

13. Vivek V. Venkataraman, Thomas S. Kraft, Nathaniel J. Dominy, Kirk M. Endicott, "Hunter Gatherer Residential Mobility and the Marginal Value of Rainforest Patches," *Proceedings of the National Academy of Sciences* 114 (12), 2017: 3097. https://www.pnas.org/doi/10.1073/pnas.1617542114.

14. Kat So and Sally Hardin, "Extreme Weather Cost U.S. Taxpayers $99 Billion Last Year, and It Is Getting Worse," Center for American Progress, September 1, 2021. https://www.americanprogress.org/article/extreme-weather-cost-u-s-taxpayers-99-billion-last-year-getting-worse/; National Oceanic and Atmospheric Administration, "Billion-Dollar Weather and Climate Disasters: Events." https://www.ncdc.noaa.gov/billions/events/US/2020.

15. Adam B. Smith, "2021 U.S. Billion-Dollar Weather and Climate Disasters in Historical Context." January 23, 2022. https://www.climate.gov/news-features/blogs/beyond-data/2021-us-billion-dollar-weather-and-climate-disasters-historical.

16. Sarah Kaplan and Andrew Ba Tran, "Over 40% of Americans Live in Counties Hit by Climate Disasters in 2021," *Washington Post*, January 5, 2022. https://www.washingtonpost.com/climate-environment/2022/01/05/climate-disasters-2021-fires/; Alicia Adamczyk, "Here's What's in the Democrats' $1.75 Trillion Build Back Better

Plan," CNBC, October 28, 2021. https://www.cnbc.com/2021/10/28/whats-in-the-democrats-1point85-trillion-dollar-build-back-better-plan.html.

17. "Dams Sector," Cybersecurity and Infrastructure Security Agency. https://www.cisa. gov/topics/critical-infrastructure-security-and-resilience/critical-infrastructure-sectors/ dams-sector; "Dams," ASCE's 2021 Infrastructure Report Card, July 12, 2022. https:// infrastructurereportcard.org/cat-item/dams-infrastructure/; "Levees." ASCE's 2021 Infrastructure Report Card, July 12, 2022. https://infrastructurereportcard.org/cat-item/ levees-infrastructure/.

18. Jeffrey J. Opperman, Rafael R. Camargo, Ariane Laporte-Bisquit, Christiane Zarfl, and Alexis J. Morgan, "Using the WWF Water Risk Filter to Screen Existing and Projected Hydropower Projects for Climate and Biodiversity Risks," *Water* 14 (5), 2022: 721. https://doi.org/10.3390/w14050721.

19. Mateo Jasmine Munoz, "Lawrence Joseph Henderson: Bridging Laboratory and Social Life." DASH Home, 2014. https://dash.harvard.edu/handle/1/12274511.

20. "Gaia hypothesis." *Encyclopedia Britannica*, April 20, 2023. https://www.britannica. com/science/Gaia-hypothesis.

21. Madeleine Nash, "Our Cousin the Fishapod," *TIME Magazine*, April 10, 2006. http:// content.time.com/time/magazine/article/0,9171,1181611,00.html.

22. Ibid.

23. Xupeng Bi, Kun Wang, Liandong Yang, Hailin Pan, Haifeng Jiang, Qiwei Wei, Miaoquan Fang, et al., "Tracing the Genetic Footprints of Vertebrate Landing in Non-Teleost Ray-Finned Fishes," *Cell* 184 (5), 2021: 1377–1391. https://doi.org/10.1016/ j.cell.2021.01.046.

24. Ibid.

25. X. Y. Sha, Z. F. Xiong, H. S. Liu, X. D. Di, and T. H. Ma, "Maternal–Fetal Fluid Balance and Aquaporins: From Molecule to Physiology." *Acta Pharmacologica Sinica* 32 (6), 2011: 716–720. https://doi.org/10.1038/aps.2011.59.

26. From the Epic of Gilgamesh. https://www.cs.utexas.edu/~vl/notes/gilgamesh.html.

27. Mircea Eliade, *Patterns in Comparative Religion*. Lincoln: University of Nebraska Press, 1996, pp. 188–189.

28. Ivan Illich, *H₂O and the Waters of Forgetfulness*. New York: Marion Boyars, 1986, pp. 24–25.

29. United Nations, "Fact Sheet," The Ocean Conference, June 5–9, 2017, https:// sustainabledevelopment.un.org/content/documents/Ocean_Factsheet_People.pdf.

30. M. Kummu, H. de Moel, P. J. Ward, and O. Varis, "How Close Do We Live to Water? A Global Analysis of Population Distance to Freshwater Bodies," *PLOS ONE* 6 (6), 2011: e20578. https://doi.org/10.1371/journal.pone.0020578.

31. Sebastian Volker and Thomas Kistemann. "The Impact of Blue Space on Human Health and Well-Being – Salutogenetic Health Effects of Inland Surface Waters: A Review," *International Journal of Hygiene and Environmental Health* 214 (6), 2011: 449–460.

https://doi.org/10.1016/j.ijheh.2011.05.001.

32. U. Nanda, S. L. Eisen, and V. Baladandayuthapani, "Undertaking an Art Survey to Compare Patient Versus Student Art Preferences," *Environment and Behavior* 40 (2), 2008: 269–301. https://doi.org/10.1177/0013916507311552.

33. Jenna Karjeski, "This is Water," *The New Yorker*, September 19, 2008, https://www.newyorker.com/books/page-turner/this-is-water.

34. Shmuel Burmil, Terry C. Daniel, and John D. Hetherington, "Human Values and Perceptions of Water in Arid Landscapes," *Landscape and Urban Planning* 44 (2–3), 1999: 99–109, ISSN 0169 2046. https://doi.org/10.1016/S0169-2046(99)00007-9.

35. Ibid.,100.

36. Eugene C. Robertson, "The Interior of the Earth," *Geological Survey Circular*, 1966. https://pubs.usgs.gov/gip/interior/.

37. Megan Fellman, "New Evidence for Oceans of Water Deep in the Earth." *Northwestern Now*, 2014. https://news.northwestern.edu/stories/2014/06/new-evidence-for-oceans-of-water-deep-in-the-earth/.

38. Steve Nadis, "The Search for Earth's Underground Oceans," *Discover Magazine,* June 13, 2020. https://www.discovermagazine.com/planet-earth/the-search-for-earths-underground-oceans.

39. Megan Fellman, "New Evidence for Oceans of Water Deep in the Earth." 参见第 37 条。

40. Steve Nadis, "The Search for Earth's Underground Oceans." 参见第 38 条。

41. Ibid.

42. Ibid.

第二章

1. D. Koutsoyiannis and A. Angelakis, "Agricultural Hydraulic Works in Ancient Greece," *Encyclopedia of Water Science* 2004. https://doi.org/10.1081/E-EWS 120020412; Damian Evans, "Hydraulic Engineering at Angkor," *Encyclopaedia of the History of Science, Technology, and Medicine in Non-Western Cultures* 2016, 2215–2219. https://doi.org/10.1007/978-94-007-7747-7_9842; Yolanda López-Maldonado, "Little Has Been Done to Recognise Ancient Mayan Practices in Groundwater Management," UNESCO . org, May 3, 2023. https://www.unesco.org/en/articles/little-has-been-done-recognise-ancient-mayan-practices-groundwater-management. UN-Water Summit on Groundwater, Paris; L. F. Mazadiego, O. Puche, and A. M. Hervás, "Water and Inca Cosmogony: Myths, Geology and Engineering in the Peruvian Andes," *Geological Society, London, Special Publications* 310 (1), 2009: 17–24. https://doi.org/10.1144/sp310.3.

2. Sinclair Hood, *The Minoans: Crete in the Bronze Age.* London, 1971; Mark Cartwright, "Food and Agriculture in Ancient Greece," *World History Encyclopedia*, February 4, 2024. https://www.worldhistory.org/article/113/food-agriculture-in-ancient-greece/; "Ancient Egyptian Agriculture," Food and Agriculture Organization of the United Nations.

https://www.fao.org/country-showcase/item-detail/en/c/1287824/#:~:text=The%20 Egyptians%20grew%20a%20variety,wheat%2C%20grown%20to%20make%20 bread; "Maize: The Epicenter of Maya Culture," Trama Textiles, Women's Weaving Cooperative, February 1, 2019. https://tramatextiles.org/blogs/trama-blog /maize-the-epicenter-of-maya-culture; UNESCO World Heritage. "Angkor," UNESCO World Heritage Centre. https://whc.unesco.org/en/list/668/.

3. Robert K. Logan, *The Alphabet Effect: The Impact of the Phonetic Alphabet on the Development of Western Civilization,* New York: William Morrow, 1986, pp. 60–61.

4. David Diringer, *The Alphabet: A Key to the History of Mankind*, 2nd edn., New York: Philosophical Library, 1953; Ignace Gelb, *A Study of Writing*, revd. edn., Chicago: University of Chicago Press, 1963.

5. Logan, *The Alphabet Effect*, pp. 67–69.

6. L. A. White, *The Evolution of Culture: The Development of Civilization to the Fall of Rome,* Walnut Creek, CA: Left Coast Press, 2007, p. 356.

7. Logan, *The Alphabet Effect*, p. 70.

8. Ibid.,32.

9. Ibid.,78.

10. Jean-Claude Debeir, Jean-Paul Deléage, and Daniel Hémery, *In the Servitude of Power: Energy and Civilization Through the Ages*. John Barzman, trans. London: Zed Books, 1991. p. 21.

11. Lewis Mumford, *The Transformations of Man*, Gloucester, MA: Peter Smith, 1978. p. 40.

12. Karl A. Wittfogel, *Oriental Despotism: A Comparative Study of Total Power,* New York: Vintage Books, 1981, pp. 254–255.

13. Ibid.,p. 37.

14. Hannah Ritchie and Max Roser, "Urbanization." Our World in Data. Global Change Data Lab, June 13, 2018. https://ourworldindata.org/urbanization.

15. Rep. World Population Prospects: The 2014 Revision, 2015. https://population.un.org/wup/publications/files/wup2014-report.pdf.

16. Joram Mayshar, Omer Moav, and Luigi Pascali. "The Origin of the State: Land Productivity or Appropriability?" *Journal of Political Economy* 130 (4), 2022. https://doi.org/10.1086/718372.

17. Ibid.,2.

18. Ibid.,27.

19. Ibid.,37.

20. S. Sunitha, A. U. Akash, M. N. Sheela, and J. Suresh Kumar. "The Water Footprint of Root and Tuber Crops." *Environment, Development and Sustainability*, 2023. https://doi.org/10.1007/s10668-023-02955-1.

21. Cynthia Bannon, *Gardens and Neighbors: Private Water Rights in Roman Italy*. University of Michigan Press, 2009, pp. 65–73; Andrew Wilson, "Water, Power and

Culture in the Roman and Byzantine Worlds: An Introduction." *Water History* 4 (1), 2012: 1–9. https://doi.org/10.1007/s12685-012-0050-2.; Christer Bruun, "Roman Emperors and Legislation on Public Water Use in the Roman Empire: Clarifications and Problems." *Water History* 4 (1), 2012: 11–33. https://doi.org/10.1007/s12685-012-0051-1.; Edmund Thomas, "Water and the Display of Power in Augustan Rome: The So-Called 'Villa Claudia' at Anguillara Sabazia." *Water History* 4 (1), 2012: 57–78. https://doi.org/10.1007/s12685-012-0055-x.

22. David Graeber and David Wengrow, *The Dawn of Everything: A New History of Humanity*, New York: Picador/Farrar, Straus and Giroux, 2023.

23. Karl A. Wittfogel, *Oriental Despotism: A Comparative Study of Total Power,* New York: Vintage Books, 1981.

24. Robert L. Carneiro, *A Theory of the Origin of the State*, Institute for Human Studies, 1977.

25. Margaret T. Hodgen, "Domesday Water Mills," *Antiquity* 13 (51), 1939: 266.

26. Jean-Claude Debeir, Jean-Paul Deléage, and Daniel Hémery. *In the Servitude of Power: Energy and Civilization Through the Ages,* London: Zed Books, 1991,p. 75.

27. Ibid.,p. 76.

28. Ibid.,p. 90.

29. Lynn White, *Medieval Technology and Social Change*, London: Oxford University Press, 1962, pp. 128–129.

30. Piotr Steinkeller, "Labor in the Early States: An Early Mesopotamian Perspective," Institute for the Study of Long-term Economic Trends and the International Scholars Conference on Ancient Near Eastern Economies, 2005. https://www.academia.edu/35603966/Labor_in_the_Early_States_An_Early_Mesopotamian_Perspective.

31. Ibid.,1.

32. Ibid.,2.; "Early History to 17th Century: History of Accounting, A Resource Guide," https://guides.loc.gov/history-of-accounting/practice/early-history.

33. Ibid.,13.

34. F. Krausmann et al., "Global Human Appropriation of Net Primary Production Doubled in the 20th Century," *PNAS* 110 (25), 2013: 10324–10329. https://doi.org/10.1073/pnas.1211349110.; "What Is Net Primary Productivity for Earth?" *Earth How*, September 24, 2023. https://earthhow.com/net-primary-productivity/.

35. Lena Hommes, Jaime Hoogesteger, and Rutgerd Boelens, "(Re)Making Hydrosocial Territories: Materializing and Contesting Imaginaries and Subjectivities through Hydraulic Infrastructure," *Political Geography*, 2022. https://www.sciencedirect.com/science/article/pii/S0962629822001123.

36. Ibid.,4.

37. Ibid.

38. Ibid.,5.

39. Ibid.,6.

40. Alice Tianbo Zhang, Johannes Urpelainen, and Wolfram Schlenker. "Power of the River: Introducing the Global Dam Tracker (GDAT)," Center on Global Energy Policy at Columbia University, SIPA, November 2018. https://www.energypolicy.columbia.edu/sites/default/files/pictures/GlobalDams_CGEP_2018.pdf.

41. Ibid.,2.

42. Robyn White, "Lake Mead: Where Does It Get Its Water and Is It Filling up?" *Newsweek*, February 24, 2023. https://www.newsweek.com/lake-mead-water-filling-colorado-explained-reservoir-1783553.

43. William E. Smithe, *The Conquest of Arid America*, Washington, D.C.: Library of Congress, 1900.

44. A. R. Turton, R. Meissner, P. M. Mampane, and O. Seremo, "A Hydropolitical History of South Africa's International River Basins," Report to the Water Research Commission. Pretoria: African Water Issues Research Unit (AWIRU), University of Pretoria, 2004.

45. "In Memoriam A. H. H. OBIIT MDCCCXXXIII," Representative Poetry Online, University of Toronto Libraries, 1908. https://rpo.library.utoronto.ca/content/memoriam-h-h-obiit-mdcccxxxiii-all-133-poems.

46. Christopher Bertram, "Jean-Jacques Rousseau," *Stanford Encyclopedia of Philosophy*, May 26, 2017. https://plato.stanford.edu/entries/rousseau/.

47. Nicolas de Condorcet, "The Progress of the Human Mind." https://wwnorton.com/college/history/ralph/workbook/ralprs24d.htm.

48. Brett Bowden, "Civilization and Its Consequences," *Oxford Academic*, 2016. https://doi.org/10.1093/oxfordhb/9780199935307.013.30.

49. Ibid.,5; John Stuart Mill, "Essays on Politics and Society," ed. J. M. Robson. The Online Library of Liberty, 1977. https://competitionandappropriation.econ.ucla.edu/wp-content/uploads/sites/95/2016/06/EssaysPolSoc1OnLiberty.pdf.

50. Ibid.,7; François Guizot, *The History of Civilization in Europe*, ed. William Hazlitt, Penguin, 1997.

51. "Franklin Delano Roosevelt, Boulder Dam Dedication Speech, September 30, 1935," *Energy History*, Yale University, September 30, 1935. https://energyhistory.yale.edu/library-item/franklin-delano-roosevelt-boulder-dam-dedication-speech-sept-30-1935.

52. "Annual Freshwater Withdrawals, Agriculture (% of Total Freshwater Withdrawal)," World Bank Open Data. https://data.worldbank.org/indicator/er.h2o.fwag.zs; Dave Berndtson, "As Global Groundwater Disappears, Rice, Wheat and Other International Crops May Start to Vanish," *PBS*, April 17, 2017. https://www.pbs.org/newshour/science/global-groundwater-disappears-rice-wheat-international-crops-may-start-vanish.

53. Ibid.

54. Charles Killinger, *The History of Italy*, Westport, CT: Greenwood Press, 2002, p. 1; Massimo D'Azeglio, *Miei Ricordi* (1891), p. 5.

55. Johann Wolfgang von Goethe, *Werke, Briefe und Gespräche. Gedenkausgabe*, 24 vols. *Naturwissenschaftliche Schriften*, vols. 16–17, ed. Ernst Beutler, Zurich: Artemis, 1948–

1953, pp. 921–923.

56. Ibid.

57. Goethe, *Werke, Briefe und Gespräche. Dichtung und Wahrheit,* vol. 10, p. 425.

58. Ibid.

第三章

1. Carol P. Christ, "Women Invented Agriculture, Pottery, and Weaving and Created Neolithic Religion," May 18, 2020. https://feminismandreligion.com/2020/05/11/women-invented-agriculture-pottery-and-weaving-by-carol-p-christ/.

2. W. J. MacLennan and W. I. Sellers, "Ageing Through the Ages," *Proceedings of the Royal College of Physicians*, Edinburgh 1999, 29: 71.

3. Veronica Strang, "Lording It over the Goddess: Water, Gender, and Human–Environmental Relations," *Journal of Feminist Studies in Religion* 30(1), 2014: 85–109.

4. Ibid.

5. Mina Nakatani, "The Myth of Typhon Explained," Grunge, November 9, 2021, https://www.grunge.com/655559/the-myth-of-typhon-explained/.

6. W. Young, and L. DeCosta, "Water Imagery in Dreams and Fantasies," *Dynamic Psychotherapy* 5 (1), 1987: 67–76.

7. Veronica Strang, *The Meaning of Water*, Routledge, 2014, p. 86.

8. Veronica Strang, 2005. "Taking the Waters: Cosmology, Gender and Material Culture in the Appropriation of Water Resource," in *Water, Gender and Development*, eds. A. Coles and T. Wallace, Oxford, New York: Berg, 2005, p. 24.

9. Ibid.,31–32。

10. Charles Sprawson, *Haunts of the Black Masseur: The Swimmer as Hero*, London: Vintage Classic, 2018.

11. Ibid.,9.

12. Ibid.

13. Ibid.,15。

14. Ibid.

15. "The Gods and Goddesses of Ancient Rome," National Geographic, October 19, 2023. https://education.nationalgeographic.org/resource/gods-and-goddesses-ancient-rome/.

16. Emily Holt, *Water and Power in Past Societies*, Institute for European and Mediterranean Archaeology Distinguished Monograph Series, pp. 118–119. SUNY Press, 2018.

17. Ibid.

18. "The Roman Empire: Why Men Just Can't Stop Thinking About It," *Guardian*, September 19, 2023. https://www.theguardian.com/lifeandstyle/2023/sep/19/the-roman-empire-why-men-just-cant-stop-thinking-about-it.

19. Charles Sprawson, *In Haunts of the Black Masseur: The Swimmer as Hero*. 参见第 10 条 .

20. Ibid.

21. Claire Colebrook, "Blake and Feminism: Romanticism and the Question of the Other," *Blake/An Illustrated Quarterly*, 2000. https://bq.blakearchive.org/34.1.colebrook.

22. Ibid.

23. Donald Worster, *Nature's Economy,* Cambridge University Press, 1977, p. 30.

24. Claire Colebrook, "Blake and Feminism."

25. Samuel Baker, *Written on the Water: British Romanticism and the Maritime Empire of Culture.* Charlottesville, University of Virginia Press, 2010, p. 14.

26. Ibid.

27. Béatrice Laurent, *Water and Women in the Victorian Imagination,* Oxford: Peter Lang, 2021, pp. 72–73.

28. Ibid.

29. Elaine Showalter, *The Female Malady: Women, Madness, and English Culture, 1830–1980,* London: Virago Press, 1985.

30. "2.1 Billion People Lack Safe Drinking Water at Home, More than Twice as Many Lack Safe Sanitation." World Health Organization, July 12, 2017. https://www.who.int/news/item/12-07-2017-2-1-billion-people-lack-safe-drinking-water-at-home-more-than-twice-as-many-lack-safe-sanitation.

31. Bethany Caruso, "Women Still Carry Most of the World's Water," *The Conversation* U.S., Inc., July 16, 2017. https://theconversation.com/women-still-carry-most-of-the-worlds-water-81054.

32. Jody Ellis, "When Women Got the Right to Vote in 50 Countries," *Stacker*, September 15, 2022. https://stacker.com/world/when-women-got-right-vote-50-countries.

33. Margreet Zwarteveen, "Men, Masculinities and Water Powers in Irrigation," *Water Alternatives* 1(1), 2008: 114. https://www.water-alternatives.org/index.php/allabs/19-a-1-1-7/file.

34. Judy Wajcman, "Feminism Confronts Technology," Wiley.com, September 2, 1991. https://www.wiley.com/en-us/Feminism+Confronts+Technology-p-9780745607788.

35. Margreet Zwarteveen, "Men, Masculinities and Water Powers in Irrigation."

36. Kuntala Lahiri-Dutt, *Fluid Bonds: Views on Gender and Water*, Stree Books, 2006, p. 44.

37. Ibid.,30.

第四章

1. Martin, A. Delgado, "Water for Thermal Power Plants: Understanding a Piece of the Water–Energy Nexus," *Global Water Forum*, June 22, 2015. https://globalwaterforum.org/2015/06/22/water-for-thermal-power-plants-understanding-a-piece-of-the-water-energy-nexus/; A. Delgado, "Water Footprint of Electric Power Generation: Modeling its Use and Analyzing Options for a Water-Scarce Future," Massachusetts Institute of Technology, Cambridge, MA, 2012.

2. "Summary of Estimated Water Use in the United States in 2015," Fact Sheet 2018–

3035, U.S. Department of the Interior, June 2018. https://pubs.usgs.gov/fs/2018/3035/fs20183035.pdf.

3. James Kanter, "Climate Change Puts Nuclear Energy into Hot Water," *New York Times*, May 20, 2007. https://www.nytimes.com/2007/05/20/health/20iht-nuke.1.5788480.html; "Cooling Power Plants: Power Plant Water Use for Cooling," World Nuclear Association, September 2020. https://world-nuclear.org/information-library/current-and-future-generation/cooling-power-plants.aspx; "Nuclear Power Plants Generated 68% of France's Electricity in 2021," Homepage – U.S. Energy Information Administration (EIA). https://www.eia.gov/todayinenergy/detail.php?id=55259

4. Forrest Crellin, "High River Temperatures to Limit French Nuclear Power Production" Reuters, July 12, 2023. https://www.reuters.com/business/energy/high-river-temperatures-limit-french-nuclear-power-production-2023-07-12/.

5. "Water in Agriculture," The World Bank, October 5, 2022. https://www.worldbank.org/en/topic/water-in-agriculture. "Water Scarcity," World Wildlife Fund (WWF). https://www.worldwildlife.org/threats/water-scarcity; "Farms Waste Much of World's Water," *Wired*, Condé Nast, March 19, 2006. https://www.wired.com/2006/03/farms-waste-much-of-worlds-water/.

6. Martin C. Heller and Gregory A. Keoleian. *Life Cycle-Based Sustainability Indicators for Assessment of the U.S. Food System.* Ann Arbor, MI: Center for Sustainable Systems, University of Michigan, 2000, p. 42.

7. Alena Lohrmann, Javier Farfan, Upeksha Caldera, Christoph Lohrmann, and Christian Breyer, "Global Scenarios for Significant Water Use Reduction in Thermal Power Plants Based on Cooling Water Demand Estimation Using Satellite Imagery." LUT University, 2019. DOI: 10.1038/s41560-019-0501-4

8. "All Renewable Power Could Mean 95 Percent Cut in Water Consumption," Water Footprint Calculator, September 9, 2022. https://www.watercalculator.org/news/news-briefs/renewable-power-95-percent-water-cut/.

9. John Locke, *Two Treatises of Government,* Everyman, 1993, London, England: Phoenix.

10. Ibid.

11. "Photosynthesis," *National Geographic*. January 22, 2024. https://education.nationalgeographic.org/resource/photosynthesis/.

12. "Soil Composition," University of Hawai'i at Manoa, 2023. https://www.ctahr.hawaii.edu/mauisoil/a_comp.aspx. Smithsonian National Museum of Natural History, *Dig It! The Secrets of Soil*. https://forces.si.edu/soils/04_00_13.html.

13. J. Gordon Betts et al., *Anatomy and Physiology*, Houston: Rice University, 2013, p. 43; Curt Stager, *Your Atomic Self*, p. 197.

14. "How Much Oxygen Comes from the Ocean?" NOAA's National Ocean Service. https://oceanservice.noaa.gov/facts/ocean-oxygen.html#:~:text=Scientists%20estimate%20that%20roughly%20half,smallest%20photosynthetic%20organism%20on%20Earth.

15. Graham P. Harris, *Phytoplankton Ecology: Structure, Function and Fluctuation*, London: Chapman & Hall, 1986; Yadigar Sekerci and Sergei Petrovskii, "Global Warming Can Lead to Depletion of Oxygen by Disrupting Phytoplankton Photosynthesis: A Mathematical Modelling Approach," *Geosciences* 8 (6), 2018. doi:10.3390/geosciences8060201.

16. Tony Allan. "The Virtual Water Concept." We World Energy, Water Stories, March 2020. https://www.eni.com/static/en-IT/world-energy-magazine/water-stories/We_WorldEnergy_46_eng.pdf.

17. Andrew Farmer, Samuela Bassi, and Malcolm Fergusson, "Water Scarcity and Droughts," European Parliament, February 2008: 35.

18. "Water Use: Virtual Water," Water Education Foundation. https://www.watereducation.org/post/water-use-virtual-water; "Virtual Water," Econation, December 21, 2020. https://econation.one/virtual-water/; Thomas M. Kostigen, *The Green Blue Book: The Simple Water-Savings Guide to Everything in Your Life,* New York: Rodale Books, 2010.

19. Nicholas Kristof, "When One Almond Gulps 3.2 Gallons of Water," *New York Times,* May 13, 2023. https://www.nytimes.com/2023/05/13/opinion/water-shortage-west.html; Julian Fulton, Michael Norton, and Fraser Shilling, "Water-indexed Benefits and Impacts of California Almonds," *Ecological Indicators* 96(1) 2019: 711–717. https://www.sciencedirect.com/science/article/pii/S1470160X17308592

20. Arjen Hoekstra and Ashok Chapagain. "Water Footprints of Nations: Water Use by People as a Function of Their Consumption Pattern," *Integrated Assessment of Water Resources and Global Change,* 2007: 35–48. https://doi.org/10.1007/978-1-4020-5591-1_3.

21. Tony Allan, "The Virtual Water Concept". 参见第 16 条。

22. W. Z. Yang, L. Xu, Y. L. Zhao, L. Y. Chen, and T. A. McAllister. "Impact of Hard vs. Soft Wheat and Monensin Level on Rumen Acidosis in Feedlot Heifers." *Journal of Animal Science* 92 (11), 2014: 5088-5098. doi: 10.2527/jas.2014-8092.

23. Anjuli Jain Figueroa, "How Much Water Did You Eat Today?" MIT J-WAFS, August 7, 2018. https://jwafs.mit.edu/news/2018/j-wafs-newsletter-highlight-how-much-water-did-you-eat-today.

24. Tony Allan, "The Virtual Water Concept". 参见第 16 条。

25. Ibid.

26. Mahima Shanker, "Virtual Water Trade." MAPL_1, May 25, 2022. https://www.maithriaqua.com/post/virtual-water-trade.

27. Erick Burgueño Salas, "Water Company Market Value Worldwide 2022," *Statista*, May 17, 2023. https://www.statista.com/statistics/1182423/leading-water-utilities-companies-by-market-value-worldwide/#:~:text=The%20water%20company%20with%20the,than%2029.4%20billion%20U.S.%20dollars.

28. Scott Lincicome, "Examining America's Farm Subsidy Problem," Cato Institute, December 18, 2020. https://www.cato.org/commentary/examining-americas-farm-subsidy-problem.

29. Tony Allan, "The Virtual Water Concept". 参见第 16 条。

30. "America Is Using Up Its Groundwater," *New York Times*. https://www.nytimes.com/interactive/2023/08/28/climate/groundwater-drying-climate-change.html?action=click&module=Well&pgtype=Homepage&section=Climate%20and%20Environment.

31. Ibid.

32. Ibid.

33. Michele Thieme, "We Have Undervalued Freshwater; We Have Also Undervalued How Much It Matters," Deputy Director, WWF, October 16, 2023. https://www.worldwildlife.org/blogs/sustainability-works/posts/we-have-undervalued-freshwater-we-have-also-undervalued-how-much-it-matters#:~:text=When%20considering%20the%20total%20footprint,%2C%20Japan%2C%20Germany%20and%20India.

34. Drew Swainston, "12 Drought-Tolerant Vegetables That Will Grow Well in Dry Conditions," June 1, 2023. https://www.homesandgardens.com/gardens/best-drought-tolerant-vegetables.

35. Tyler Ziton, "30 Best Drought-Tolerant Fruit and Nut Trees (Ranked)," Couch to Homestead, October 28, 2021. https://couchtohomestead.com/drought-tolerant-fruit-and-nut-trees/.

36. George Steinmetz, "A Five-Step Plan to Feed the World," Feeding 9 Billion – *National Geographic*. https://www.nationalgeographic.com/foodfeatures/feeding-9-billion/.

37. Will Henley, "Will We Ever See Water Footprint Labels on Consumer Products?" *Guardian*, August 23, 2013. https://www.theguardian.com/sustainable-business/water-footprint-labels-consumer-products#:~:text=Like%20Adeel%2C%20Davidoff%20believes%20water,go%20to%20measure%20water%20inputs.

38. Cynthia Larson, "Evidence of Shared Aspects of Complexity Science and Quantum Phenomena," *Cosmos and History: Journal of Natural and Social Philosophy* 12 (2), 2016.

39. David Wallace Wells, "Can We Put A Price on Climate Damages?" *New York Times*, September 20, 2023.

40. Abrahm Lustgarten and Meridith Kohut, "Climate Change Will Force a New American Migration," *ProPublica*, September 15, 2020. https://www.propublica.org/article/climate-change-will-force-a-new-american-migration.

41. Lightbody, Laura, and Brian Watts. "Repeatedly Flooded Properties Will Continue to Cost Taxpayers Billions of Dollars," The Pew Charitable Trusts, October 1, 2020. https://www.pewtrusts.org/en/research-and-analysis/articles/2020/10/01/repeatedly-flooded-properties-will-continue-to-cost-taxpayers-billions-of-dollars.

42. Abrahm Lustgarten and Meridith Kohut, "Climate Change Will Force a New American Migration," 参见第 40 条。

43. Christopher Flavelleer, Rick Rojas, Jim Tankersley, and Jack Healy, "Mississippi Crisis Highlights Climate Threat to Drinking Water Nationwide," *New York Times*, September 1, 2022. https://www.nytimes.com/2022/09/01/us/mississippi-water-climate-change.

html?smid=nytcore-ios-share&referringSource=articleShare.

44. Ibid.

45. Ibid.

46. Ibid.

47. Ibid.

48. Aubri Juhasz, "Philadelphia Schools Close Due to High Temperatures and No Air Conditioning," NPR, August 31, 2022. https://www.npr.org/2022/08/31/1120355494/philadelphia-schools-close-due-to-high-temperatures-and-no-air-conditioning.

49. Ibid.

50. Ibid.

51. Ibid.

第五章

1. Patrick J. Kiger, "How Mesopotamia Became the Cradle of Civilization," *History*, November 10, 2020. https://www.history.com/news/how-mesopotamia-became-the-cradle-of-civilization.

2. Ibid.

3. N. S. Gill, "The Tigris River: Cradle of the Mesopotamian Civilization," *ThoughtCo.*, May 30, 2019. https://www.thoughtco.com/the-tigris-river-119231.

4. Thorkild Jacobsen and Robert M. Adams, "Salt and Silt in Ancient Mesopotamian Agriculture: Progressive Changes in Soil Salinity and Sedimentation Contributed to the Breakup of Past Civilizations," *Science* 128 (3334), 21, 1958: 1251–1252.

5. Ibid.

6. Ibid.

7. Ibid.

8. Ibid.

9. Fred Pearce, *Keepers of the Spring: Reclaiming Our Water in an Age of Globalization.* Washington, DC: Island Press, 2004.

10. Eli Kotzer, "Artificial Kidneys for the Soil – Solving the Problem of Salinization of the Soil and Underground Water," *Desalination* 185, 2005: 71–77.

11. Shepard Krech, John Robert McNeill, and Carolyn Merchant, *Encyclopedia of World Environmental History*, New York: Routledge, 2004. pp. 1089–1090.

12. Jeremy Rifkin, *The Empathic Civilization: The Race to Global Consciousness in a World in Crisis*, New York: TarcherPerigee, 2009, p. 2.

13. IPCC, Rep. Climate Change 2021: The Physical Science Basis. Working Group I Contribution to the IPCC Sixth Assessment Report, Cambridge University Press, 2021. https://www.ipcc.ch/report/ar6/wg1/downloads/report/IPCC_AR6_WGI_SPM_final.pdf

14. "2022 State of Climate Services Energy," WMO, 2022. https://library.wmo.int/viewer/58116?medianame=1301_WMO_Climate_services_Energy_en_#page=2&viewe

r=picture&o=bookmarks&n=0&q=.

15. Ibid.
16. Josh Klemm and Isabella Winkler. "Which of the World's Hundreds of Thousands of Aging Dams Will Be the Next to Burst?" *New York Times*, September 17, 2023. https://www.nytimes.com/2023/09/17/opinion/libya-floods-dams.html.
17. WMO, "2022 State of Climate Services", 4. 参见第 14 条。
18. "The Mediterranean Eco-Region." NTPC DOCUMENT (NWFP FAO). https://www.fao.org/3/x5593e/x5593e02.htm#:~:text=This%20eco%2Dregion%20covers%20the,terrestrial%2C%20freshwater%20and%20marine%20ecosystems.
19. E. W. Ali, J. Cramer, E. Carnicer, N. Georgopoulou, G. Hilmi, Le Cozannet, and P. Lionello: Cross-Chapter Paper 4: Mediterranean Region. In: Climate Change 2022: Impacts, Adaptation and Vulnerability. Contribution of Working Group II to the Sixth Assessment Report of the Intergovernmental Panel on Climate Change, H.-O. Pörtner, D.C. Roberts, M. Tignor, E.S. Poloczanska, K. Mintenbeck, A. Alegría, M. Craig, S. Langsdorf, S. Löschke, V. Möller, A. Okem, and B. Rama (eds.), Cambridge University Press, Cambridge, U.K. and New York, U.S.A., pp. 2233–2272. doi:10.1017/9781009325844.021. https://www.ipcc.ch/report/ar6/wg2/chapter/ccp4/.
20. "Climate Change in the Mediterranean," Climate change in the Mediterranean | UNEPMAP. https://www.unep.org/unepmap/resources/factsheets/climate-change#:~:text=The%20Mediterranean%20region%20is%20warming%2020%25%20faster%20than%20the%20global%20average.
21. Alexandre Tuel, Suchul Kang, and Elfatih A. Eltahir, "Understanding Climate Change over the Southwestern Mediterranean Using High-Resolution Simulations," *Climate Dynamics* 56(3–4), 2020: 985–1001. https://doi.org/10.1007/s00382-020-05516-8.
22. "Climate Change in the Mediterranean," Climate change in the Mediterranean | UNEPMAP. https://www.unep.org/unepmap/resources/factsheets/climate-change#:~:text=The%20Mediterranean%20region%20is%20warming%2020%25%20faster%20than%20the%20global%20average.
23. "Why the Mediterranean Is a Climate Change Hotspot." MIT Climate Portal. MIT News, June 17, 2020. https://climate.mit.edu/posts/why-mediterranean-climate-change-hotspot#:~:text=However%2C%20"There%20is%20one%20major,of%20any%20landmass%20on%20Earth.
24. Samya Kullab, "Politics, Climate Conspire as Tigris and Euphrates Dwindle," *AP NEWS*, Associated Press, November 18, 2022. https://apnews.com/article/iran-middle-east-business-world-news-syria-3b8569a74d798b9923e2a8b812fa1fca.
25. Hamza Ozguler and Dursun Yildiz. "Consequences of the Droughts in the Euphrates–Tigris Basis," *Water Management and Diplomacy* 1, 2020. https://dergipark.org.tr/tr/download/article-file/1151377.
26. Tomer Barak and Hay Eytan Cohen Yanarocak, "Confronting Climate Change, Turkey Needs 'Green' Leadership Now More than Ever," Middle East Institute, January 25,

2022. https://www.mei.edu/publications/confronting-climate-change-turkey-needs-green-leadership-now-more-ever.

27. M. Türkeş, "İklim Verileri Kullanılarak Türkiye'nin Çölleşme Haritası Dokümanı Hazırlanması Raporu," Orman ve Su, "İşleri Bakanlığı, Çölleşme ve Erozyonla Mücadele Genel Müdürlüğü Yayını," Ankara, Turkey, 2013, p. 57. https://www.researchgate.net/publication/293334692_Iklim_Verileri_Kullanilarak_Turkiye'nin_Collesme_Haritasi_Dokumani_Hazirlanmasi_Raporu.

28. Caterina Scaramelli, "The Lost Wetlands of Turkey," *MERIP*, October 20, 2020. https://merip.org/2020/10/the-lost-wetlands-of-turkey/.

29. Abbie Cheeseman, "Iraq's Mighty Rivers Tigris and Euphrates 'Will Soon Run Dry'", *The Times*, December 3, 2021. https://www.thetimes.co.uk/article/iraqs-mighty-rivers-tigris-and-euphrates-will-soon-run-dry-q5h72g5sk.

30. Ibid.

31. Samya Kullab, "Politics, Climate Conspire as Tigris and Euphrates Dwindle," Associated Press, November 18, 2022. https://apnews.com/article/iran-middle-east-business-world-news-syria-3b8569a74d798b9923e2a8b812fa1fca.

32. Ibid.

33. "Migration, Environment, and Climate Change in Iraq," United Nations. https://iraq.un.org/en/194355-migration-environment-and-climate-change-iraq.

34. "A 3,400-Year-Old City Emerges from the Tigris River," University of Tübingen, February 2, 2023. https://uni-tuebingen.de/en/university/news-and-publications/press-releases/press-releases/article/a-3400-year-old-city-emerges-from-the-tigris-river/.

35. Paul Hockenos, "As the Climate Bakes, Turkey Faces a Future without Water," Yale E360, September 30, 2021. https://e360.yale.edu/features/as-the-climate-bakes-turkey-faces-a-future-without-water.

36. Ibid.

37. Ibid.

38. Ibid.

39. Ercan Ayboga, "Policy and Impacts of Dams in the Euphrates and Tigris Basins," Paper for the Mesopotamia Water Forum 2019, Sulaymaniyah, Kurdistan Region of Iraq, 2. https://www.savethetigris.org/wp-content/uploads/2019/01/Paper-Challenge-B-Dams-FINAL-to-be-published.pdf; Ercan Ayboga and I. Akgun, "Iran's Dam Policy and the Case of Lake Urmia," 2012. www.ekopotamya.net/index.php/2012/07/irans-dam-policy-and-the-case-of-the-lake-urmia/; K. Madani, "Water Management in Iran: What Is Causing the Looming Crisis?" *Journal of Environmental Studies and Sciences*, 4 (4), 2014: 315–328.

40. "10 Years on, Turkey Continues Its Support for an Ever-Growing Number of Syrian Refugees," World Bank, June 22, 2021. https://www.worldbank.org/en/news/feature/2021/06/22/10-years-on-turkey-continues-its-support-for-an-ever-growing-number-of-syrian-refugees; "Climate Change, War, Displacement, and Health: The

Impact on Syrian Refugee Camps – Syrian Arab Republic," *ReliefWeb*, September 20, 2022. https://reliefweb.int/report/syrian-arab-republic/climate-change-war-displacement-and-health-impact-syrian-refugee-camps.

41. "Istanbul Population 2023." https://worldpopulationreview.com/world-cities/istanbul-population.

42. Akgün İlhan, "Istanbul's Water Crisis," *Green European Journal*, November 8, 2021. https://www.greeneuropeanjournal.eu/istanbuls-water-crisis/.

43. Katy Dartford, "Turkey Faces Its Most Severe Drought in a Decade," euronews, January 14, 2021, https://www.euronews.com/my-europe/2021/01/14/pray-for-rain-ceremonies-are-useless-turkey-faces-its-most-severe-drought-in-a-decade.

44. Akgün İlhan, "Istanbul's Water Crisis." 参见第 42 条。

45. Dave Chambers, "Icebergs to Save Cape Town from Drought Would Be Drop in the Ocean," News24, January 11, 2023. https://www.news24.com/news24/bi-archive/icebergs-to-save-cape-town-from-drought-would-be-drop-in-the-ocean-2023-1#; Alan Condron, "Towing Icebergs to Arid Regions to Reduce Water Scarcity," *Scientific Reports* 13 (1), 2023. https://doi.org/10.1038/s41598-022-26952-y.

46. William Hale, "Turkey's Energy Dilemmas: Changes and Challenges," *Middle Eastern Studies* 58 (3), 2022: 453. DOI: 10.1080/00263206.2022.2048478.

47. Rep. Turkey 2021: Energy Policy Review. International Energy Agency, March 2021. https://iea.blob.core.windows.net/assets/cc499a7b-b72a-466c-88de-d792a9daff44/Turkey_2021_Energy_Policy_Review.pdf.

48. William Hale, "Turkey's Energy Dilemmas." 参见第 46 条。

49. "Renewable Power's Growth is being Turbocharged as Countries Seek to Strengthen Energy Security," International Energy Agency, 6 December 2022. https://www.iea.org/news/renewable-power-s-growth-is-being-turbocharged-as-countries-seek-to-strengthen-energy-security.

50. Gareth Chetwynd, "Spain Eyes Massive Solar and Wind Boosts under New Energy Plan," *Recharge*, June 29, 2023. https://www.rechargenews.com/energy-transition/spain-eyes-massive-solar-and-wind-boosts-under-new-energy-plan/2-1-1477558.

51. Ibid.

52. Shaheena Uddin, news reporter. "For Five Hours Last Week Greece Ran Entirely on Electricity from Solar, Wind and Water," *Sky News*, October 14, 2022, https://news.sky.com/story/for-five-hours-last-week-greece-ran-entirely-on-electricity-from-solar-wind-and-water-12720353#:~:text=Greece%20ran%20entirely%20on%20renewable, country's%20independent%20power%20transmission%20operator.

53. Monica Tyler Davies, "A New Fossil Free Milestone: $11 Trillion Has Been Committed to Divest from Fossil Fuels," 350 Action, September 11, 2019. https://350.org/11-trillion-divested/.

54. International Energy Agency, October 27, 2022. https://www.iea.org/news/world-energy-outlook-2022-shows-the-global-energy-crisis-can-be-a-historic-turning-point-towards-a-

cleaner-and-more-secure-future.

55. William Hale, "Turkey's Energy Dilemmas." 参见第 46 条。

56. Ibid.

57. Elena Ambrosetti, "Demographic Challenges in the Mediterranean," Panorama. https://www.iemed.org/wp-content/uploads/2021/01/Demographic-Challenges-in-the-Mediterranean.pdf.

58. Turkey2021: Energy Policy Review. International Energy Agency, p. 78. https://iea. blob.core.windows.net/assets/cc499a7b-b72a-466c-88de-d792a9daff44/Turkey_2021_ Energy_Policy_Review.pdf.

59. "Turkey Green Energy and Clean Technologies," International Trade Administration, April 22, 2022. https://www.trade.gov/market-intelligence/turkey-green-energy-and-clean-technologies.

60. "Turkey's Installed Solar Power Capacity to Exceed 30 GW by 2030," *Daily Sabah*, 20 June 2022, https://www.dailysabah.com/business/energy/turkeys-installed-solar-power-capacity-to-exceed-30-gw-by-2030.

61. Burhan Yuksekkas, "Turkish Companies Go Solar at Record Pace to Cut Energy Costs," Bloomberg, December 1, 2022. https://www.bloomberg.com/news/articles/2022-12-01/ turkey-solar-panel-demand-booms-as-companies-avoid-rising-power-costs.

62. Ibid.

63. "Turkey's Installed Solar Power Capacity." 参见第 60 条。

64. A. J. Dellinger, "Gigawatt: The Solar Energy Term You Should Know About," CNET, November 16, 2021. https://www.cnet.com/home/energy-and-utilities/gigawatt-the-solar-energy-term-you-should-know-about/.

65. Joyce Lee and Feng Zhao, "Global Wind Report 2022," Global Wind Energy Council, April 4, 2022, p. 138. https://gwec.net/wp-content/uploads/2022/04/Annual-Wind-Report-2022_screen_final_April.pdf.

66. "Turkey Reaches 10 GW Wind Energy Milestone," Wind Europe, September 9, 2021. https://windeurope.org/newsroom/news/turkey-reaches-10-gw-wind-energy-milestone/.

67. Alfredo Parres, "Grid Integration Key to Turkey's Wind Power Success," ABB Conversations, March 30, 2015. https://www.abb-conversations.com/2015/03/grid-integration-key-to-turkeys-wind-power-success/.

68. "Turkey Holds 75 Gigawatts of Offshore Wind Energy Potential," *Daily Sabah*, April 19, 2021. https://www.dailysabah.com/business/energy/turkey-holds-75-gigawatts-of-offshore-wind-energy-potential; 另参见第 59 条 ; Eylem Yilmaz Ulu and Omer Altan Dombayci, "Wind Energy in Turkey: Potential and Development," *Eurasia Proceedings of Science, Technology, Engineering, and Mathematics* 4, 2018: 132–136. http://www. epstem.net/tr/download/article-file/595454.

69. "Turkey Reaches 10 GW Wind Energy Milestone," Wind Europe, September 9, 2021. https://windeurope.org/newsroom/news/turkey-reaches-10-gw-wind-energy-milestone/.

70. Takvor Soukissian, Flora E. Karathanasi, and Dimitrios K. Zaragkas, "Exploiting

Offshore Wind and Solar Resources in the Mediterranean Using ERA5 Reanalysis Data,"
2021. https://arxiv.org/pdf/2104.00571.pdf.

71. "The Hydrogen Colour Spectrum," National Grid Group. https://www.nationalgrid.
com/stories/energy-explained/hydrogen-colour-spectrum#:~:text=Grey%20
hydrogen,gases%20made%20in%20the%20process; Catherine Clifford, "Hydrogen
Power is Gaining Momentum, but Critics Say it's neither Efficient nor Green Enough,"
CNBC, January 6, 2022. https://www.cnbc.com/2022/01/06/what-is-green-hydrogen-vs-
blue-hydrogen-and-why-it-matters.html.

72. Turner Jackson, "3 Questions: Blue Hydrogen and the World's Energy Systems,"
MIT News, Massachusetts Institute of Technology, MIT Energy Initiative, October
17, 2022. https://news.mit.edu/2022/3-questions-emre-gencer-blue-hydrogen-
1017#:~:text=hydrogen%20production%20processes.-,Natural%20gas%2Dbased%20
hydrogen%20production%20with%20carbon%20capture%20and%20storage,a%20
low%2Dcarbon%20energy%20carrier.; Marsh, Jane, "Hydrogen for Clean Energy
could Be Produced from Seawater," *Sustainability Times*, October 19, 2022, https://
www.sustainability-times.com/low-carbon-energy/hydrogen-for-clean-energy-could-be-
produced-from-seawater/; Shawn Johnson, "Water-Splitting Device Solves Puzzle of
Producing Hydrogen Directly from Seawater," *BusinessNews*, December 6, 2022. https://
biz.crast.net/water-splitting-device-solves-puzzle-of-producing-hydrogen-directly-from-
seawater/; Yun Kuang et al. "Solar-Driven, Highly Sustained Splitting of Seawater into
Hydrogen and Oxygen Fuels," *Proceedings of the National Academy of Science* 116 (14),
2019. https://www.pnas.org/doi/10.1073/pnas.1900556116#bibliography.

73. Darius Snieckus, "World's Largest Floating Wind-Fueled H2 Hub in Frame for Italian
Deepwater 'by 2027,'" *Recharge*, September 26, 2022. https://www.rechargenews.
com/energy-transition/worlds-largest-floating-wind-fuelled-h2-hub-in-frame-for-italian-
deepwater-by-2027/2-1-1320795.

74. "The Precautionary Principle," *Eur-Lex*, November 30, 2016. https://eur-lex.europa.eu/
EN/legal-content/summary/the-precautionary-principle.html.

75. Ibid.

76. Martina Bocci and Francesca Coccon, "Using Ecological Sensitivity to Guide Marine
Renewable Energy Potentials in the Mediterranean Region," Interreg Mediterranean Fact
Sheet, 2020, p. 1. https://planbleu.org/wp-content/uploads/2021/03/MBPC_Technical_
Factsheet_on_BAT___BEP_for_Marine_Renew able_Energy_FINAL.pdf.

77. Ibid.,12.

78. Ibid.,14.

79. "Renewable Energy – Powering a Safer Future," United Nations. https://www.un.org/en/
climatechange/raising-ambition/renewable-energy.

80. Antonio Zapata-Sierra et al., "Worldwide Research Trends on Desalination,"
Desalination 519, 2022. https://www.sciencedirect.com/science/article/pii/
S0011916421003763.

81. Ibid.,1.

82. John Tonner, "Barriers to Thermal Desalination in the United States," Desalination and Water Purification Research and Development Program Report No. 144, U.S. Department of the Interior Bureau of Reclamation, March 2008. https://www.usbr.gov/research/dwpr/reportpdfs/report144.pdf.

83. Hesham R. Lofty et al., "Renewable Energy Powered Membrane Desalination – Review of Recent Development," *Environmental Science and Pollution Research* 29, 2022. https://link.springer.com/article/10.1007/s11356-022-20480-y.

84. Abdul Latif Jameel, "Fresh Water; Fresh Ideas. Can Renewable Energy be the Future of Desalination?," November 16, 2020, https://alj.com/en/perspective/fresh-water-fresh-ideas-can-renewable-energy-be-the-future-of-desalination/; Laura F. Zarza, "Spanish Desalination Know-How, a Worldwide Benchmark," *Smart Water Magazine*, February 28, 2022. https://smartwatermagazine.com/news/smart-water-magazine/spanish-desalination-know-how-a-worldwide-benchmark.

85. Hesham R. Lofty et al., "Renewable Energy Powered Membrane Desalination." 参见第83条。

86. Molly Walton, "Desalinated Water Affects the Energy Equation in the Middle East," International Energy Agency, 21 January 2019, https://www.iea.org/commentaries/desalinated-water-affects-the-energy-equation-in-the-middle-east.

87. "Water Desalination Using Renewable Energy," IEA-ETSAP and IRENA Technology Brief, 12 March 2012, Pg 1, https://www.irena.org/-/media/Files/IRENA/Agency/Publication/2012/IRENA-ETSAP-Tech-Brief-I12-Water-Desalination.pdf.

88. "Global Clean Water Desalination Alliance (GCWDA)." Global Clean Water Desalination Alliance (GCWDA) – Climate Initiatives Platform. https://climateinitiativesplatform.org/index.php/Global_Clean_Water_Desalination_Alliance_(GCWDA).

89. Abdul Latif Jameel, "Fresh Water; Fresh Ideas." 参见第84条; "The Role of Desalination in an Increasingly Water-Scarce World," World Bank Group, 2019, p. 57, https://documents1.worldbank.org/curated/en/476041552622967264/pdf/135312-WP-PUBLIC-14-3-2019-12-3-35-W.pdf.

90. Aidan Lewis, "Egypt to Build 21 Desalination Plants in Phase 1 of Scheme – Sovereign Fund," Reuters, 1 December 2022, https://www.reuters.com/markets/commodities/egypt-build-21-desalination-plants-phase-1-scheme-sovereign-fund-2022-12-01/.

91. "ACCIONA Starts Construction of Jubail 3B Desalination Plant in Saudi Arabia," ACCIONA press release, June 9, 2022. https://www.acciona.com/updates/articles/acciona-starts-construction-jubail-3b-desalination-plant-saudi-arabia/?_adin=02021864894.

92. Susan Kraemer, "Australia Gets Ten Times Bigger Solar Farm Following Carbon Tax," *CleanTechnica*, September 2, 2011. https://cleantechnica.com/2011/09/01/australia-gets-ten-times-bigger-solar-farm-following-carbon-tax/.

93. Simon Atkinson. "Precisely Controlling the Density of Water Filtration Membranes Increases Their Efficiency, Shows Research." Membrane Technology 2021, no. 8 (December 11, 2021): 5–6. https://doi.org/10.1016/s0958-2118(21)00124-5.

94. David L. Chandler, "Turning Desalination Waste into a Useful Resource," MIT, May 15, 2019. https://energy.mit.edu/news/turning-desalination-waste-into-a-useful-resource/.

95. Daniel Hickman and Raffaele Molinari, "Can Brine from Seawater Desalination Plants Be a Source of Critical Metals?" *ChemistryViews,* September 25, 2023. https://www.chemistryviews.org/details/ezine/11347408/can_brine_from_seawater_desalination_plants_be_a_source_of_critical_metals/.

96. Robert Strohmeyer, "The 7 Worst Tech Predictions of All Time," *PCWorld*, December 31, 2008. https://www.pcworld.com/article/532605/worst_tech_predictions.html.

97. Peter J. Denning and Ted G. Lewis, "Exponential Laws of Computing Growth," *Communications of the ACM* 60 (1), January 2017. https://cacm.acm.org/magazines/2017/1/211094-exponential-laws-of-computing-growth/abstract.

98. Petroc Taylor, "Smartphone Subscriptions Worldwide 2016–2021, with forecasts from 2022 to 2027," *Statista*, July 19, 2023. https://www.statista.com/statistics/330695/number-of-smartphone-users-worldwide/.

99. Wafa Suwaileh, Daniel Johnson, and Nidal Hilal, "Membrane Desalination and Water Re-Use for Agriculture: State of the Art and Future Outlook," *Desalination* 491, October 1, 2020, https://www.sciencedirect.com/science/article/abs/pii/S0011916420310213.

第六章

1. "China–EU – International Trade in Goods Statistics," Statistics Explained, February 2022. https://ec.europa.eu/eurostat/statistics-explained/index.php?title=China-EU_-_international_trade_in_goods_statistics#:~:text=China%20largest%20partner%20for%20EU%20imports%20of%20goods%20in%202022,-The%20position%20of&text=It%20was%20the%20largest%20partner,and%20Norway%20(5.4%20%25).

2. James McBride et al., "China's Massive Belt and Road Initiative," Council on Foreign Relations, 2023. https://www.cfr.org/backgrounder/chinas-massive-belt-and-road-initiative.

3. "About the Belt and Road Initiative (BRI)," Green Finance & Development Center. https://greenfdc.org/belt-and-road-initiative-about/.

4. Suprabha Baniya, Nadia Rocha, and Michele Ruta, "Trade Effects of the New Silk Road: A Gravity Analysis," World Bank Policy Research Working Paper 8694, January 2019; Michele Ruta et al., "How much will the Belt and Road Initiative Reduce Trade Costs?" World Bank, October 16, 2018. https://blogs.worldbank.org/trade/how-much-will-belt-and-road-initiative-reduce-trade-costs. "Belt and Road Initiative to boost world GDP by over $7 trillion per annum by 2040," Centre for Economics and Business Research, May

27, 2019, https://cebr.com/reports/belt-and-road-initiative-to-boost-world-gdp-by-over-7-trillion-per-annum-by-2040/.

5. Ibid.

6. Nicolas J, Firzli, "Pension Investment in Infrastructure Debt: A New Source of Capital for Project Finance," World Bank, May 24, 2016. https://blogs.worldbank.org/ppps/pension-investment-infrastructure-debt-new-source-capital-project-finance.

7. Charlie Campbell, "China Says It's Building the New Silk Road. Here Are Five Things to Know Ahead of a Key Summit," *Time*, May 12, 2017. https://time.com/4776845/china-xi-jinping-belt-road-initiative-obor/; James Griffiths, "Just what is this One Belt, One Road thing anyway?" CNN, May 11, 2017. https://www.cnn.com/2017/05/11/asia/china-one-belt-one-road-explainer/index.html.

8. Felix K. Chang, "The Middle Corridor through Central Asia: Trade and Influence Ambitions," Foreign Policy Research Institute, February 21, 2023. https://www.fpri.org/article/2023/02/the-middle-corridor-through-central-asia-trade-and-influence-ambitions/.

9. Laura, Basagni, "The Mediterranean Sea and its Port System: Risk and Opportunities in a Globally Connected World," p. 13, German Marshall Fund. https://www.gmfus.org/sites/default/files/Chapter%20Laura%20Basagni__JPS_Infrastructures%20and%20power%20in%20the%20MENA-12-33.pdf.

10. Ibid.,13.

11. Ibid.

12. Michele Barbero, "Europe Is Trying (and Failing) to Beat China at the Development Game," *Foreign Policy*, Graham Digital Holding Company, January 10, 2023. https://foreignpolicy.com/2023/01/10/europe-china-eu-global-gateway-bri-economic-development/; "Demographic Change + Export Controls + Global Gateway." Merics, February 2, 2023. https://merics.org/en/merics-briefs/demographic-change-export-controls-global-gateway.

13. "Bioregion," European Environment Agency. https://www.eea.europa.eu/help/glossary/chm-biodiversity/bioregion.

14. "EuroRegion," euroregion.edu, 2021. https://euroregio.eu/en/euroregion.

15. Programmes of the Catalan Presidency of a Euroregion Pyrenees – 2023–2025

16. "The Future Looks Bright for Solar Energy in Jordan: A 2023 Outlook," *SolarQuarter*, February 25, 2023. https://solarquarter.com/2023/02/25/the-future-looks-bright-for-solar-energy-in-jordan-a-2023-outlook/#:~:text=According%20to%20a%20report%20by,reliance%20on%20imported%20fossil%20fuels.

17. "Green Blue Deal," *EcoPeace Middle East*, March 31, 2022. https://ecopeaceme.org/gbd/.

第七章

1. Elizabeth Pennisi, "Just 19% of Earth's Land Is Still 'wild,' Analysis Suggests..." *Science*, 2021. https://www.science.org/content/article/just-19-earth-s-land-still-wild-

analysis-suggests.

2. Michelle Nijhuis, "World's Largest Dam Removal Unleashes U.S. River After Century of Electric Production.," *National Geographic*, May 4, 2021. https:// www. nationalgeographic.com/science/article/140826-elwha-river-dam-removal-salmon-science-olympic.

3. Sarah Laskow, "Finding Brooklyn's Ghost Streams, with Old Maps and New Technology," *Atlas Obscura*, January 8, 2016. https://www.atlasobscura.com/articles/finding-brooklyns-ghost-streams-with-old-maps-and-new-technology.

4. Adam Shell, "No U.S. Stock, Bond Trading Monday, Tuesday," *USA Today*, October 29, 2012. https://www.usatoday.com/story/money/markets/2012/10/28/nyse-sandy/1664249/; "Impact of Hurricane Sandy." https://www.nyc.gov/html/sirr/downloads/pdf/final_report/Ch_1_SandyImpacts_FINAL_singles.pdf.

5. Fran Southgate, "Rewilding Water," *Rewilding Britain*. https://www.rewildingbritain.org.uk/why-rewild/what-is-rewilding/examples/rewilding-water.

6. Ibid.

7. Ibid.

8. Ibid.

9. Joshua Larsen and Annegret Larsen, "Rewilding: Beavers Are Back – Here's What This Might Mean for the U.K." *Positive News*, September 24, 2021. https://www.positive.news/environment/rewilding-beavers-are-back-heres-what-this-might-mean/.

10. Marvin S. Soroos, "The International Commons: A Historical Perspective," *Environmental Review* 12 (1), 1988: 1–22. https://www.jstor.org/stable/3984374.

11. Sir Walter Raleigh, "A Discourse of the Invention of Ships, Anchors, Compass, & etc.," in *Oxford Essential Quotations*, ed. Susan Racliffe, 2017. https://www.oxfordreference.com/view/10.1093/acref/9780191843730.001.0001/qoroed500008718.

12. William E. Livezey, *Mahan on Sea Power*, Norman: University of Oklahoma Press, 1981, pp. 281–282, https://www.baltdefcol.org/files/files/BSDR/BSDR_11_2.pdf.

13. Clive Schofield and Victor Prescott, *The Maritime Political Boundaries of the World*, Leiden: Martinus Nijhoff, 2004, p. 36; Food and Agriculture Organization of the United Nations, "The State of World Fisheries and Aquaculture 2020. Sustainability in Action," 2020, 94; "United Nations Convention on the Law of the Sea (UNCLOS)." Environmental Science: In Context. *Encyclopedia .com*. January 8, 2024. https://www.encyclopedia.com/environment/energy-government-and-defense-magazines/united-nations-convention-law-sea-unclos.; "Opposition to New Offshore Drilling in the Pacific Ocean," *Oceana USA*, August 29, 2022. https://usa.oceana.org/pacific-drilling/.

14. "Overfishing in the Georges Bank: AMNH." American Museum of Natural History, 2013. https://www.amnh.org/explore/videos/biodiversity/georges-bank-fish-restoration.

15. Ibid.

16. Alison Chase, "Marine Protected Areas Are Key to Our Future," *Natural Resources Defense Council*, June 14, 2021. https://www.nrdc.org/bio/alison-chase/marine-

protected-areas-are-key-our-future#:~:text=Fully%20and%20highly%20protected%20
marine,and%20the%20jobs%20they%20generate.

17. Matt Rand, "Study Shows Benefits Extend beyond Sea Life to Communities on Land," The Pew Charitable Trusts, July 7, 2020. https://www.pewtrusts.org/en/research-and-analysis/articles/2020/07/07/marine-reserves-can-help-oceans-and-people-withstand-climate-change.

18. David Stanway. "Nations Secure U.N. Global High Seas Biodiversity Pact," Reuters, March 6, 2023. https://www.reuters.com/business/environment/nations-secure-un-global-high-seas-biodiversity-pact-2023-03-05/.

19. Kevin McAdam, "The Human Right to Water – Market Allocations and Subsistence in a World of Scarcity," *The Interdisciplinary Journal of Study Abroad*, 2003: 59–85. https://doi.org/https://files.eric.ed.gov/fulltext/EJ891474.pdf.

20. Erick Burgueño Salas, "Water Company Market Value Worldwide 2022," Statista, May 17, 2023. https://www.statista.com/statistics/1182423/leading-water-utilities-companies-by-market-value-worldwide/#:~:text=The%20water%20company%20with%20the,electricity%20and%20natural%20gas%20services.

21. "Water Privatization: Facts and Figures," Food & Water Watch, March 29, 2023. https://www.foodandwaterwatch.org/2015/08/02/water-privatization-facts-and-figures/.

22. Bobby Magill, "Climate Change Could Increase Global Fresh Water," MIT, Climate Central, October 2, 2014. https://www.climatecentral.org/news/climate-change-could-increase-global-fresh-water-supply-mit-18124; "2014 Energy and Climate Outlook," MIT Joint Program on the Science and Policy of Global Change," 2014. https://globalchange.mit.edu/sites/default/files/newsletters/files/2014%20Energy%20%26%20Climate%20Outlook.pdf.

23. "2014 Energy and Climate Outlook". 参见第 22 条。

24. Bobby Magill, "Climate Change Could Increase Global Fresh Water." 参见第 22 条。

25. Ibid.

26. Erica Gies, "Slow Water: Can We Tame Urban Floods by Going with the Flow?" *Guardian*. Guardian News and Media, June 7, 2022. https://www.theguardian.com/environment/2022/jun/07/slow-water-urban-floods-drought-china-sponge-cities.

27. Ibid.

28. "Stormwater Tip: How are Bioswales and Rain Gardens Different?," Pittsburgh Water & Sewer Authority. June 2021. https://www.pgh2o.com/news-events/news/newsletter/2021-06-29-stormwater-tip-how-are-bioswales-and-rain-gardens-different.

29. "Using Green Roofs to Reduce Heat Islands," Environmental Protection Agency (EPA). https://www.epa.gov/heatislands/using-green-roofs-reduce-heat-islands#1.

30. Stefano Salata and Bertan Arslan, "Designing with Ecosystem Modelling: The Sponge District Application in Izmir, Turkey," *Sustainability* 14, 2022: 3420. https://doi.org/10.3390/su14063420

31. Jared Green, "Kongjian Yu Defends His Sponge City Campaign," *The Dirt*, August 4,

2021. https://dirt.asla.org/2021/08/04/kongjian-yu-defends-his-sponge-city-campaign/.

32. Brad Lancaster, "Roman- and Byzantine-Era Cisterns of the Past Reviving Life in the Present," in *Rainwater Harvesting for Drylands and Beyond*, 2011. https://www. harvestingrainwater.com/2011/07/roman-and-byzantine-era-cisterns-of-the-past-reviving-life-in-the-present/.

33. "Rainwater Conservation for Community Climate Change Resiliency," March 5, 2020. https://www.peacecorps.gov/mexico/stories/rainwater-conservation-community-climate-change-resiliency/.

34. "One Million Cisterns for the Sahel Initiative," 2018. https://www.fao.org/3/ca0882en/ CA0882EN.pdf.

35. Ibid.,1.

36. "President of Niger: 'Development Is the Only Way to Stop Migration,'" FAO, June 19, 2018. https://www.fao.org/news/story/en/item/1141812/icode/.

37. Alexander Otte. "Chapter 3: Social Dimensions." Leaving No One Behind, The United Nations World Water Development Report, UNESCO, 2019. https://unesdoc.unesco.org/ ark:/48223/pf0000367652.

38. Rainwater Collection Legal States 2024, 2024. https://worldpopulationreview.com/state-rankings/rainwater-collection-legal-states.

39. Harriet Festing et al., "The Case for Fixing the Leaks: Protecting People and Saving Water while Supporting Economic Growth in the Great Lakes Region," Center for Neighborhood Technology, 2013. https://cnt.org/sites/default/files/publications/CNT_ CaseforFixingtheLeaks.pdf.

40. Bob Berkebile et al., "Flow – The Making of the Omega Center for Sustainable Living," BNIM, 2010. https://www.bnim.com/sites/default/files/library/flow_0.pdf.; "The Eco Machine." Omega Institute for Holistic Studies, 2023. https://www.eomega.org/center-sustainable-living/eco-machine.

41. Ibid.

42. Jim Robbins, "Beyond the Yuck Factor: Cities Turn to Extreme Water Recycling," Yale Environment 360, June 6, 2023. https://e360.yale.edu/features/on-site-distributed-premise-graywater-blackwater-recycling.

43. Ibid.

44. E. Pinkham and M. Woodson, "Salesforce announces Work.com for schools and $20 million to help schools reopen safely and Support Student Learning Anywhere." Salesforce. August 11, 2020. https://www.salesforce.com/news/press-releases/2020/08/11/salesforce-announces-work-com-for-schools-and-20-million-to-help-schools-reopen-safely-and-support-student-learning-any-where/.

45. Patrick Sisson. "Facing Severe Droughts, Developers Seek to Reuse the Water They Have," *The New York Times*, August 3, 2021. https://www.nytimes.com/2021/08/03/ business/drought-water-reuse-development.html.

46. Jim Robbins, "Beyond the Yuck Factor: Cities Turn to Extreme Water Recycling,"

Yale Environment 360, June 6, 2023. https://e360.yale.edu/features/on-site-distributed-premise-graywater-blackwater-recycling.

47. Ibid.

48. Ibid.

49. Ibid.

第八章

1. Abrahm Lustgarten and Meridith Kohut, "Climate Change Will Force a New American Migration," *ProPublica*, September 15, 2020. https://www.propublica.org/article/climate-change-will-force-a-new-american-migration.

2. Lee R. Kump, "The Last Great Global Warming," *Scientific American*, July 1, 2011. https://www.scientificamerican.com/article/the-last-great-global-warming/.

3. Abbey of Regina Laudis: St. Benedict's rule. https://abbeyofreginalaudis.org/community-rule-english.html.

4. Sebastian de Grazia, *Of Time, Work, and Leisure*, New York: Century Foundation, 1962, p. 41.

5. Ibid.

6. Reinhard Bendix and Max Weber, *An Intellectual Portrait*, Garden City: Anchor-Doubleday, 1962, p. 318.

7. Jonathan Swift, 1667–1745, *Gulliver's Travels,* New York, Avenel Books, 1985.

8. "Linear Perspective," *Encyclopedia Britannica*. https://www.britannica.com/art/linear-perspective.

9. Fritjof Capra, *The Tao of Physics: An Exploration of the Parallels Between Modern Physics and Eastern Mysticism,* Berkeley: Shambhala Publications, 1975, p. 138.

10. Norbert Wiener, *The Human Use of Human Beings: Cybernetics and Society*, New York: Da Capo Press, 1988, p. 96.

11. Alfred North Whitehead, *Science and the Modern World*, Cambridge University Press, 1926, p. 22.

12. Alfred North Whitehead, *Science and the Modern World*: Lowell Lectures1925, Cambridge University Press, 1929, p. 61; Alfred North Whitehead, *Nature and Life*, Chicago University Press, 1934, and reprinted Cambridge University Press, 2011.

13. Alfred North Whitehead. 两部著作参见第 12 条。

14. Whitehead, *Nature and Life*, p. 65.

15. Robin G. Collingwood, *The Idea of Nature*, Oxford University Press, 1945, p. 146.

16. Whitehead, *Nature and Life*, pp. 45–48.

17. Allan Silverman, "Plato's Middle Period Metaphysics and Epistemology," *Stanford Encyclopedia of Philosophy*, ed. Edward N. Zalta, Fall 2014 edn. https://plato.stanford.edu/archives/fall2014/entries/plato-metaphysics

18. Vernon J. Bourke, "Rationalism." In Dictionary of Philosophy, ed. Dagobert D. Runes,

263. Totowa, NJ: Littlefield, Adams, and Company, 1962.

19. Isaac Newton, 1642–1727, *Newton's Principia: The Mathematical Principles of Natural Philosophy,* New York: Daniel Adee, 1846.

20. "Ephemeral Art" *UNESCO Courier*, 1996, p. 11. https://unesdoc.unesco.org/ark:/48223/pf0000104975.

21. "Annual Park Ranking Report for Recreation Visits in 2022," National Parks Service. https://irma.nps.gov/Stats/SSRSReports/National%20Reports/Annual%20Park%20Ranking%20Report%20(1979%20-%20Last%20Calendar%20Year).

22. Mary Caperton Morton, "Mount Rushmore's Six Grandfathers and Four Presidents," *Eos*, October 14, 2021. https://eos.org/features/mount-rushmores-six-grandfathers-and-four-presidents; Mario Gonzalez and Elizabeth Cook-Lynn, *The Politics of Hallowed Ground: Wounded Knee and the Struggle for Indian Sovereignty,* Urbana: University of Illinois Press, 1999.

23. Eli Anapur, "Remembering Ephemeral Art and All of Its Faces," *Widewalls*, October 2, 2016. https://www.widewalls.ch/magazine/ephemeral-art-definition-artists.

第九章

1. K. C. Samir, and Wolfgang Lutz. "The Human Core of the Shared Socio-economic Pathways: Population Scenarios by Age, Sex and Level of Education for All Countries to 2100," *Global Environmental Change*, July 4, 2014. https://www.sciencedirect.com/science/article/pii/S0959378014001095.

2. Dean Spears, "All of the Predictions Agree on One Thing: Humanity Peaks Soon," *New York Times*, September 18, 2023. https://www.nytimes.com/interactive/2023/09/18/opinion/human-population-global-growth.html.

3. "The Great Human Migration," Smithsonian.com, July 1, 2008. https://www.smithsonianmag.com/history/the-great-human-migration-13561/.

4. Patrick Manning and Tiffany Trimmer, *Migration in World History,* New York: Routledge, 2020.

5. Ibid.,33.

6. K. R. Howe, *Vaka Moana: Voyages of the Ancestors: The Discovery and Settlement of the Pacific,* Honolulu: University of Hawai'i Press, 2014.

7. Kim Tingley, "The Secrets of the Wave Pilots," *New York Times*, March 17, 2016, https://www.nytimes.com/2016/03/20/magazine/the-secrets-of-the-wave-pilots.html#:~:text=When%20they%20hit%2C%20part%20of,-sight%20%E2%80%94%20these%20and%20other%20patterns.

8. "U.S. Immigration Flows, 1820-2013." Carolina Demography, July 30, 2019. https://carolinademography.cpc.unc.edu/2015/04/27/u-s-immigration-flows-1820-2013/.

9. Bureau, U.S. Census. "Calculating Migration Expectancy Using ACS Data," Census. gov, December 3, 2021. https://www.census.gov/topics/population/migration/guidance/

calculating-migration-expectancy.html.

10. Anusha Natarajan, "Key Facts about Recent Trends in Global Migration," Pew Research Center, December 16, 2022. https://www.pewresearch.org/short-reads/2022/12/16/key-facts-about-recent-trends-in-global-migration/.

11. "The Rise of Dual Citizenship: Who Are These Multi-Local Global Citizens?" Global Citizen Forum, January 31, 2022. https://www.globalcitizenforum.org/story/the-rise-of-dual-citizenship-why-multi-local-global-citizens-are-becoming-the-new-normal/#:~:text=Essentially%2C%20anyone%20who%20holds%20two,by%20governments%20around%20the%20world.

12. "UNWTO Tourism Highlights," e-unwto.org, 2018. https://www.e-unwto.org/doi/pdf/10.18111/9789284419876.

13. "Travel & Tourism Economic Impact," World Travel & Tourism Council (WTTC). https://wttc.org/research/economic-impact.

14. Susan C. Antón, Richard Potts, and Leslie C. Aiello, "Evolution of Early Homo: An Integrated Biological Perspective," *Science* 345 (6192), 2014. https://doi.org/10.1126/science.1236828.

15. Alan Buis, "Milankovitch (Orbital) Cycles and Their Role in Earth's Climate – Climate Change: Vital Signs of the Planet," NASA, February 7, 2022. https://climate.nasa.gov/news/2948/milankovitch-orbital-cycles-and-their-role-in-earths-climate/.

16. Antón, Susan C., Richard Potts, and Leslie C. Aiello. "Evolution of Early Homo: An Integrated Biological Perspective." *Science* 345, 2014: 6192. https://doi.org/10.1126/science.1236828.

17. Jacqueline Armada, "Sustainable Ephemeral: Temporary Spaces with Lasting Impact," SURFACE at Syracuse University, May 1, 2012. https://surface.syr.edu/honors_capstone/111/.

18. Clay Lancaster, "Metaphysical Beliefs and Architectural Principles," JSTOR, May 1956. https://www.jstor.org/stable/427046.

19. Kevin Nute, *Place, Time and Being in Japanese Architecture*, Psychology Press, 2004. https://philpapers.org/rec/NUTPTA.

20. Tadao Ando, "Laureate Biography," Laureates, The Pritzker Architecture Prize, 1995. https://www.pritzkerprize.com/sites/default/files/file_fields/field_files_inline/1995_bio.pdf.

21. Matsuda Naonori, "Japan's Traditional Houses: The Significance of Spatial Conceptions." Story. In Asia's Old Dwellings: Tradition, Resilience, and Change, 309. Oxford University Press, 2003. https://library.villanova.edu/Find/Record/637894/TOC.

22. Clay Lancaster, "Metaphysical Beliefs and Architectural Principles," JSTOR, May 1956. https://www.jstor.org/stable/427046.

23. "Ecological Threat Register 2021: Understanding Ecological Threats, Resilience, and Peace," Sydney: The Institute for Economics & Peace, October 2021. https://www.economicsandpeace.org/wp-content/uploads/2021/10/ETR-2021-web.pdf.

24. "Life in Za'atari, the Largest Syrian Refugee Camp in the World," *Oxfam International*, May 25, 2022. https://www.oxfam.org/en/life-zaatari-largest-syrian-refugee-camp-world.

25. "Za'atari Refugee Camp – Factsheet, November 2016 – Jordan," ReliefWeb, November 16, 2016. https://reliefweb.int/report/jordan/zaatari-refugee-camp-factsheet-november-2016.

26. Ibid.; Lilly Carlisle, "Jordan's Za'atari Refugee Camp: 10 Facts at 10 Years," UNHCR US, July 2022. https://www.unhcr.org/us/news/stories/jordans-zaatari-refugee-camp-10-facts-10-years; Mario Echeverria, and Moh'd Al-Taher. Jordan: Zaatari Refugee Camp, September 2022. https://www.unhcr.org/jo/wp-content/uploads/sites/60/2022/12/9-Zaatari-Fact-Sheet-September-2022.pdf.

27. "Solving the Housing Challenge of 1.6 Billion People through Sheltertech," Plug and Play Tech Center. https://www.plugandplaytechcenter.com/press/solving-housing-challenges-through-sheltertech/#:~:text=December%2C%2020%2C%202022%20%2D%20If,than%20walls%20and%20a%20roof.

28. Kendall Jeffreys, "Ephemeral Waters," Rachel Carson Council. Accessed April 24, 2024. https://rachelcarsoncouncil.org/ephemeral-waters/.

29. FormsLab, "Additive vs. Subtractive Manufacturing." https://formlabs.com/blog/additive-manufacturing-vs-subtractive-manufacturing/.

30. Rupendra Brahambhatt, "Virginia Is About to 3D-Print an Entire Neighborhood of Homes – and It's Cheaper Than You Think," ZME Science, June 17, 2022. https://www.zmescience.com/ecology/world-problems/3d-printing-houses-17062022/.

31. Tara Massouleh McCay, "Virginia Family Buys First Habitat for Humanity 3D-Printed Home," *Southern Living*, December 29, 2021. https://www.southernliving.com/travel/virginia/virginia-family-buys-first-habitat-for-humanity-3d-printed-home

32. Jessica Cherner, "Habitat for Humanity Debuts First Completed Home Constructed via 3D Printer," *Architectural Digest*, January 3, 2022. https://www.architecturaldigest.com/story/habitat-for-humanity-3d-printer-home.

33. Ibid.

34. "Virginia Launches World's Biggest 3D-Printed Housing Project," *Freethink*, June 11, 2022. https://www.freethink.com/hard-tech/3d-printing-houses#:~:text=Over%20the%20next%205%20years,solve%20America%27s%20affordable%20housing%20crisis.

35. Ibid.

36. "GE Renewable Energy Inaugurates 3D Printing Facility That Will Research More Efficient Ways to Produce Towers for Wind Turbines," *GE News*, April 21, 2022. https://www.ge.com/news/press-releases/ge-renewable-energy-inaugurates-3d-printing-facility-research-more-efficient-ways-produce-towers-for-wind-turbines.

37. James Parkes, "Long-Awaited 3D-Printed Stainless Steel Bridge Opens in Amsterdam," *Dezeen*, July 19, 2021. https://www.dezeen.com/2021/07/19/mx3d-3d-printed-bridge-stainless-steel-amsterdam/.

38. Madeleine Prior, "3D Printed Energy Infrastructure with Lower Material Consumption."

3Dnatives, *3Dnatives,* January 31, 2022. https://www.3dnatives.com/en/3d-printed-energy-infrastructure-with-lower-material-consumption-010220224/.

39. Michael Molitch-Hou, "Has House 3D Printing Finally Made It?" *Forbes Magazine*, June 10, 2022. https://www.forbes.com/sites/michaelmolitch-hou/2022/06/09/has-house-3d-printing-finally-made-it/?sh=12d91748f86a.

40. Ankita Gangotra, Emanuela Del Gado, and Joanna I. Lewis, "3D Printing Has Untapped Potential for Climate Mitigation in the Cement Sector," *Communications Engineering* 2 (6), 2023. https://doi.org/10.1038/s44172-023-00054-7.

41. Michael Molitch-Hou, "Has House 3D Printing Finally Made It?" 参见第 39 条。

42. Paula Pintos, "Tecla Technology and Clay 3D Printed House / Mario Cucinella Architects," *ArchDaily*, April 27, 2021. https://www.archdaily.com/960714/tecla-technology-and-clay-3d-printed-house-mario-cucinella-architects.

43. Adele Peters, "IKEA's 8 principles for circular design show how to build a business based on reuse," Fast Company. September 10, 2021. https://www.fastcompany.com/90674372/ikeas-8-principles-for-circular-design-show-how-to-build-a-business-based-on-reuse.

第十章

1. Ryan Hobert and Christine Negra, "Climate Change and the Future of Food," United Nations Foundation, September 1, 2020. https://unfoundation.org/blog/post/climate-change-and-the-future-of-food/#:~:text=By%20some%20estimates%2C%20in%20the,the%20brunt%20of%20these%20impacts.

2. "Water Scarcity: Overview," WWF. https://www.worldwildlife.org/threats/water-scarcity.

3. "Hoover Dam," Water Education Foundation. https://www.watereducation.org/aquapedia/hoover-dam; https://www.newsweek.com/lake-mead-water-filling-colorado-explained-reservoir-1783553

4. Dave Davies, "The Colorado River Water Shortage Is Forcing Tough Choices in 7 States," NPR, September 29, 2022. https://www.npr.org/2022/09/29/1125905928/the-colorado-river-water-shortage-is-forcing-tough-choices-in-7-states; Abrahm Lustgarten and Meridith Kohut, "Climate Change Will Force a New American Migration," *ProPublica*, September 15, 2020. https://www.propublica.org/article/climate-change-will-force-a-new-american-migration.

5. Ken Ritter, "Feds Announce Start of Public Process to Reshape Key Rules on Colorado River Water Use by 2027," *AP News*, June 15, 2023. https://apnews.com/article/colorado-river-water-management-guidelines-drought-d7f09d3e471239d9cafcb4e2dcc53820.

6. Timothy Egan, "The Hoover Dam Made Life in the West Possible. Or So We Thought," *New York Times*, May 14, 2021. https://www.nytimes.com/2021/05/14/opinion/water-hoover-dam-climate-change.html.

7. "Water Facts – Worldwide Water Supply," Bureau of Reclamation, November 4, 2020.

https://www.usbr.gov/mp/arwec/water-facts-ww-water-sup.html.

8. David Kirkpatrick, "What Are Vertical Farms, and Can They Really Feed the World?" World Economic Forum, November 30, 2015. https://www.weforum.org/agenda/2015/11/what-are-vertical-farms-and-can-they-really-feed-the-world/.

9. Victoria Masterson, "Vertical Farming – Is This the Future of Agriculture?" Climate Champions, May 24, 2022. https://climatechampions.unfccc.int/vertical-farming-is-this-the-future-of-agriculture/#:~:text=Vertical%20farms%20also%20tend%20to,harvesting%20is%20twice%20a%20year; Team, The Choice. "We Met the Founder of Europe's Largest Vertical Farm," The Choice by ESCP, June 24, 2021. https://thechoice.escp.eu/their-choice/we-met-the-founder-of-europes-largest-vertical-farm/.

10. Antoine Hubert, "Why We Need to Give Insects the Role They Deserve in Our Food Systems," World Economic Forum, July 21, 2021. https://www.weforum.org/agenda/2021/07/why-we-need-to-give-insects-the-role-they-deserve-in-our-food-systems/.

11. Ibid.

12. Arnold van Huis and Dennis G. A. B. Oonincx. "The Environmental Sustainability of Insects as Food and Feed: A Review – Agronomy for Sustainable Development," SpringerLink, September 15, 2017. https://link.springer.com/article/10.1007/s13593-017-0452-8; Jason Plautz, "Eat A Cricket, Save the World," *The Atlantic*, April 27, 2014. https://www.theatlantic.com/politics/archive/2014/04/eat-a-cricket-save-the-world/452844/.

13. Hannah Fuller, "Entomophagy: A New Meaning to 'Tasty Grub,'" Grounded Grub, October 6, 2022. https://groundedgrub.com/articles/entomophagy-a-new-meaning-to-tasty-grub#:~:text=Insects%20are%20also%20cold%2D-blooded,can%20require%20less%20than%202g.

14. "7 Upscale Bug Dishes from around the World," *Food & Wine*, April 21, 2023. https://www.foodandwine.com/travel/gourmet-bug-dishes-around-world.

15. Ibid.

16. Tori Avey, "Discover the History of Sushi," PBS, September 5, 2012. https://www.pbs.org/food/the-history-kitchen/history-of-sushi/#:~:text=Kawafuku%20was%20the%20first%20to,Hollywood%20and%20catered%20to%20celebrities.

第十一章

1. Daniel F. Balting, Amir AghaKouchak, Gerrit Lohmann, and Monica Ionita, "Northern Hemisphere Drought Risk in a Warming Climate." Nature News, December 2, 2021. https://www.nature.com/articles/s41612-021-00218-2.

2. Peter Gatrell, "The Nansen Passport: The Innovative Response to the Refugee Crisis That Followed the Russian Revolution," Manchester 1824, February 14, 2019. https://www.manchester.ac.uk/discover/news/the-nansen-passport-the-innovative-response-to-the-

refugee-crisis-that-followed-the-russian-revolution/.

3. Gaia Vince, "The Century of Climate Migration: Why We Need to Plan for the Great Upheaval," *Guardian*, August 18, 2022. https://www.theguardian.com/news/2022/aug/18/century-climate-crisis-migration-why-we-need-plan-great-upheaval.

4. Avery Koop, "Ranked: The World's Most and Least Powerful Passports in 2023," *Visual Capitalist*, May 17, 2023. https://www.visualcapitalist.com/most-and-least-powerful-passports-2023/.

5. "The Rise of Dual Citizenship: Who Are These Multi-Local Global Citizens," *Global Citizen Forum*, January 31, 2022. https://www.globalcitizenforum.org/story/the-rise-of-dual-citizenship-why-multi-local-global-citizens-are-becoming-the-new-normal/.

6. Robert Los, "Climate Passport: A Legal Instrument to Protect Climate Migrants – a New Spirit for a Historical Concept," Earth Refuge – The Planet's First Legal Think Tank Dedicated to Climate Migrants, December 31, 2020. https://earthrefuge.org/climate-passport-a-legal-instrument-to-protect-climate-migrants-a-new-spirit-for-a-historical-concept/; Ulrike Grote, Dirk Messner, Sabine Schlacke, and Martina Fromhold-Eisebith, "Just & In-Time Climate Policy: Four Initiatives for a Fair Transformation," German Advisory Council, August 2018.

7. "The 1951 Refugee Convention," UNHCR, 2024. https://www.unhcr.org/about-unhcr/who-we-are/1951-refugee-convention.

8. Robert Los, "Climate Passport." 参见第 6 条。

9. Abrahm Lustgarten, "The Great Climate Migration Has Begun," *New York Times*, July 23, 2020. https://www.nytimes.com/interactive/2020/07/23/magazine/climate-migration.html.

10. Xu Chi, Timothy A. Kohler, Timothy M. Lenton, Jens-Christian Svenning, and Marten Scheffer, "Future of the Human Climate Niche," mahb.stanford.edu, October 27, 2019. https://mahb.stanford.edu/wp-content/uploads/2023/12/xu-et-al-2020-future-of-the-human-climate-niche.pdf.

11. Im Eun-Soon, "Deadly Heat Waves Projected in the Densely Populated Agricultural Regions of South Asia," *Science* 2017. https://www.science.org/doi/10.1126/sciadv.1603322.

12. Wilfried Ten Brinke, "Permafrost Russia." Climate Change Post. www.climatechangepost.com/russia/permafrost/.

13. Carlos Carroll, "Climatic, Topographic, and Anthropogenic Factors Determine Connectivity," *National Library of Medicine* 2018. https://onlinelibrary.wiley.com/doi/10.1111/gcb.14373.

14. Ibid.,1.

15. Anna Wearn, "Preparing for the Future: How Wildlife Corridors Help Increase Climate Resilience," Center for Large Landscape Conservation, January 28, 2021. https://largelandscapes.org/news/how-wildlife-corridors-help-increase-climate-resilience/.

16. Brenda Mallory, "Guidance for Federal Departments and Agencies on Ecological

Connectivity and Wildlife Corridors," March 21, 2023. https://www.whitehouse.gov/wp-content/uploads/2023/03/230318-Corridors-connectivity-guidance-memo-final-draft-formatted.pdf.

17. Ibid.,1.
18. Ibid.,2.
19. "World's Deadliest Construction Projects: Why Safety Is Important," 360training, January 3, 2023. https://www.360training.com/blog/worlds-deadliest-construction-projects.
20. Charles Maechling, "Pearl Harbor 1941: The First Energy War," *Foreign Service Journal,* August 1979, pp. 11–13.
21. "International Programs – Historical Estimates of World Population," U.S. Census Bureau. https://web.archive.org/web/20130306081718/; https://www.census.gov/population/international/data/worldpop/table_history.php.
22. Sébastien Roblin, "The U.S. Military Is Terrified of Climate Change. It's Done More Damage than Iranian Missiles," NBCNews.com. NBCUniversal News Group, September 20, 2020. https://www.nbcnews.com/think/opinion/u-s-military-terrified-climate-change-it-s-done-more-ncna1240484.
23. Andrew Eversden, "'Climate Change Is Going to Cost Us': How the U.S. Military Is Preparing for Harsher Environments," *Defense News*, August 18, 022. https://www.defensenews.com/smr/energy-and-environment/2021/08/09/climate-change-is-going-to-cost-us-how-the-us-military-is-preparing-for-harsher-environments/.
24. Sébastien Roblin, "The U.S. Military Is Terrified of Climate Change." 参见第 22 条。
25. Ibid.
26. Jason Channell et al., "Energy Darwinism II: Why a Low Carbon Future Doesn't Have to Cost the Earth," report, Citi, 2015, p. 8.
27. Patrick Tucker. "Climate Change Is Already Disrupting the Military. It Will Get Worse, Officials Say," Defense One, August 10, 2021. https://www.defenseone.com/technology/2021/08/climate-change-already-disrupting-military-it-will-get-worse-officials-say/184416/.
28. "U.S. Department of Defense – Climate Risk Analysis," Department of Defense. Department of Defense, October 2021. https://media.defense.gov/2021/Oct/21/2002877353/-1/-1/0/DOD-CLIMATE-RISK-ANALYSIS-FINAL.PDF.
29. Department of Defense Climate Adaptation Plan, United States Department of Defense, September 2021, p. 7, https://www.sustainability.gov/pdfs/dod-2021-cap.pdf.
30. "Response to 2017 Hurricanes Harvey, Irma, and Maria: Lessons Learned for Judge Advocates 8," Center for Law & Military Operations, 2018. https://www.loc.gov/rr/frd/Military_Law/pdf/Domestic-Disaster-Response_%202017.pdf.
31. Jay Heisler, "World Security Chiefs Debate Military Response to Climate Change," Voice of America (VOA News), November 24, 2021. https://www.voanews.com/a/world-security-chiefs-debate-military-response-to-climate-change-/6326707.html.

第十二章

1. Arthur Schopenhauer, *The World as Will and Representation,* vol. 1, Dover Publications, 1966, pp. 225–226.

2. Ian Sample, "From Bambi to Moby-Dick: How a Small Deer Evolved into the Whale," *Guardian*, December 20, 2007. https://www.theguardian.com/science/2007/dec/20/sciencenews.evolution#:~:text=The%20first%20whales%2C%20Pakicetidae%2C%20emerged,big%20feet%20and%20strong%20tails.

3. Christopher Connery, "There was No More Sea: The Supersession of the Ocean, from the Bible to Cyberspace," *Journal of Historical Geography* 32, 2006: 494–511. Doi: 10.1016/j.jhg.2005.10.005.

4. Ibid.,494.

5. Xi Jinping, "Pushing China's Development of an Ecological Civilization to a New Stage," 中国好故事. https://www.chinastory.cn/PCywdbk/english/v1/detail/20190925/10127000000427415693719336494488302_1.html.

6. "China Aims to Build Climate-Resilient Society by 2035," The State Council of the People's Republic of China, June 14, 2022. https://english.www.gov.cn/statecouncil/ministries/202206/14/content_WS62a8342cc6d02e533532c23a.html.

7. Norman MacLean, *Young Men and Fire*, University of Chicago Press, 2017; David Von Drehle, "Opinion | How to Prevent Deadly Wildfires? Stop Fighting Fires," *Washington Post*, September 22, 2022. https://www.washingtonpost.com/opinions/2022/09/22/wildfire-death-prevention-mann-gulch-forest-management/.

8. David von Drehle, "Opinion | How to Prevent Deadly Wildfires? Stop Fighting Fires." *Washington Post*, September 22, 2022. https://www.washingtonpost.com/opinions/2022/09/22/wildfire-death-prevention-mann-gulch-forest-management/.

9. "Study: Third of Big Groundwater Basins in Distress," NASA, Jet Propulsion Laboratory – California Institute of Technology, June 16, 2015. https://www.jpl.nasa.gov/news/study-third-of-big-groundwater-basins-in-distress.

10. Jay Famiglietti, "A Map of the Future of Water," The Pew Charitable Trusts, March 3, 2019. https://www.pewtrusts.org/en/trend/archive/spring-2019/a-map-of-the-future-of-water.

11. "Winter Solstice – History," September 21, 2017. https://www.history.com/topics/natural-disasters-and-environment/winter-solstice.

12. "History of Summer Solstice Traditions," National Trust. https://www.nationaltrust.org.uk/discover/history/history-of-summer-solstice-traditions.

13. Lawrence Wright, *Clockwork Man*, New York: Horizon Press, 1969, p. 47.

14. Eviatar Zerubavel, "Easter and Passover: On Calendars and Group Identity," *American Sociological Review* 47, 1982: 287–288.

15. Eviatar Zerubavel, "Easter and Passover: On Calendars and Group Identity," *American Sociological Review* 47 (2), 1982: 288. https://doi.org/10.2307/2094969.

16. Andrew Tarantola, "That Time France Tried to Make Decimal Time a Thing," *Engadget*, January 17, 2022. https://www.engadget.com/that-time-france-tried-to-make-decimal-time-a-thing-143600302.html.

17. Sebastian de Grazia, *Of Time, Work, and Leisure*, New York: Twentieth-Century Fund, 1962, p. 119.

18. Tom Darby, *The Feast: Meditations on Politics and Time,* University of Toronto Press, 1982.

19. Anne Marie Helmenstine, "How Many Molecules Are in a Drop of Water?" *ThoughtCo.*, August 27, 2019. https://www.thoughtco.com/atoms-in-a-drop-of-water-609425.

20. Okoyomon, Adesuwa, "How Long Does the Water Cycle Really Take?" *Science World*, April 15, 2020. https://www.scienceworld.ca/stories/how-long-does-water-cycle-really-take/.

第十三章

1. Josh Howarth, "Alarming Average Screen Time Statistics (2023)," Exploding Topics, January 13, 2023. https://explodingtopics.com/blog/screen-time-stats.

2. Ray Kurzweil, *The Singularity Is Near: When Humans Transcend Biology*, New York: Viking, 2005, p. 30.

3. Ibid.,136.

4. A. M. Turing, "Computing Machinery and Intelligence," *Mind* LIX 236, 1950: 433–460. https://doi.org/10.1093/mind/LIX.236.433.

5. Ethan Siegel, "How Many Atoms Do We Have in Common with One Another?" *Forbes*, April 30, 2020. https://www.forbes.com/sites/startswithabang/2020/04/30/how-many-atoms-do-we-have-in-common-with-one-another/?sh=75adfe6a1b38.

6. J. Gordon Betts et al., *Anatomy and Physiology*, Houston: Rice University, 2013, p. 43; Curt Stager, *Your Atomic Self*, p. 197.

7. David E. Cartwright, *Introduction to Arthur Schopenhauer: On the Basis of Morality*, Providence, RI: Berghahn Books, 1995, p. ix.

8. Ibid.

9. Schopenhauer, *On the Basis of Morality*, p. 61. 叔本华引用康德的话出自 Immanuel Kant, *Critique of Practical Reason*。

10. 叔本华引用康德的话出自 Immanuel Kant, *Foundation of the Metaphysics of Morals*。

11. Schopenhauer, *On the Basis of Morality*, p. 62. 参见第 9 条。

12. Ibid.,p. 66.

13. Ibid.,pp. 143, 147.

14. Ibid.,p. 144.

15. Pengfei Li, Jianyi Yang, Mohammad Atiqul Islam, and Shaolei Ren, "Making AI Less 'Thirsty': Uncovering and Addressing the Secret Water Footprint of AI Models," *ArXiv* abs/2304.03271, 2023: n.p.

16. Ibid.

17. Sarah Brunswick. "A Tale of Two Shortages: Reconciling Demand for Water and Microchips in Arizona." ABA, February 1, 2023. https://archive.ph/HkL3j#selection-1133.0-1133.15; "Global Semiconductor Sales, Units Shipped Reach All-Time Highs in 2021 as Industry Ramps up Production amid Shortage." Semiconductor Industry Association, February 14, 2022. https://www.semiconductors.org/global-semiconductor-sales-units-shipped-reach-all-time-highs-in-2021-as-industry-ramps-up-production-amid-shortage/.

18. Pengfei Li, Jianyi Yang, Mohammad Atiqul Islam, and Shaolei Ren, "Making AI Less 'Thirsty.'" 参见第 15 条。

19. Bum Jin Park, Yuko Tsunetsugu, Tamami Kasetani, Takahide Kagawa, and Yoshifumi Miyazaki, "The Physiological Effects of *Shinrin-yoku* (Taking in the Forest or Forest Bathing): Evidence from Field Experiments in 24 Forests Across Japan," *Environmental Health and Preventative Medicine* 15 (1), 2010: 21.

20. Roly Russell, Anne D. Guerry, Patricia Balvanera, Rachelle K. Gould, Xavier Basurto, Kai M. A. Chan, Sarah Klain, Jordan Levine, and Jordan Tam, "Humans and Nature: How Knowing and Experiencing Nature Affect Well-Being," *Annual Review of Environment and Resources* 38, 2013: 473–502. https://doi.org/10.1146/annurev-environ-012312-110838.

21. Andrea Wulf, "A Biography of E. O. Wilson, the Scientist Who Foresaw Our Troubles," *New York Times*, November 10, 2021. https://www.nytimes.com/2021/11/10/books/review/scientist-eo-wilson-richard-rhodes.html; Edward O. Wilson, "The Biological Basis of Morality," *The Atlantic*, April 1998. https://www.theatlantic.com/magazine/archive/1998/04/the-biological-basis-of-morality/377087/.

22. Richard Louv, *Last Child in the Woods*, Chapel Hill, NC: Algonquin Books, 2008.

23. Patrick Barkham, "Should Rivers Have the Same Rights as People?" *Guardian*, July 25, 2021. https://www.theguardian.com/environment/2021/jul/25/rivers-around-the-world-rivers-are-gaining-the-same-legal-rights-as-people.

24. Ibid.